高灵敏光谱技术
在痕量检测中的应用

李传亮　著

U0207579

电子工业出版社·
Publishing House of Electronics Industry
北京·BEIJING

内 容 简 介

随着科学技术和工业的发展，高灵敏度光谱技术已成为痕量物质监测的重要手段。本书主要介绍高灵敏度光谱技术的基本原理及其在痕量检测中应用，主要内容包括高灵敏光谱理论、高灵敏激光光谱测量技术、瞬态双原子分子光谱及其动力学、瞬态双原子分子的高精度量化计算、基于多光程技术的高灵敏 TDLAS 技术及其应用、发射光谱技术及其应用、基于 Mie 散射光谱的可吸入颗粒物检测仪。

本书可供从事光谱技术和痕量物质检测等领域的科技工作者、教师、研究生和高年级本科生阅读参考，也可供高等院校物理学、光学、原子分子学、光电子学等相关专业的师生参考。

图书在版编目 (CIP) 数据

高灵敏光谱技术在痕量检测中的应用/李传亮著. —北京：电子工业出版社，2017.12

ISBN 978-7-121-33351-4

I. ①高… II. ①李… III. ①高灵敏度—光电子技术—应用—痕量分析 IV. ①O656.21

中国版本图书馆 CIP 数据核字（2017）第 319388 号

策划编辑：徐蔷薇

责任编辑：杨秋奎　　　特约编辑：刘广钦　刘红涛

印　　刷：北京盛通商印快线网络科技有限公司

装　　订：北京盛通商印快线网络科技有限公司

出版发行：电子工业出版社

　　　　　北京市海淀区万寿路 173 信箱　　邮编：100036

开　　本：720×1000　1/16　印张：16.5　字数：342 千字

版　　次：2017 年 12 月第 1 版

印　　次：2022 年 4 月第 3 次印刷

定　　价：89.80 元

凡所购买电子工业出版社图书有缺损问题，请向购买书店调换。若书店售缺，请与本社发行部联系，联系及邮购电话：（010）88254888，88258888。

质量投诉请发邮件至 zlts@phei.com.cn，盗版侵权举报请发邮件至 dbqq@phei.com.cn。

本书咨询联系方式：xuqw@phei.com.cn。

前　　言

　　光谱是研究光与物质之间相互作用的一门学科，人类得到的大部分原子分子结构信息都是基于光谱学的研究。因此，光谱学对原子分子物理学、化学、生物分子学的研究做出了突出的贡献。原子分子结构及其与环境的相互作用是通过电磁波辐射与物质相互作用产生的吸收和发射光谱获得的。由于激光具有单色性好、能量谱密度高、超高的时间和频率分辨性，所以，它的产生使光谱学发生革命性的变化。目前的高灵敏度光谱检测技术几乎无一缺少激光的"身影"。

　　随着人们对微观分子和宏观宇宙的不断探索和了解，观测到了大量分子光谱谱线，这些光谱信号需要在实验室中重现和确认，而实验室中所产生"特定分子"的效率很低，尤其是一些寿命短的自由基分子，传统的光谱技术探测较为困难。此外，在工业生产、环境测量及医学检测领域的一些关键测量对象的浓度也非常低。以环境中的主要温室气体之一的甲烷为例，其在大气中的本底约为 2ppm（ppm，百万分之一），而其变化值只有几百 ppb（ppb，十亿分之一），甚至更低。因此，检测这些痕量物质有着非常重要的意义，在相当多的场合中，高灵敏度激光光谱技术是必不可少的。

　　本书内容主要建立在著者及其科研团队所从事的高灵敏度激光光谱技术在痕量检测研究的理论、实验及工程应用研究的相关成果，以及近年来承担的相关科研项目和本科及研究生教学基础上，对激光光谱的检测技术进行归纳、分析和总结。

　　全书分为 7 章。第 1 章为高灵敏光谱理论，主要阐述玻尔原子理论、波函数和角动量理论及原子的外场效应，并简要介绍分子振动-转动光谱理论；第 2 章介绍了高灵敏激光光谱仪器，内容包括基本的光学元件、各种光谱仪、激光器的基本原理；第 3 章重点分析了自由基分子光谱及动力学，首先讨论了高灵敏度自由基分子光谱检测技术和双原子瞬态分子的光谱理论计算原理，然后具体介绍 CS、CS^+、He_2 等瞬态分子光谱结构和量子态之间的动力学相互作用；第 4 章主要阐述基于量化计算的光谱理论，计算了 C_2^-、CF 分子的光谱特性并研究了 BD^+ 的激光冷却；第 5 章主要介绍了可调谐半导体二极管吸收光谱技术及其应用；第 6 章为发射光谱技术，内容包括射流束放电光谱、超声分子束光谱、激光烧蚀光谱技术及辐射光谱测温技术；第 7 章为散射光谱技术，内容包括 Mie 散射的基本原理、消光法的数据处理方法，以及便携式多光程池的可吸入颗粒物监测仪研制。

本书中涉及的理论及理论模型的描述，都节选自国内外本领域专家、学者所公开发表的文献，在写作中不可避免地对参考资料在形式和内容上进行了不同程度的取舍或修改，文中尽可能对引用的参考文献加以著录，但是由于种种原因的限制，很难保证没有遗漏或错误，敬请各位有识之士不吝赐教、指正。著者在此感谢所有参考文献的作者，因为是他们多年辛勤及卓有成效的工作，才使著者在近年来对原子分子光谱与检测技术的许多理论问题有了一定的认识。

本书是著者在太原科技大学给本科生讲授"光电技术""传感器技术""激光原理与技术"及给研究生讲授"激光光谱技术"课程基础上完成的，首先感谢太原科技大学对我工作的支持。

本书是在国家自然科学基金项目（11504256 和 U1610117）、山西省青年科技研究基金（2013021004-4）、山西省高校科技创新项目（2014146）和精密光谱科学与技术国家重点实验室开放课题、中国科学院时间频率基准重点实验室、晋城市科技攻关项目（201501004-22）等研究成果的基础上撰写的，在此对国家自然科学基金委员会、山西省科技厅和教育厅、精密光谱科学与技术国家重点实验室、中国科学院时间频率基准重点实验室和晋城市科技局等表示衷心的感谢。本书能够问世，首先感谢曾经给予我提供学习机会和实验条件的精密光谱科学与技术国家重点实验室（华东师范大学），感谢我的导师陈扬骎教授将我引入原子分子激光光谱学的大门并给予我无微不至的指导和关心。感谢实验室王祖赓、印建平、毕志毅、徐信业、吴健等老师给我讲授此领域的前沿专业课程。感谢邓伦华老师同我一起开展光谱学的实验研究，感谢杨晓华和马龙生老师帮助我们解决实验测量中的诸多问题，感谢郭迎春老师同我一起开展理论计算的工作，也要感谢夏勇和汪海玲两位老师和钟标博士后对我目前研究工作的帮助和鼓励。在此，我对华师大光谱实验室所有老师和给予我帮助的同学表示由衷的感谢，感谢你们对我的宽容、鼓励和帮助，让我在这里领略了激光光谱学的美妙。

感谢大连化学物理所韩克利老师在我学术道路上的鼓励，感谢吉林大学许海峰老师和闫冰老师在实验和理论上的帮助，感谢西北大学邹文利老师、鲁东大学杨传路老师、王美山老师在 MOLPRO 计算中的指导，感谢山西大学激光光谱所马维光、赵延霆、董雷、张雷、姬中华和秦成兵老师在实验中的帮助，感谢西安授时中心刘涛老师的热情帮助，感谢安徽光机所高晓明、赵卫雄老师和浙江师范大学邵杰老师在 TDLAS 实验中不厌其烦的解释，感谢上海理工大学沈建琦老师在 Mie 散射光谱上的帮助，感谢美国 MIT 的 Field 教授在分子能级微扰动力学上的指导，感谢美国路易斯维尔大学刘进军老师和华中师范大学段传喜老师在激光光谱研究前沿中给我的启发。此外，感谢江苏天瑞仪器吴升海经理，让我们接触到了光谱学应用的案例和端倪。

感谢太原科技大学物理系同事对我的关心和支持，尤其是我们团队中的魏计林、邱选兵、李晋红、李坤和和小虎等老师，以及正在我们团队工作的蒋利军、贾皓月、李亚超、邵李刚、阴旭梅、郭心骞、孙冬远、席廷宇、杨晓飞、郑飞、李宁、魏永卜、卢丹华、郭宇晨硕士研究生和已经毕业的研究生杨牧、张棚、刘路路、卢艮萍、吴应发、史维新、吴飞龙、周锐、郝玺。另外，感谢电子工业出版社徐蔷薇等编辑在本书出版过程中付出的辛勤劳动。还有许多老师、同学和朋友对我的工作给予了很大的帮助，在此恕不一一列出，但对他们表示衷心的感谢。

由于著者学识水平有限，加之原子分子激光光谱学与检测技术的研究涉及面太宽，书中不妥和错误之处，希望相关领域的专家、学者及参阅本书的各位老师、同学不吝赐教，谢谢。

感谢家人对我工作的理解和宽容，尤其是我的妻子对家庭的无私奉献。

谨以此书献给我的母亲张成珍女士，以表达家人对她的思念之情。

著　者

2017 年 6 月

目　　录

第3章 瞬态双原子分子光谱及其动力学 ················ 96

第 **1** 章

高灵敏光谱理论

1.1 原子光谱理论

1.1.1 引言

历史上，原子光谱是先于分子光谱发展起来的[1~3]。19 世纪初期，夫琅禾费（Fraunhofer）发现了太阳光谱的吸收谱线，同时赫歇尔（Herschel）观测到金属盐火焰有不同的颜色的光。19 世纪中期，基尔霍夫（Kirchhoff）和本生（Bunsen）提出了每一种原子都有其特征谱线。基于上述理论，人类标识了铷和铯原子的发射光谱，并发现了太阳的氢原子光谱。1885 年，巴耳末（Balmer）给出了氢原子跃迁光谱的数学公式，但是早期的原子光谱还只是作为一种简单的测量工具。1913 年，玻尔（Bohr）在对氢原子光谱给出合理解释后[4]，原子光谱学有了突飞猛进发展。

玻尔原子模型的特点如下：

（1）原子中的电子只能在一些分立的具有确定半径的圆周轨道上做圆周运动，不向外辐射能量。

（2）在不同轨道上运动的电子具有不同的能量（E），且能量是量子化的，轨道能量值随 n（1,2,3,…）的增大而升高，n 称为量子数；而不同的轨道（壳层）则分别被命名为 K（n=1）、L（n=2）、M（n=3）、N（n=4）、O（n=5）、P（n=6）、Q（n=7）。

（3）当且仅当电子从一个轨道跃迁到另外一个轨道时，才会辐射或者吸收能量，辐射（或吸收）的能量以光的形式被记录下来，就形成了光谱。

玻尔的原子模型具有划时代的意义：首次提出了能量定态的概念，指出原子的能量取值并不是连续的，而是只能处于一些特定的分立能量态并给出了各能量态间辐射跃迁的条件，成功解释了氢原子光谱；提出互补原理，给出了轨道角动量量子化条件，给出了主量子数 n。但玻尔的氢原子模型不能解释多电子原子的光谱，而且量子力学在 20 世纪 20 年代发展"停滞"。因此，当时发展量子力学是解释原子光谱的主要目标之一。

图 1.1 为氢原子巴耳末系的发射光谱图[①]，从中可以看出谱线的位置最终趋于收敛（变密集），这种情况通常也发生在其他谱系，如近红外谱系（帕邢系）和紫外谱系（赖曼系）。这些谱线通常用希腊字符标识，例如，巴耳末系 $\alpha(H_\alpha)$、巴耳末系 β（H_β）分别代表巴耳末系的第一条谱线（15233cm^{-1}）和第二条谱线（20565cm^{-1}），如图 1.2 所示。

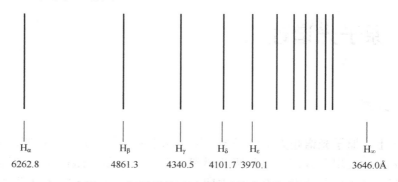

图 1.1 氢原子的巴耳末线系的发射光谱图

巴耳末发现谱带的波长满足如下经验公式：

$$\lambda = \frac{3645.6n^2}{n^2 - n_0^2}\text{Å}, \quad n = 3, 4, 5, \cdots; \quad n_0 = 2 \tag{1-1}$$

对于发射光谱而言，364.56 nm 是谱系的极限。若吸收的光子波长比其短，则会引起氢原子的电离。如将式（1-1）以波数（cm^{-1}）为单位表示，则变为

$$\tilde{\nu} = 109678\left(\frac{1}{2^2} - \frac{1}{n^2}\right)\text{cm}^{-1}$$

$$= R_H\left(\frac{1}{2^2} - \frac{1}{n^2}\right), \quad n = 3, 4, \cdots \tag{1-2}$$

此公式中 n 用 n_0 替代，其中 R_H 是里德堡常数（Rydberg constant，单位为 cm^{-1}）

---

① 自然条件下，单质氢元素主要以分子（H_2）的形式存在，氢原子光谱是通过对 H_2 放电激发成氢原子后观测到的。

其他带系所满足的规律与以上公式类似，只是 $n_0=1,3,4,5\cdots$ 相应整数。

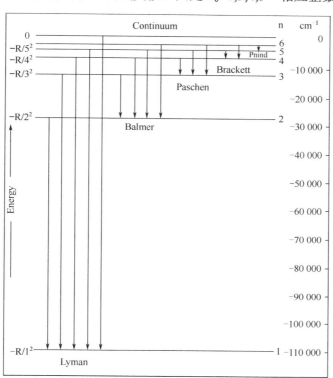

图 1.2　氢原子能级

相对吸收光谱，发射光谱要稍显复杂，将发射光谱进行如下分类：S（Shap）、P（Principal）、D（Diffuse）、F（Fundamental）。可以用式（1-3）表示其他带系：

$$\tilde{v} = \tilde{T} - \frac{R_H}{(n-\delta)^2} \tag{1-3}$$

式中，$\tilde{T}$ 是带系的极限频率，R_H 是里德堡常数，n 是整数，δ 是非整数，认为是量子亏损。当然，除了碱金属和氢原子光谱外，其他元素的光谱是非常复杂的。

1.1.2　角动量理论

角动量理论可以很好地解释原子分子光谱[5]。通过变换，可以把经典的角动量 $\boldsymbol{L} = \boldsymbol{r} \times \boldsymbol{P}$ 变换成量子力学算符：

$$\hat{p}_x = -i\hbar\frac{\partial}{\partial x} \qquad \hat{p}_y = -i\hbar\frac{\partial}{\partial y} \qquad \hat{p}_z = -i\hbar\frac{\partial}{\partial z} \qquad (1\text{-}4)$$

将笛卡儿坐标变为球极坐标表示后，算符 $\hat{L}$ 及 $\hat{L}^2$ 用极角 θ 和方位角 ϕ 的位置坐标则可以表示为

$$\hat{L}_x = -i\hbar\left(y\frac{\partial}{\partial z} - z\frac{\partial}{\partial y}\right) = i\hbar\left(\sin\phi\frac{\partial}{\partial\theta} + \cot\theta\cos\phi\frac{\partial}{\partial\phi}\right)$$

$$\hat{L}_y = -i\hbar\left(z\frac{\partial}{\partial x} - x\frac{\partial}{\partial z}\right) = i\hbar\left(-\cos\phi\frac{\partial}{\partial\theta} + \cot\theta\sin\phi\frac{\partial}{\partial\phi}\right) \qquad (1\text{-}5)$$

$$\hat{L}_z = -i\hbar\left(x\frac{\partial}{\partial z} - y\frac{\partial}{\partial x}\right) = -i\hbar\frac{\partial}{\partial\phi}$$

$$\hat{L}^2 = \hat{L}_x^2 + \hat{L}_y^2 + \hat{L}_z^2 = -\hbar\left(\frac{1}{\sin^2\phi}\frac{\partial^2}{\partial\phi^2} + \frac{1}{\sin\phi}\frac{\partial}{\partial\phi}\sin\phi\frac{\partial}{\partial\theta}\right)$$

根据算符对易关系[6]：$[\hat{A},\hat{B}] = \hat{A}\hat{B} - \hat{B}\hat{A}$，可以得到

$$[\hat{L}_x,\hat{L}_y] = i\hbar\hat{L}_z \qquad [\hat{L}_y,\hat{L}_z] = i\hbar\hat{L}_x \qquad [\hat{L}_z,\hat{L}_x] = i\hbar\hat{L}_y$$

$$[\hat{L}^2,\hat{L}_x] = [\hat{L}^2,\hat{L}_y] = [\hat{L}^2,\hat{L}_z] = 0 \qquad (1\text{-}6)$$

因此，可以求出 $\hat{L}$ 和 $\hat{L}^2$ 的本征函数。其本征函数是球谐函数 $Y_{LM}(\theta,\phi)$：

$$\hat{L}^2 Y_{LM}(\theta,\phi) = \hbar^2 L(L+1)Y_{LM}(\theta,\phi)$$

$$\hat{L}^2 Y_{LM}(\theta,\phi) = \hbar^2 M Y_{LM}(\theta,\phi) \qquad (1\text{-}7)$$

$Y_{LM}(\theta,\phi)$ 可以分离成两个函数的乘积：

$$Y_{LM}(\theta,\phi) = \Theta_{LM}(\theta)\Phi_M(\phi) \qquad (1\text{-}8)$$

式中，Θ_{LM} 是勒让德函数。

$$\Phi_M(\phi) = \frac{e^{iM\phi}}{\sqrt{2\pi}} \qquad (1\text{-}9)$$

表 1.1 中给出了 $L \leqslant 2$ 的球谐函数和通过 "Condon-Shortley" 的相位变化得到 $L > 2$ 的球谐函数。对于 $\hat{L}^2$ 算符可以理解为**算符沿着 z 轴进动的矢量大小**为 $\sqrt{L(L+1)}\hbar$，因此，$\hat{L}_x$ 和 $\hat{L}_y$ 没有定义。$M\hbar$ 是其进动矢量在轴上的投影，但是 z 轴相对于实验室坐标是任意选取的。

表 1.1　球谐函数

$$Y_{0,0}(\theta,\phi)=\sqrt{\frac{1}{4\pi}}$$

$$Y_{1,0}(\theta,\phi)=\sqrt{\frac{3}{4\pi}}\cos\theta$$

$$Y_{1,\pm1}(\theta,\phi)=\mp\sqrt{\frac{3}{8\pi}}\sin\theta e^{\pm i\theta}$$

$$Y_{2,0}(\theta,\phi)=\sqrt{\frac{5}{16\pi}}\left(3\cos^2\theta-1\right)$$

$$Y_{2,\pm1}(\theta,\phi)=\mp\sqrt{\frac{15}{8\pi}}\sin\theta\cos\theta e^{\pm i\theta}$$

$$Y_{2,\pm2}(\theta,\phi)=\sqrt{\frac{15}{32\pi}}\sin^2\theta e^{\pm 2i\theta}$$

$$Y_{L.M}(\theta,\phi)=(-1)^M\left[\frac{(2L+1)(L-M)!}{4\pi(L+m)!}\right]^{1/2}P_L^M(\cos\theta)e^{im\theta},M\geqslant 0$$

$$Y_{L.-M}(\theta,\phi)=(-1)^M Y_{L.M}^*(\theta,\phi)$$

$$P_L^M(x)=\left(1-x^2\right)^{M/2}\frac{\mathrm{d}^L}{\mathrm{d}x^L}\left(x^2-1\right)^L$$

$$归一化：\int_0^{2\pi}\int_0^{2\pi}Y_{L.M}^*(\theta,\phi)Y_{L.M}\sin\theta\mathrm{d}\theta\mathrm{d}\phi=1$$

$$\hat{L}_+=\hat{L}_x+i\hat{L}_y \tag{1-10}$$

$$\hat{L}_-=\hat{L}_x-i\hat{L}_y \tag{1-11}$$

式（1-10）和式（1-11）为分别命名为升降算符，该算符作用在 L 固定的球谐函数上会使球谐函数及其本征值增加 1 或减小 1，如下：

$$\hat{L}_\pm Y_{LM}(\theta,\phi)=\hbar\sqrt{L(L+1)-M(M\pm1)}Y_{LM\pm1} \tag{1-12}$$

球谐函数也可以用狄拉克形式简单表示为 $|LM\rangle$。对于一个给定的 L，角动量算符作用的球谐函数集合 $\{\int Y_{LM}(\theta,\phi)^*\hat{L}_z\int Y_{LM}(\theta,\phi)\mathrm{d}\tau,\ -L\leqslant M\leqslant L\}$ 可以用简单的矩阵表示[7]。其对应的矩阵元为

$$\langle L'M'|\hat{L}_z|LM\rangle=M\hbar\delta_{L'L}\delta_{M'M} \tag{1-13}$$

对于 $\hat{L}^2$ 算符对应的矩阵元为

$$\langle L'M'|\hat{L}^2|LM\rangle=L(L+1)\hbar^2\delta_{L'L}\delta_{M'M} \tag{1-14}$$

升降算符对应的矩阵元为

$$\langle L'M'|\hat{L}_\pm|LM\rangle=\hbar\sqrt{L(L+1)-M(M\pm1)}\delta_{L',L}\delta_{M',M\pm1} \tag{1-15}$$

但由于升降算法不与测量值对应，因此，其可以为非厄密矩阵，可以由 $\hat{L}_+$ 和 $\hat{L}_-$ 构造 $\hat{L}_x$ 和 $\hat{L}_y$[8]：

$$\hat{L}_x = \left(\hat{L}_+ + \hat{L}_- \right) / 2$$
$$\hat{L}_y = -i \left(\hat{L}_+ - \hat{L}_- \right) / 2 \tag{1-16}$$

若 $L=1$，$M=-1,0,1$，可以选取以下 3 个基函数表示笛卡儿坐标的 3 个方向，例如：

$$\begin{pmatrix} 1 \\ 0 \\ 0 \end{pmatrix} = |1,1\rangle \qquad \begin{pmatrix} 0 \\ 1 \\ 0 \end{pmatrix} = |1,0\rangle \qquad \begin{pmatrix} 0 \\ 0 \\ 1 \end{pmatrix} = |1,-1\rangle \tag{1-17}$$

在以上基矢下，$\hat{L}^2$、$\hat{L}_z$、$\hat{L}_+$、$\hat{L}_-$、$\hat{L}_x$ 和 $\hat{L}_y$ 算符的矩阵表示如下：

$$\hat{L}^2 = 2\hbar^2 \begin{pmatrix} 1 & 0 & 0 \\ 0 & 1 & 0 \\ 0 & 0 & 1 \end{pmatrix} \tag{1-18}$$

$$\hat{L}_z = \hbar \begin{pmatrix} 1 & 0 & 0 \\ 0 & 0 & 0 \\ 0 & 0 & -1 \end{pmatrix} \tag{1-19}$$

$$\hat{L}_+ = \sqrt{2}\hbar \begin{pmatrix} 0 & 1 & 0 \\ 0 & 0 & 1 \\ 0 & 0 & 0 \end{pmatrix} \tag{1-20}$$

$$\hat{L}_- = \sqrt{2}\hbar \begin{pmatrix} 0 & 0 & 0 \\ 1 & 0 & 0 \\ 0 & 1 & 0 \end{pmatrix} \tag{1-21}$$

$$\hat{L}_x = \frac{\sqrt{2}}{2}\hbar \begin{pmatrix} 0 & 1 & 0 \\ 1 & 0 & 1 \\ 0 & 1 & 0 \end{pmatrix} \tag{1-22}$$

$$\hat{L}_y = \frac{\sqrt{2}}{2}i\hbar \begin{pmatrix} 0 & -1 & 0 \\ 1 & 0 & -1 \\ 0 & 1 & 0 \end{pmatrix} \tag{1-23}$$

由于氢原子的电子轨道角动量依赖于 θ 和 ϕ，因此 L 必须为整数。角动量也可为半整数，例如，自旋为半整数 $\frac{1}{2}\hbar$，S 命名为电子角动量。**通常情况下量子力学中做如下替换：$L \longrightarrow J$，$M \longrightarrow M_J$，这里 J 和 M_J 为总的电子角动量（包括轨道和自旋）和其在实验室 z 轴的投影量子数。** 在自旋为 1/2 的简单情况下：

$$|\alpha\rangle = \begin{pmatrix} 1 \\ 0 \end{pmatrix} = \left| S = \frac{1}{2}, M_s = \frac{1}{2} \right\rangle \qquad |\beta\rangle = \begin{pmatrix} 0 \\ 1 \end{pmatrix} = \left| S = \frac{1}{2}, M_s = -\frac{1}{2} \right\rangle \qquad (1\text{-}24)$$

相应的矩阵表象为

$$\hat{S}^2 = \frac{3}{4}\hbar^2 \begin{pmatrix} 1 & 0 \\ 0 & 1 \end{pmatrix}$$

$$\hat{S}_z = \frac{\hbar}{2} \begin{pmatrix} 1 & 0 \\ 0 & -1 \end{pmatrix} \equiv \frac{\hbar}{2} \hat{\delta}_z$$

$$\hat{S}_+ = \hbar \begin{pmatrix} 0 & 1 \\ 0 & 0 \end{pmatrix}$$

$$\hat{S}_- = \hbar \begin{pmatrix} 0 & 0 \\ 1 & 0 \end{pmatrix} \qquad\qquad (1\text{-}25)$$

$$\hat{S}_x = \frac{\hbar}{2} \begin{pmatrix} 0 & 1 \\ 1 & 0 \end{pmatrix} \equiv \frac{\hbar}{2} \hat{\delta}_x$$

$$\hat{S}_y = \frac{\hbar}{2} \begin{pmatrix} 0 & -i \\ i & 0 \end{pmatrix} \equiv \frac{\hbar}{2} \hat{\delta}_y$$

式中，$\hat{\sigma}_x$、$\hat{\sigma}_y$ 和 $\hat{\sigma}_z$ 为泡利（Pauli）自旋矩阵。

因为算符可以定量描述系统，因此，它在光谱学中至关重要。 系统的哈密顿算符 $\hat{H}$ 表示为轨道角动量算符、自旋算符等算符。**将薛定谔方程变为矩阵方程，必须选择相应的基组（如 $|LM\rangle$）和计算 $\hat{H}$ 对应的矩阵元的值（如 $\hat{H}_{mn}$）。** 在这个基组下，薛定谔方程 $\hat{H}\psi = E\psi$ 通过将 $\hat{H}$ 对角化获得其本征值 $\{E_n\}$=本征矢 $\{\psi_n\}$。

1.1.3 氢原子和多电子原子的光谱

1. 氢原子及类氢离子

通过求解薛定谔方程就可以得到氢原子和类氢离子（原子核外只有一个电子的离子）的能级结构[4,5]为

$$\frac{-\hbar}{2\mu}\nabla^2\psi - \frac{Ze^2\psi}{4\pi\varepsilon_0 r} = E\psi \tag{1-26}$$

μ 是约化质量。这个微分方程用球极坐标求解更容易，因此，波函数 ψ 表示为 $\psi(r, \theta, \phi)$，薛定谔方程变为以下形式：

$$\frac{-\hbar}{2\mu}\left(\frac{\partial^2\psi}{\partial r^2} + \frac{2}{r}\frac{\partial\psi}{\partial r} + \frac{1}{r^2}\frac{\partial^2\psi}{\partial\theta^2} + \frac{1}{r^2}\cot\theta\frac{\partial\psi}{\partial\theta} + \frac{1}{r^2\sin^2\theta}\frac{\partial^2\psi}{\partial\varphi^2}\right) - \frac{Ze^2\psi}{4\pi\varepsilon_0 r} = E\psi \tag{1-27}$$

或 $\dfrac{-\hbar}{2\mu r^2}\dfrac{\partial}{\partial r}r^2\dfrac{\partial\psi}{\partial r} + \dfrac{1}{2\mu r^2}\hat{L}^2\psi - \dfrac{Ze^2\psi}{4\pi\varepsilon_0 r} = E\psi$。

之所以用式（1-27）这个形式的偏微分方程，是因为它可以分离成单独包含 r、θ 和 ϕ 的常微分方程。由边界和量子化条件可以求解其特征值为

$$E_n = \frac{-\mu Z^2\left(e^2/4\pi\varepsilon_0\right)^2}{2n^2\hbar^2} = -\frac{R}{n^2}, \qquad n = 1, 2, 3\cdots \tag{1-28}$$

若用 cm^{-1} 替代国际单位，对于氢原子 $R = R_\text{H} = 109677.4212\ \text{cm}^{-1}$，同时也可得到了波函数 $\psi(r,\theta,\varphi) = R_{nl}(r)Y_{lm}(\theta,\varphi)$ 的表达式。其他参考资料中给出的是 R_∞，其是指近似静止下无穷重原子的里德堡常数，R_H 与 R_∞ 有如下关系：

$$R_\text{H} = \frac{R_\infty}{1 + m_e/m_p} \tag{1-29}$$

通过求解薛定谔方程可以得到 3 个量子数：主量子数 n、轨道角动量量子数 l 和磁量子数 m，它们的取值范围如下：

$$\begin{aligned} n &= 1, 2, 3, \cdots, \infty \\ l &= 0, 1, 2, \cdots, n-1 \\ m &= 0, \pm 1, \pm 2, \cdots, \pm l \end{aligned} \tag{1-30}$$

l 取值为 0、1、2、3…分别标识为 s、p、d、f、g、h、i、k、l、m 等。波函数变成了径向和角两部分的乘积：

$$\psi(r,\theta,\varphi) = R_{nl}(r)Y_{lm}(\theta,\varphi) \tag{1-31}$$

$R_{nl}(r)$ 为缔合拉盖尔函数，$Y_{lm}(\theta,\phi)$ 为球谐函数，其中在表 1.1 和表 1.2 中有它们部分的表达式。表 1.2 和表 1.3 中常数 a_0 为玻尔半径。

$$a_0 = \frac{4\pi\varepsilon_0\hbar^2}{m_e e^2} = 0.5291772083\ \text{Å} \tag{1-32}$$

表 1.2 氢原子的径向函数

$$R_{10}(r) = \left(\frac{Z}{a}\right)^{3/2} 2e^{-Zr/a}$$

$$R_{20}(r) = \left(\frac{Z}{2a}\right)^{3/2} 2\left(1 - \frac{Zr}{2a}\right)e^{-Zr/2a}$$

$$R_{21}(r) = \left(\frac{Z}{2a}\right)^{3/2} \frac{2}{\sqrt{3}}\left(\frac{Zr}{2a}\right)e^{-Zr/2a}$$

$$R_{30}(r) = \left(\frac{Z}{3a}\right)^{3/2} 2\left[1 - 2\frac{Zr}{3a} + \frac{2}{3}\left(\frac{Zr}{3a}\right)^2\right]e^{-Zr/3a}$$

$$R_{31}(r) = \left(\frac{Z}{3a}\right)^{3/2} \frac{4\sqrt{2}}{3}\left(\frac{Zr}{3a}\right)\left(1 - 2\frac{Zr}{3a}\right)e^{-Zr/3a}$$

$$R_{32}(r) = \left(\frac{Z}{3a}\right)^{3/2} \frac{2\sqrt{2}}{3\sqrt{5}}\left(\frac{Zr}{3a}\right)^2 e^{-Zr/3a}$$

归一化: $\int_0^\infty R_{nl}^* R_{nl} r^2 \mathrm{d}r = 1$

若 $m > 0$，氢原子的 $\hat{l}_z(\theta, \varphi)$ 本征函数变得较为复杂。当画出轨道在实空间的分布时，复函数变得没有意义了，因为能量不依赖磁子量子数 m，波函数是简并的，它们的线性组合仍然是薛定谔方程的解。因此，用下面两个线性组合方程：

$$\frac{1}{\sqrt{2}}\left(Y_{l,|m|} + Y_{l,-|m|}\right) \text{ 和 } \frac{1}{i\sqrt{2}}\left(Y_{l,|m|} - Y_{l,-|m|}\right) \tag{1-33}$$

计算轨道在实空间中分布，这些线性组合的实函数给出了笛卡儿坐标系中的解，也就是所谓的轨道。表 1.3 中给出了氢原子轨道的实数值，并在图 1.3 中画出其空间分布。

表 1.3 氢原子波函数

$$\psi_{2s} = \frac{1}{\pi^{1/2}}\left(\frac{Z}{a}\right)^{3/2} 2e^{-Zr/a}$$

$$\psi_{2s} = \frac{1}{4(2\pi)^{1/2}}\left(\frac{Z}{a}\right)^{3/2} 2\left(1 - \frac{Zr}{2a}\right)e^{-Zr/2a}$$

$$\psi_{2p_z} = \frac{1}{4(2\pi)^{1/2}}\left(\frac{Z}{a}\right)^{5/2} re^{-Zr/2a}\cos\theta$$

$$\psi_{2p_x} = \frac{1}{4(2\pi)^{1/2}}\left(\frac{Z}{a}\right)^{5/2} re^{-Zr/2a}\sin\theta\cos\varphi$$

$$\psi_{2p_y} = \frac{1}{4(2\pi)^{1/2}}\left(\frac{Z}{a}\right)^{5/2} re^{-Zr/2a}\sin\theta\cos\varphi$$

$$\psi_{3s} = \frac{1}{81(3\pi)^{1/2}}\left(\frac{Z}{a}\right)^{3/2}\left(27 - 18\frac{Zr}{a} + 2\frac{Z^2r^2}{a^2}\right)re^{-Zr/3a}\cos\theta$$

$$\psi_{3p_z} = \frac{1}{81\pi^{1/2}}\left(\frac{Z}{a}\right)^{5/2}\left(6 - \frac{Zr}{a}\right)re^{-Zr/3a}\cos\theta$$

$$\psi_{3p_x} = \frac{2^{1/2}}{81\pi^{1/2}}\left(\frac{Z}{a}\right)^{5/2}\left(6 - \frac{Zr}{a}\right)re^{-Zr/3a}\sin\theta\cos\varphi$$

$$\psi_{3p_y} = \frac{2^{1/2}}{81\pi^{1/2}}\left(\frac{Z}{a}\right)^{5/2}\left(6 - \frac{Zr}{a}\right)re^{-Zr/3a}\sin\theta\sin\varphi$$

$$\psi_{3d_{z^2}} = \frac{2^{1/2}}{81(6\pi)^{1/2}}\left(\frac{Z}{a}\right)^{7/2}r^2e^{-Zr/3a}\left(3\cos^2\theta - 1\right)$$

$$\psi_{3d_{xz}} = \frac{2^{1/2}}{81\pi^{1/2}}\left(\frac{Z}{a}\right)^{7/2}r^2e^{-Zr/3a}\sin\theta\cos\theta\cos\varphi$$

$$\psi_{3d_{yz}} = \frac{2^{1/2}}{81\pi^{1/2}}\left(\frac{Z}{a}\right)^{7/2}r^2e^{-Zr/3a}\sin\theta\cos\theta\sin\varphi$$

$$\psi_{3d_{x^2-y^2}} = \frac{2^{1/2}}{81(2\pi)^{1/2}}\left(\frac{Z}{a}\right)^{7/2}r^2e^{-Zr/3a}\sin^2\theta\cos2\varphi$$

$$\psi_{3d_{xy}} = \frac{2^{1/2}}{81(2\pi)^{1/2}}\left(\frac{Z}{a}\right)^{7/2}r^2e^{-Zr/3a}\sin^2\theta\sin\varphi$$

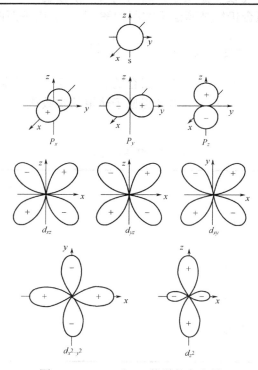

图 1.3　1s，2p 和 3d 轨道的角分量

轨道角动量算符 $\hat{l}^2$ 和 $\hat{l}_z$ 与氢原子的哈密顿量算符对易，因此

$$[\hat{H}, \hat{l}_z] = [\hat{H}, \hat{l}^2] = 0 \tag{1-34}$$

通常用小写字符表示单电子原子（离子）的性质，用大写字符表示多原子的性质，联立方程可以得到以下 3 个公式：

$$\begin{aligned} \hat{H}\psi_{nlm} &= E_n\psi_{nlm} \\ \hat{l}^2\psi_{nlm} &= l(l+1)\hbar^2\psi_{nlm} \\ \hat{l}_z\psi_{nlm} &= m\hbar\psi_{nlm} \end{aligned} \tag{1-35}$$

n、l 和 m 用来表示波函数 $\hat{J}$。

因为角动量在光谱学中被广泛应用，因而，用一个简单形象的模型去描述是非常重要的。 这个模型能概括出量子力学的数学值，如图 1.4 所示，$\hat{J}$ 算符用长度为 $\sqrt{J(J+1)}\hbar$ 的单位长度矢量表示。$\hat{J}$ 沿着实验室坐标 z 轴方向投影的大小为 $M_J\hbar$，而其沿着 x 轴和 y 轴轴方向没有明确数值，矢量 $\hat{J}$ 的倾斜角 θ 为

$$\theta = \cos^{-1}\left(\frac{M_J}{\sqrt{J(J+1)}}\right) \tag{1-36}$$

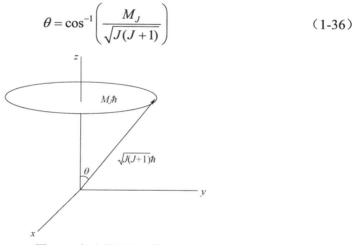

图 1.4 角动量的矢量模式

其相对于 z 轴以一个不变的角动量进动，进动导致了 $\hat{J}$ 在 x 轴和 y 轴没有确定的值，除非进行测量迫使某个轴有明确值。**M_J 不同，说明相应的空间取向不同，如果空间是各向同性的（没有电场或是磁场），能量不依赖于角动量的空间取向，也就是不会投影到空间的那个坐标轴上，因此，其为（2J+1）重简并，也就是对应于 M_J 的取值。**

因为电子是带电粒子，所以，其沿轨道的进动会产生电流，伴随电流产生的磁场与电子自旋产生的磁矩有相互作用，这个现象称为**旋轨耦合**，对应于光谱的**精细结构**。电子磁场强度正比于 $\hat{l}$，电子自旋磁矩正比于 $\hat{s}$，因而，其自旋产生

的磁矩为

$$\hat{\mu}_s = -g_e \mu_B \hat{s} \tag{1-37}$$

式中，g_e 为常数、μ_B 是玻尔磁矩。磁矩和磁场相互作用的能量大小为

$$E = -\hat{\mu} \cdot \hat{B} \tag{1-38}$$

旋轨耦合算符的表达式为

$$\hat{H}_{so} = \xi(r)\hat{l} \cdot \hat{s} \tag{1-39}$$

函数表达式为

$$\xi(r) = \frac{1}{2\mu^2 c^2} \frac{1}{r} \frac{\partial V}{\partial r} = \frac{1}{2\mu^2 c^2} \frac{Ze^2}{4\pi\varepsilon_0 r^3} \tag{1-40}$$

以上两个公式来自量子电动力学。

$$V = -\frac{Ze^2}{4\pi\varepsilon_0 r} \tag{1-41}$$

式（1-41）为电子和原子核之间的库仑势能。

包含旋轨耦合的哈密顿量本征方程变为

$$[\hat{H}^{(0)} + \xi(r)\hat{l} \cdot \hat{s}]\psi = E\psi \tag{1-42}$$

$\hat{L}_z$ 是氢原子的简单哈密顿量，假设旋轨耦合比较小，$\hat{H}'$ 可以表示成

$$\hat{H}' = \xi(r)\hat{l} \cdot \hat{s} \tag{1-43}$$

一阶修正下的能量变为

$$E = E^{(0)} + \int \psi^{(0)*} \hat{H}' \psi^{(0)} \mathrm{d}\tau = -\frac{R_H}{n^2} + \int \psi_n^{(0)*} \xi(\gamma)\hat{l} \cdot \hat{s} \psi_n^{(0)} \mathrm{d}\tau \tag{1-44}$$

要得到正确的 $\psi_n^{(0)}$，必须利用简并微扰理论分离氢原子旋轨耦合中 $\hat{l}$ 和 $\hat{s}$ 简并。

考虑 $\xi(r)\hat{l} \cdot \hat{s}$ 后，算符 $\hat{L}_z$ 和 $\hat{s}_z$ 与总的哈密顿量算符不再对易，因而，l 和 s 不再是好量子数。然而，总角动量 $\hat{j} = \hat{l} + \hat{s}$ 的运动仍然是常数，意味着 $\hat{j}^2$ 和 $\hat{j}_z$ 与总的哈密顿量算符对易。$\xi(r)\hat{l} \cdot \hat{s}$ 算符的矩阵元可以用简单的基矢直积得到

$$\psi = |l, m_l\rangle |s, m_s\rangle \tag{1-45}$$

由于 $\hat{l}$ 和 $\hat{s}$ 耦合没有得到 $\hat{j}$，因而，基矢的表象是非耦合的。例如，氢原子的 $2p$ 函数 $l = 1$，$s = 1/2$，产生 6 个基函数，即

$$\left|l=1, m_l=1\right\rangle\left|s=\frac{1}{2}, m_s=\pm\frac{1}{2}\right\rangle$$

$$\left|l=1, m_l=0\right\rangle\left|s=\frac{1}{2}, m_s=\pm\frac{1}{2}\right\rangle \qquad (1\text{-}46)$$

$$\left|l=1, m_l=-1\right\rangle\left|s=\frac{1}{2}, m_s=\pm\frac{1}{2}\right\rangle$$

哈密顿量

$$\hat{H} = \hat{H}^{(0)} + \xi(r)\hat{l}\cdot\hat{s} = \left(\hat{H}^{(0)} + \xi(r)\hat{l}_z\cdot\hat{s}_z\right) + \frac{\xi(r)\left(\hat{l}_+\cdot\hat{s}_- + \hat{l}_-\cdot\hat{s}_+\right)}{2} \qquad (1\text{-}47)$$

为了方便哈密顿量的计算，对角矩阵元 $\hat{H}$ 可以写成

$$\left\langle l=1, m_l\right|\left\langle s=\frac{1}{2}, m_s\left|\hat{H}\right|s=\frac{1}{2}, m_s\right\rangle\left|l=1, m_l\right\rangle = E_{2p}^{(0)} + \xi_{2p}m_l m_s \qquad (1\text{-}48)$$

式中，$E_{2p}^{(0)} = -R_H/4$ 为不考虑旋轨耦合时的能量，ξ_{2p} 为轨耦合能量：

$$\xi_{2p} = \hbar^2\int R_{2p}^*(r)\xi(r)R_{2p}(r)r^2\mathrm{d}r \qquad (1\text{-}49)$$

积分范围 r 来自 $\psi_{nml}(r, \theta, \varphi)$ 的径向部分。

由于 $\hat{l}_+\hat{s}_-$ 项将 $m_j = m_l + m_s$ 相同的基矢联系起来，导致非对角项不等于零，总的 $\hat{H}$ 矩阵元为

$$\begin{pmatrix} E^{(0)}+\xi/2 & 0 & 0 & 0 & 0 & 0 \\ 0 & E^{(0)}-\xi/2 & 0 & 0 & 0 & 0 \\ 0 & \sqrt{2}\xi/2 & E^{(0)} & 0 & 0 & 0 \\ 0 & 0 & 0 & E^{(0)} & \sqrt{2}\xi/2 & 0 \\ 0 & 0 & 0 & \sqrt{2}\xi/2 & E^{(0)}-\xi/2 & 0 \\ 0 & 0 & 0 & 0 & 0 & E^{(0)}+\xi/2 \end{pmatrix} \begin{aligned} &\left|1, \frac{1}{2}\right\rangle \\ &\left|1, \frac{1}{2}\right\rangle \\ &\left|0, \frac{1}{2}\right\rangle \\ &\left|0, -\frac{1}{2}\right\rangle \\ &\left|-1, \frac{1}{2}\right\rangle \\ &\left|-1, -\frac{1}{2}\right\rangle \end{aligned} \qquad (1\text{-}50)$$

另一种更简单的求解方法是利用 $\left|lsjm_j\right\rangle$ 作为基矢，j 和 m_j 是好量子数。对于

$\hat{j}=\hat{l}+\hat{s}$，对应于 j=1/2 和 3/2，其中 j 是 l 和 s 的矢量和，如图 1.5 所示。通常，将 $l=1$、$s=1/2$ 和 $j=3/2$ 表示矢量长度。耦合基矢同样有 6 个 $2p$ 函数：

$$
\left|2p, j=\frac{3}{2}, m_j=\frac{3}{2}\right\rangle
$$

$$
\left|2p, j=\frac{3}{2}, m_j=\frac{1}{2}\right\rangle
$$

$$
\left|2p, j=\frac{3}{2}, m_j=-\frac{1}{2}\right\rangle
$$

$$
\left|2p, j=\frac{3}{2}, m_j=-\frac{3}{2}\right\rangle \tag{1-51}
$$

$$
\left|2p, j=\frac{1}{2}, m_j=\frac{1}{2}\right\rangle
$$

$$
\left|2p, j=\frac{1}{2}, m_j=-\frac{1}{2}\right\rangle
$$

由于 $\hat{j}^2=\left(\hat{l}+\hat{s}\right)\cdot\left(\hat{l}+\hat{s}\right)=\hat{l}+\hat{s}+2\hat{l}\cdot\hat{s}$ 与哈密顿算符对易，因此，耦合基矢的哈密顿量矩阵元已经对角化。自旋轨道耦合可以用如下形式表示：

$$
\xi\hat{l}\cdot\hat{s}=\frac{\xi\left(\hat{j}^2-\hat{l}^2-\hat{s}^2\right)}{2} \tag{1-52}
$$

根据微扰理论和前面对 ξ 的定义，

$$
\begin{aligned}
E &= E^{(0)}+\int(\psi_{nlm}^{(0)})^*\xi(r)\hat{l}\cdot\hat{s}\psi_{nlm}^{(0)}\mathrm{d}\tau \\
&= E^{(0)}+\frac{1}{2}\int(\psi_{nlm}^{(0)})^*\xi(r)(\hat{j}^2-\hat{l}^2-\hat{s}^2)\psi_{nlm}^{(0)}\mathrm{d}\tau \\
&= E^{(0)}+\frac{\xi_{nl}}{2}\big[j(j+1)-l(l+1)-s(s+1)\big]
\end{aligned} \tag{1-53}
$$

当 s=1/2，$j=1\pm1/2$ 时，能级变为

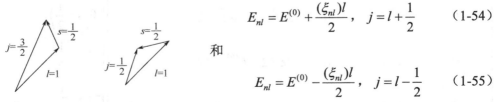

$$
E_{nl}=E^{(0)}+\frac{(\xi_{nl})l}{2}, \quad j=l+\frac{1}{2} \tag{1-54}
$$

和

$$
E_{nl}=E^{(0)}-\frac{(\xi_{nl})l}{2}, \quad j=l-\frac{1}{2} \tag{1-55}
$$

图 1.5　l 和 s 的矢量加法

这里 j 好量子数用于描述波函数。注意，**2p 能级不依赖于耦合基矢构建的哈密顿量矩阵元，这是因为耦合基矢 $\left|j_1j_2JM_J\right\rangle$ 和非耦**

合基矢 $|j_1m_1\rangle|j_2m_2\rangle$ 可以通过线性变换得到，耦合系数 $\langle j_1,j_2;m_1,m_2|JM_J\rangle$ 就是 Clebsch-Gordan 系数。利用式（1-56）和式（1-57）以及基矢的正交特性可得氢原子的 $2p$ 轨道变换［见式（1-58）］。

$$|j_1,j_2;J,M_J\rangle = \sum_{m_1=-j_1}^{j_1} \sum_{m_2=-j_2}^{j_2} \langle j_1,j_2;m_1,m_2|JM_J\rangle |j_1m_1\rangle |j_2m_2\rangle \tag{1-56}$$

$$\hat{j}_\pm = \hat{l}_\pm + \hat{s}_\pm \tag{1-57}$$

$$\left|2p_{3/2},M_J=\frac{3}{2}\right\rangle = |m_l=1\rangle\left|m_s=\frac{1}{2}\right\rangle$$

$$\left|2p_{3/2},M_J=\frac{1}{2}\right\rangle = \left(\frac{2}{3}\right)^{1/2}|m_l=1\rangle\left|m_s=\frac{1}{2}\right\rangle + \left(\frac{1}{3}\right)^{1/2}|m_l=1\rangle\left|m_s=-\frac{1}{2}\right\rangle$$

$$\left|2p_{3/2},M_J=-\frac{1}{2}\right\rangle = \left(\frac{1}{2}\right)^{1/3}|m_l=-1\rangle\left|m_s=\frac{1}{2}\right\rangle + \left(\frac{2}{3}\right)^{1/2}|m_l=1\rangle\left|m_s=-\frac{1}{2}\right\rangle$$

$$\left|2p_{3/2},M_J=-\frac{3}{2}\right\rangle = |m_l=-1\rangle\left|m_s=-\frac{1}{2}\right\rangle \tag{1-58}$$

$$\left|2p_{1/2},M_J=\frac{1}{2}\right\rangle = \left(\frac{1}{3}\right)^{1/2}|m_l=0\rangle\left|m_s=\frac{1}{2}\right\rangle - \left(\frac{2}{3}\right)^{1/2}|m_l=1\rangle\left|m_s=-\frac{1}{2}\right\rangle$$

$$\left|2p_{1/2},M_J=-\frac{1}{2}\right\rangle = \left(\frac{2}{3}\right)^{1/3}|m_l=-1\rangle\left|m_s=\frac{1}{2}\right\rangle - \left(\frac{1}{3}\right)^{1/2}|m_l=1\rangle\left|m_s=-\frac{1}{2}\right\rangle$$

2. 多电子原子

对于 N 电子原子，原子核带电量为 Z，其非相对论下的薛定谔方程为

$$\left(\frac{-\hbar^2}{2m_e}\sum_{i=1}^{N}\nabla_i^2 + \sum_i^N \frac{Ze^2}{4\pi\varepsilon_0 r_i} + \sum_{i,j>i}^N \frac{e^2}{4\pi\varepsilon_0 r_{ij}}\right)\psi = E\psi \tag{1-59}$$

通过**轨道近似**，波函数可以表示成 Slater 行列式

$$\psi = (N!)^{-1/2}\begin{vmatrix} \varphi_1(1)\alpha(1) & \varphi_1(2)\alpha(2) & \cdots & \varphi_1(N)\alpha(N) \\ \varphi_1(1)\beta(1) & \varphi_1(2)\beta(2) & \cdots & \varphi_1(N)\beta(N) \\ \varphi_2(1)\alpha(1) & \varphi_2(2)\alpha(2) & \cdots & \varphi_2(N)\alpha(N) \\ \vdots & \vdots & & \vdots \\ \varphi_{N/2}(1)\beta(1) & \varphi_{N/2}(2)\beta(2) & \cdots & \varphi_{N/2}(N)\beta(N) \end{vmatrix} \equiv |\varphi_1\overline{\varphi}_1\varphi_2\ldots\overline{\varphi}_{N/2}| \tag{1-60}$$

为简单起见，用"‾"代表 β 表示自旋向下（$m_s = -1/2$），如没有符号代表 α 表示自旋向上（$m_s = 1/2$）。由于矩阵交换任意两列都会改变行列式的符号，所以，

Slater 行列式自动满足 Pauli 不相容原理。因为电子是费米子，所以，其满足 Pauli 不相容原理。Pauli 不相容原理要求每个电子轨道上不能超过两个电子。多电子原子的轨道近似表示为

$$\psi_i(r_i, \theta_i, \varphi_i) = R(r_i)Y_{lm}(\theta_i, \varphi_i) \qquad (1\text{-}61)$$

多电子原子的轨道与氢原子的角算符部分类似，但径向部分不再是氢原子的拉盖尔多项式了。取而代之，**要利用变分法保证原子总能量最低，从而确定每个 ψ_i 相关的径向函数**。根据原子构型原理（Aufbau principle，Aufbau 来自德语），多电子原子中电子排在能量最低的能态。例如，Li$(1s)^2 2s$ 原子最低能量相应的 Slater 行列式为

$$\psi = 6^{-\frac{1}{2}} \begin{vmatrix} 1s(1)\alpha(1) & 1s(1)\alpha(1) & 1s(1)\alpha(1) \\ 1s(1)\alpha(1) & 1s(1)\alpha(1) & 1s(1)\alpha(1) \\ 1s(1)\alpha(1) & 1s(1)\alpha(1) & 1s(1)\alpha(1) \end{vmatrix} = \left| 1s\overline{1s}2s \right| \qquad (1\text{-}62)$$

研究的主要任务就是**计算原子能级的能量或者通过原子光谱测量能级差**，然而，不管是计算还是测量原子能级，都是较为复杂的工作，而通过角动量耦合理论标识原子能级则相对容易。

所有的轨道和自旋角动量进行矢量相加得到总角动量 $\hat{J}$ 的运动仍然是不变的。对于轻的原子，自旋轨道耦合较小，利用 Russell-Saunder 耦合方式较为方便，耦合方式仅仅是描述角动量耦合次序的基本原则。Russell-Saunder 耦合方式是原子的所有电子的轨道角动量耦合成一个总角动量：

$$\hat{L} = \hat{l}_1 + \hat{l}_2 + \cdots + \hat{l}_N = \sum_{i=1}^{N} \hat{l}_i \qquad (1\text{-}63)$$

自旋角动量也是同样：

$$\hat{S} = \sum_{i=1}^{N} \hat{s}_i \qquad (1\text{-}64)$$

总角动量是通过两者之间的矢量求和得到的：

$$\hat{J} = \hat{L} + \hat{S} \qquad (1\text{-}65)$$

同样

$$\begin{aligned} \hat{L}_z &= \hat{l}_{z1} + \hat{l}_{z2} + \cdots + \hat{l}_{zN} \\ \hat{S}_z &= \hat{s}_{z1} + \hat{s}_{z2} + \cdots + \hat{s}_{zN} \\ \hat{L}^2 &= \hat{L}_x^2 + \hat{L}_y^2 + \hat{L}_z^2 \\ \hat{S}^2 &= \hat{S}_x^2 + \hat{S}_y^2 + \hat{S}_z^2 \end{aligned} \qquad (1\text{-}66)$$

非相对论近似下，$\hat{L}$ 和 $\hat{S}$ 与哈密顿量对易，由于在多电子原子的薛定谔方程中没有出现自旋算符，很明显自旋算符与总哈密顿量对易。对多电子原子 $\hat{L}_z$ 和 $\hat{H}$

$$\hat{L}_z = -i\hbar \left(\frac{\partial}{\partial \phi_1} + \frac{\partial}{\partial \phi_2} + \cdots + \frac{\partial}{\partial \phi_N} \right) \tag{1-67}$$

$$\hat{H} = \frac{-\hbar^2}{2m_e} \sum_{i=1}^{N} \nabla_i^2 + \sum_{i}^{N} \frac{Ze^2}{4\pi\varepsilon_0 r_i} + \sum_{i,j>i}^{N} \frac{e^2}{4\pi\varepsilon_0 r_{ij}} \tag{1-68}$$

其中

$$\nabla_i^2 = \frac{1}{r_i^2} \frac{\partial}{\partial r_i} r_i^2 \frac{\partial}{\partial r_i} + \frac{1}{r_i^2 \sin\theta_i} \frac{\partial}{\partial \theta_i} \left(\sin\theta_i \frac{\partial}{\partial \theta_i} \right) + \frac{1}{r_i^2 \sin^2\theta_i} \frac{\partial^2}{\partial \phi_i^2} \tag{1-69}$$

因为 ϕ_i 的变量仅是对拉普拉斯算符的二次微分和 $\hat{L}_z$ 的一次微分，库仑吸引项仅是 r_i 的函数，所以，$\hat{L}_z$ 和动能算符对易。由于 r_{ij} 的出现，电子和电子的排斥势能隐含在 ϕ_i 中。从图 1.6 中可以看出 r_{ij} 仅与 $\phi_i - \phi_j$ 有关，因此，根据链式法则：

$$
\begin{aligned}
\hat{L}_z \left(\frac{1}{r_{12}} \right) &= -i\hbar \left(\frac{\partial}{\partial \phi_1} + \frac{\partial}{\partial \phi_2} + \cdots + \frac{\partial}{\partial \phi_N} \right) \frac{1}{r_{12}} \\
&= -i\hbar \left[\frac{\partial(1/r_{12})}{\partial(\phi_1 - \phi_2)} \right] \left[\frac{\partial(\phi_1 - \phi_2)}{\partial \phi_1} + \frac{\partial(\phi_1 - \phi_2)}{\partial \phi_2} + \cdots + \frac{\partial(\phi_1 - \phi_2)}{\partial \phi_N} \right] \\
&= 0
\end{aligned} \tag{1-70}
$$

因为所有的方位角的差异与 $\phi_i - \phi_j$ 有关，所以，$\hat{L}_z$ 与 $\sum e^2/r_{ij}$ 对易。由于单个电子的 $\hat{l}_{zi}$ 与 $\hat{H}$ 不对易，但所有单个电子的量子数 m_l 虽然没有定义，但是 $M_L = m_{l1} + m_{l2} + \cdots + m_{lN}$ 在没有旋轨耦合时是好量子数，因为

$$\hat{L}_z \psi = M_L \hbar \psi \tag{1-71}$$

同样

$$\hat{S}_z \psi = M_S \hbar \psi , \quad M_S = m_{s1} + m_{s2} + \cdots m_{sN} \tag{1-72}$$

由于原子是球对称的，z 轴的坐标是任意的，因此

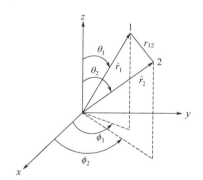

图 1.6　一个原子中两个电子的极坐标

$$[\hat{L}_z, H] = 0 \tag{1-73}$$

$$[\hat{L}_x, H] = 0 , \quad [\hat{L}_y, H] = 0 \tag{1-74}$$

表 1.4 给出了多电子和单电子原子性质的对比。

表 1.4　多电子和单电子原子性质的对比

多电子原子	单电子原子
$\hat{L}^2\psi = L(L+1)\hbar^2\psi$	$\hat{l}^2\psi = l(l+1)\hbar^2\psi$
$\hat{L}_z\psi = M_L\hbar\psi$	$\hat{l}_z\psi = m_l\hbar\psi$
$\hat{S}^2\psi = S(S+1)\hbar^2\psi$	$\hat{s}^2\psi = s(s+1)\hbar^2\psi$
$\hat{S}_z\psi = M_S\hbar\psi$	$\hat{s}_z\psi = m_s\hbar\psi$
$L = 0,1,2,3,4,5$	$l = 0,1,2,3,4,5$
$S\ P\ D\ F\ G\ H$	$s\ p\ d\ f\ g\ h$

由于 $\hat{H}$、$\hat{L}^2$、$\hat{S}^2$、$\hat{L}_z$ 和 $\hat{S}_z$ 之间相互对易，因而，波函数 ψ 是对以上 5 个算符的联立方程，其相应的量子数为 n、L、S、M_L 和 M_S，因此，可以将波函数表示为 $\psi = |nLSM_LM_S\rangle$。在没有外电场和外磁场情况下，不考虑自旋轨道耦合，ψ 由于不同的 M_S 存在（2S+1）重简并，由于不同的 M_L 存在（2L+1）重简并。为了方便表示这些能级，将其用 ^{2S+1}L 符号表示，总的简并度为 g=（2L+1）（2S+1）。如图 1.7 所示，量子数 L 可能的取值为 l_1+l_2，l_1+l_2-1，l_1+l_2-2，…、$|l_1-l_2|$。以碳原子为例，它的电子构型为 $1s^22s^22p^2$，在 $1s^2$ 和 $2s^2$ 上的电子没有净自旋和轨道角动量，可以忽略。遵循 Pauli 不相容原理，剩下两个 $2p$ 电子在 6 个自旋轨道上的分布如表 1.5 所示，事实上，这些微观电子态对应于各个 Slater 行列式。例如，$|1,\bar{0}|$ 代表

$$m_{l1} = 1,\ m_{s1} = \frac{1}{2},\ m_{l2} = 0,\ m_{s2} = -\frac{1}{2} \tag{1-75}$$

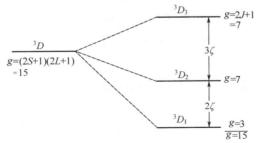

图 1.7　^3D 项的简并

表 1.5　p^2 组态的 Slater 行列式

M_L	$M_s = 1$	$M_s = 0$	$M_s = -1$
$M_L = 2$	—	$|1,\ \bar{1}|$	—

续表

M_L	$M_s = 1$	$M_s = 0$	$M_s = -1$
$M_L = 1$	$\lvert 1,\ 0\rvert$	$\lvert 1,\ \bar{0}\rvert \lvert 1,\ \bar{0}\rvert$	$\lvert \bar{1},\ \bar{0}\rvert$
$M_L = 0$	$\lvert 1,\ -1\rvert$	$\lvert 1,\ -\bar{1}\rvert \lvert \bar{1},\ -1\rvert \lvert 0,\ \bar{0}\rvert$	$\lvert \bar{1},\ -\bar{1}\rvert$
$M_L = -1$	$\lvert 0,\ -1\rvert$	$\lvert \bar{0},\ -1\rvert \lvert 0,\ -\bar{1}\rvert$	$\lvert \bar{0},\ -\bar{1}\rvert$
$M_L = -2$	—	$\lvert -1,\ -\bar{1}\rvert$	—

行列式的线性组合可以通过降算符 $\hat{L}_-$ 作用在 $\left\lvert {}^1D, M_L = 2 \right\rangle = \lvert 1,\bar{1}\rvert$ 获得，其中

$$\hat{L}_- \lvert 1,\bar{1}\rvert = \left(\hat{l}_{1-} + \hat{l}_{2-} \right) \lvert 1,\bar{1}\rvert \tag{1-76}$$

$$\sqrt{L(L+1) - M_L(M_L - 1)} \left\lvert {}^1D, M_L = 1 \right\rangle$$
$$= \sqrt{l_1(l_1+1) - m_{l1}(m_{l1}-1)} \lvert 0,\bar{1}\rvert + \sqrt{l_2(l_2+1) - m_{l2}(m_{l2}-1)} \lvert 1,\bar{0}\rvert \tag{1-77}$$

$$2\left\lvert {}^1D, M_L = 1 \right\rangle = \sqrt{2}\lvert 0,\bar{1}\rvert + \sqrt{2}\lvert 1,\bar{0}\rvert. \tag{1-78}$$

$$\left\lvert {}^1D, M_L = 1 \right\rangle = \frac{1}{\sqrt{2}}\left(\lvert 0,\bar{1}\rvert + \lvert 1,\bar{0}\rvert \right) = \frac{1}{\sqrt{2}}\left(\lvert 1,\bar{0}\rvert + \lvert 0,\bar{1}\rvert \right) \tag{1-79}$$

这里行列式按照标准顺序排列，同样

$$\left\lvert {}^3P, M_L = 1, M_s = 0 \right\rangle = \frac{1}{\sqrt{2}}\left(\lvert 1,\bar{0}\rvert + \lvert \bar{1},0\rvert \right) \tag{1-80}$$

且两者正交。

由于哈密顿量中的电子和电子排斥，因此，构型中不同项的能量不同。因为 $\hat{H}_0$ 是对比单电子和类氢原子得到的，所以 $\hat{H}_0$ 的波函数是单电子轨道的乘积。

当包含自旋轨道耦合时，多电子原子的特征方程见表1.6。

表1.6 自旋轨道耦合的多电子原子的特征方程

$\hat{H} = \hat{H}_0 + \hat{H}_{ee}$	$\hat{H} = \hat{H}_0 + \hat{H}_{ee} + \xi \hat{L} \cdot \hat{S}$	$\hat{H} = \hat{H}_0 + \hat{H}_{ee} + \sum \xi(r_i)\hat{l} \cdot \hat{s}$
$\hat{H}\psi = E\psi$	$\hat{H}\psi = E\psi$	$\hat{H}\psi = E\psi$
$\tilde{L}^2\psi = L(L+1)\hbar^2\psi$	$\tilde{L}^2\psi = L(L+1)\hbar^2\psi$	$\tilde{L}^2\psi \approx L(L+1)\hbar^2\psi$
$\hat{L}_z\psi = M_L\hbar\psi$	$\hat{S}^2\psi = S(S+1)\hbar^2\psi$	$\hat{S}^2\psi \approx S(S+1)\hbar^2\psi$
$\hat{S}^2\psi = S(S+1)\hbar^2\psi$	$\hat{J}^2\psi = J(J+1)\hbar^2\psi$	$\hat{J}^2\psi = J(J+1)\hbar^2\psi$
$\hat{S}_z\psi = M_S\hbar\psi$	$\hat{J}_z\psi = M_J\hbar\psi$	$\hat{J}_z\psi = M_J\hbar\psi$

当**旋轨耦合**哈密顿量 $\hat{H}_{so} = \xi \hat{L} \cdot \hat{S}$ 加到总哈密顿量算符中，$\hat{L}$ 和 $\hat{s}$ 不再和 $\hat{H}$ 对易。可观察的集合是 $\{\hat{H}, \hat{L}^2, \hat{S}^2, \hat{J}^2, \hat{J}_z\}$，而不是用在不考虑旋轨耦合情况下的 $\{\hat{H}, \hat{L}^2, \hat{L}_z, \hat{S}^2, \hat{S}_z\}$。事实上，随着 ξ 的增大，各个项之间开始相互作用，这是因为旋轨耦合哈密顿量算符 $\xi(r)\hat{L} \cdot \hat{S}$ 增加了 $\Delta L = 0, \pm 1$ 和 $\Delta S = 0, \pm 1$，由于旋轨耦合的变大，各个项之间不再是孤立的了。这就意味着波函数不再是 $\hat{L}^2$ 和 $\hat{S}^2$ 的本征函数，然而我们仍然近似

$$\hat{L}^2 \psi = L(L+1)\hbar^2 \psi \qquad \hat{S}^2 \psi = S(S+1)\hbar^2 \psi \qquad (1\text{-}81)$$

因此，用 L 和 S 量子数仍然有用。$^{2S+1}L_J$ 仍然还用来表示旋轨耦合作用较强的重原子，但是增加了角标 J 变为 $^{2S+1}L_J$。其中，J 的取值是 L 和 S 通过矢量耦合确定的：$L+S$、$L+S-1$、$L+S-2$、$\cdots$、$|L-S|$。根据

$$\hat{L} \cdot \hat{S} = \frac{\hat{J}^2 - \hat{L}^2 - \hat{S}^2}{2} \qquad (1\text{-}82)$$

得到

$$\hat{J}^2 = (\hat{L} + \hat{S}) \cdot (\hat{L} + \hat{S}) = \hat{L}^2 + \hat{S}^2 + 2\hat{L} \cdot \hat{S} \qquad (1\text{-}83)$$

若 L 和 S 近似为好量子数（相互作用项分立），微扰理论给出

$$\langle \hat{H}_{so} \rangle = \xi \langle \hat{L} \cdot \hat{S} \rangle = \xi \langle nJM_J LS | \hat{L} \cdot \hat{S} | nJM_J LS \rangle$$
$$= \frac{\xi [J(J+1) - L(L+1) - S(S+1)]}{2} \qquad (1\text{-}84)$$

能级间隔为

$$E_{J+1} - E_J = \frac{\xi [(J+1)(J+2) - J(J+1)]}{2} = \xi(J+1) \qquad (1\text{-}85)$$

由于 M_J 的简并，总的简并度为 $2J+1$ 项，以 ^3D 为例：总的简并度 $g=(2L+1)(2S+1)=5\times 3=15$，由于旋轨耦合的出现消散了部分简并，产生 $^3D_1$、$^3D_2$ 和 $^3D_3$，总简并仍然是 15，如图 1.7 所示。

如果原子哈密顿量算符仅考虑类氢类 $\hat{H}_0$ 项，如图 1.8 所示，给定构型的能量是简并的，如果考虑电子-电子之间的排斥势能，轨道近似被破坏，构型中出现了分裂。最后加上自旋轨道耦合能级构型的简并消失。

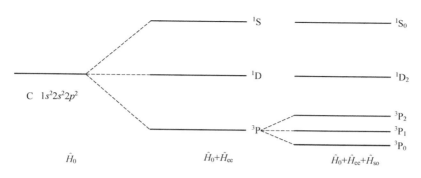

图 1.8　C 原子的 $1s^2 2s^2 2p^2$ 组态中 $\hat{H}_0$，$\hat{H}_{ee}$ 和 $\hat{H}_{so}$ 在能级模式的质性效应

图 1.9 和图 1.10 所示为氦原子和钾原子能级和光谱跃迁结构图。

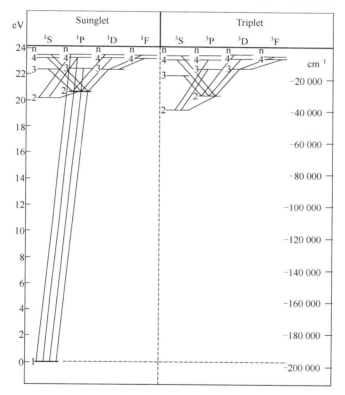

图 1.9　氦原子的能级示意图

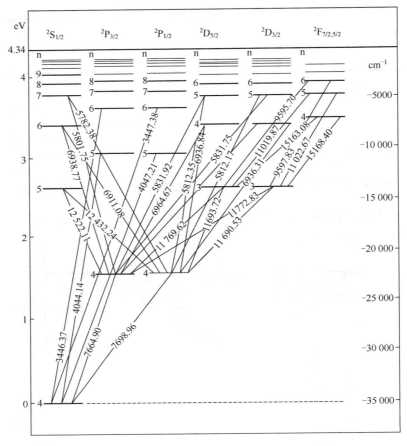

图 1.10　钾原子的能级示意图，跃迁的波长（Å）

1.2　高灵敏度分子光谱理论

与原子光谱相比，分子光谱的强度通常要弱，其主要原因除了有些分子的浓度低（如自由基分子）外，其有更多的简并度，如组成分子的原子之间的振动和转动，其光谱是带状分布，若要研究其转动结构的光谱结构，获得谱线的量子信息则需要高灵敏度的光谱测量技术，故这一节的理论在这里称为**高灵敏度分子激光光谱理论**。

1.2.1 双原子分子电子-振动-转动光谱①

原则上讲，分子的能级可以通过解不含时间变量的薛定谔方程（$\hat{H}\Psi = E\Psi$）得到。不考虑相对论效应，哈密顿量 $\hat{H}$ 可以表示成[9]

$$\hat{H} = \hat{T}_N + \hat{T}_e + \hat{V}_{NN} + \hat{V}_{Ne} + \hat{V}_{ee}$$

$$= \frac{-\hbar^2}{2}\sum_{\alpha}\frac{\nabla_{\alpha}^2}{M_{\alpha}} - \frac{\hbar^2}{2}\sum_i \frac{\nabla_i^2}{m_e} + \sum_{\alpha}\sum_{\beta>\alpha}\frac{Z_{\alpha}Z_{\beta}e^2}{4\pi\varepsilon_0 r_{\alpha\beta}} - \sum_{\alpha}\sum_i\frac{Z_{\alpha}e^2}{4\pi\varepsilon_0 r_{\alpha i}} + \sum_i\sum_{j>i}\frac{e^2}{4\pi\varepsilon_0 r_{ij}} \quad (1\text{-}86)$$

其中，α、β 指的是核，i、j 指的是电子，$r_{\alpha\beta}$、$r_{\alpha i}$、r_{ij} 分别是核与核、核与电子、电子与电子之间的间距，式中前两项分别表示原子核和电子的动能，后三项分别表示由核-核之间相互作用、核-电子相互作用及电子-电子相互作用引起的势能。

作用在原子核和电子上的库仑力基本上在同一量级。因为原子核同电子的质量差异非常大，电子的运动速度要远快于原子核的运动，所以，相对于电子的运动，原子核几乎是不动的（clamped）。基于这种考虑，原子核的运动可以从上面给出的哈密顿量中"剥离"出来，这就称为 Born-Oppenheimer 近似。在实际应用的大多数情况下，Born-Oppenheimer 近似是一种非常好的近似，可以大大简化能量和波函数的计算。忽略核的动能，哈密顿量（电子能量和所有库仑势）为

$$\hat{H} = \hat{T}_e + \hat{V}_{NN} + \hat{V}_{Ne} + \hat{V}_{ee}$$

$$= \frac{-\hbar^2}{2}\sum_i\frac{\nabla_i^2}{m_e} + \sum_{\alpha}\sum_{\beta>\alpha}\frac{Z_{\alpha}Z_{\beta}e^2}{4\pi\varepsilon_0 r_{\alpha\beta}} - \sum_{\alpha}\sum_i\frac{Z_{\alpha}e^2}{4\pi\varepsilon_0 r_{\alpha i}} + \sum_i\sum_{j>i}\frac{e^2}{4\pi\varepsilon_0 r_{ij}} \quad (1\text{-}87)$$

因为核是固定的，所以电子的能量与核的相对位置有关，如果不考虑核-核相互作用势能，通过解

$$\hat{H}_{el}\Psi_{el} = \left(\hat{T}_e + \hat{V}_{Ne} + \hat{V}_{ee}\right)\Psi_{el} = E_{el}\Psi_{el} \quad (1\text{-}88)$$

可以得到纯电子的能量。当把核的位置看成固定不变时，核-核的相互作用看成一个常数，把它同纯电子的能量一起看作一个势能。

$$U(r_a) = E_{el}(r_a) + \hat{V}_{NN}(r_a) \quad (1\text{-}89)$$

r_a 是双原子分子的核间距离。薛定谔方程的波函数可以表示成电子和核运动部分两部分

---

① 注：本书研究对象主要是双原子分子和线型分子，因而，涉及分子光谱的理论也以这两者为主。

$$\Psi(r_i, r_a) \approx \Psi_{el}(r_i, r_a)\chi(r_a) \qquad (1\text{-}90)$$

接下来的问题就是要求解

$$\left(\hat{H}_{el} + \hat{V}_{NN}\right)\Psi_{el}(r_i, r_a) = U(r_a)\Psi_{el}(r_i, r_a) \qquad (1\text{-}91)$$

$$\left[\hat{T}_N + U(r_a)\right]\chi_N(r_a) = E_N\chi_N(r_a) \qquad (1\text{-}92)$$

通过求解式（1-91）可以得到 $U(r_a)$ 同 r_a 的关系，r_a 不同求解得到的波函数和能量就不同。求解与原子核运动有关的式（1-92）可以得到分子的振-转能级。$U(r_a)$ 是电子运动的总势能，它包括电子动能和所有库仑势。

在分子轨道理论中，求解式（1-91）是得到电子结构的关键。对双原子分子而言，电子的薛定谔方程都可以用原子轨道的线性叠加构成的分子轨道 Ψ_{el} 来近似求解。求解过程相当复杂，这里不进行讨论。求解分子的振-转能级要知道 $U(r_a)$ 的具体表达式，然而，通常情况下只知道 $U(r_a)$ 是 r_a 的函数而没有显式表达式。一般，$U(r_a)$ 是通过 *ab initio* 进行数值计算或经验公式得到的。对线型分子（双原子和多原子），可以通过引入球极坐标（r, θ, φ）求解式（1-92）。

对于一个不考虑轨道和自旋角动量的线型分子，其转动能的经典表达式为[10]

$$
\begin{aligned}
E_k = T &= \frac{1}{2}I_x\omega_x + \frac{1}{2}I_y\omega_y + \frac{1}{2}I_z\omega_z \\
&= \frac{1}{2}I_x\omega_x^2 + \frac{1}{2}I_y\omega_y^2 \\
&= \frac{J_x^2}{2I} + \frac{J_y^2}{2I} = \frac{J^2}{2I}
\end{aligned}
\qquad (1\text{-}93)
$$

双原子分子在 x、y 和 z 轴上的转动惯量 $I_z = 0, I_x = I_y = I$，通常用 J 表示不包含核自旋外的总的角动量。对于各向同性（没有外场情况）的刚性转子，线型分子的转动哈密顿量为[11]

$$\hat{H} = \frac{\hat{J}^2}{2I} \qquad (1\text{-}94)$$

由于 ψ 是球谐函数 $\psi_{LM} = Y_{JM}$，因此薛定谔方程很容易就能求解，其具体表达式为

$$\frac{\hat{J}^2\psi}{2I} = E\psi \qquad (1\text{-}95)$$

由于

$$\frac{\hat{J}^2\psi}{2I} = \frac{J(J+1)\hbar^2\psi}{2I} = BJ(J+1)\psi \tag{1-96}$$

因此，能量本征值为

$$F(J) = BJ(J+1) \tag{1-97}$$

其中

$$B = \frac{\hbar^2}{2I} = \frac{h^2}{8\pi^2 I} \tag{1-98}$$

在国际单位制中 B 的单位为焦耳，光谱学中 $F(J)$ 表示转动能级，所以，其单位通常用 MHz 或 cm^{-1}，而不用焦耳。由于 $E = h\upsilon = hc/\lambda = 10^2 hc\tilde{\upsilon}$，若用 cm^{-1} 表示

$$B[\text{cm}^{-1}] = \frac{h}{8\pi^2 cI} \times 10^{-2} \tag{1-99}$$

对于双原子分子 A-B

$$I = \mu r^2 \tag{1-100}$$

约化质量 μ 为

$$\mu = \frac{m_A m_B}{m_A + m_B} \tag{1-101}$$

振子的薛定谔方程

$$-\frac{\hbar^2}{2\mu}\nabla^2\psi + V(r)\psi = E\psi \tag{1-102}$$

将笛卡儿坐标中的等效质量变换到球极坐标系中，可以得到

$$-\frac{\hbar^2}{2\mu}\left(\frac{1}{r^2}\frac{\partial}{\partial r}r^2\frac{\partial\psi}{\partial r} + \frac{1}{r^2\sin\theta}\frac{\partial}{\partial\theta}\sin\theta\frac{\partial\psi}{\partial\theta} + \frac{1}{r^2\sin^2\theta}\frac{\partial^2\psi}{\partial\varphi^2}\right) + V(r)\psi = E\psi \tag{1-103}$$

或

$$-\frac{\hbar^2}{2\mu}\left(\frac{1}{r^2}\frac{\partial}{\partial r}r^2\frac{\partial\psi}{\partial r}\right) + \frac{1}{2\mu r^2}\hat{J}^2\psi + V(r)\psi = E\psi \tag{1-104}$$

$\hat{J}^2$ 代表着总角动量的平方，用球谐函数 $\psi = R(r)Y_{JM}(\theta,\varphi)$ 表示则为

$$-\frac{\hbar^2}{2\mu r^2}\frac{\mathrm{d}}{\mathrm{d}r}r^2\frac{\mathrm{d}R}{\mathrm{d}r} + \left[\frac{\hbar^2 J(J+1)}{2\mu r^2} + V(r)\right]R = ER \tag{1-105}$$

定义 $\dfrac{\hbar^2 J(J+1)}{2\mu r^2}=V_{cent}$ 为中心势能。因此，有效势能也就是总势能。

$$V_r + V_{cent} = V_{eff} \qquad (1\text{-}106)$$

只要知道具体 $V(r)$ 的形式就能求解出能级，将 $S(r)=rR(r)$ 代入式（1-105）中得

$$-\frac{\hbar^2}{2\mu}\frac{\mathrm{d}^2 S}{\mathrm{d}r^2}+\left[\frac{\hbar^2 J(J+1)}{2\mu r^2}+V(r)\right]S=ES \qquad (1\text{-}107)$$

通常情况下 $V(r)=E_{el}(r)+V_{NN}$，其中 E_{el} 是通过求解电子波函数的薛定谔方程得到的

$$\hat{H}_{el}\psi = E_{el}\psi \qquad (1\text{-}108)$$

因为式（1-108）中的能量与 r 有关，所以，E_{el} 是 r 的函数。然而，大部分研究还是集中在 $V(r)$ 的经验表达式上，典型的势能曲线如图 1.11 所示。通常用的势能曲线的表达式是 Dunham 形式，为 r_e 的泰勒展开：

$$V(r)=V(r_e)+\frac{\mathrm{d}V}{\mathrm{d}r}\bigg|_{r_e}(r-r_e)+\frac{1}{2}\frac{\mathrm{d}^2 V}{\mathrm{d}r^2}\bigg|_{r_e}(r-r_e)^2+\cdots \qquad (1\text{-}109)$$

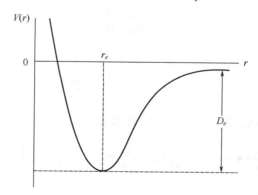

图 1.11　一个双原子分子的势能曲线

势能曲线的零点是任意选取的，设 $V(r_e)=0$。在 $V(r)$ 的极小点

$$\frac{\mathrm{d}V}{\mathrm{d}r}\bigg|_{r_e}=0 \qquad (1\text{-}110)$$

因此

$$V(r)=\frac{1}{2}k_2(r-r_e)^2+\frac{1}{6}k_3(r-r_e)^3+\frac{1}{24}k_4(r-r_e)^4+\cdots \qquad (1\text{-}111)$$

$$k = \left.\frac{\mathrm{d}^2 V}{\mathrm{d}r^2}\right|_{r_e} \qquad\qquad k_n = \left.\frac{\mathrm{d}^n V}{\mathrm{d}r^n}\right|_{r_e} \tag{1-112}$$

不考虑转动（$J=0$），只保留式（1-111）中的 $\frac{1}{2}k\left(r-r_e\right)^2$ 项，可以得到谐振子的波函数为

$$S = N_\upsilon H_\upsilon\left(\sqrt{\alpha}x\right)\mathrm{e}^{-\alpha x^2/2} \tag{1-113}$$

其中 H_υ 为厄米多项式

$$x = r - r_e \qquad\qquad \alpha = \frac{\mu\omega}{\hbar} \qquad\qquad N_\upsilon = \left[\frac{1}{2^\upsilon \upsilon!}\left(\frac{\alpha}{\pi}\right)^{\frac{1}{2}}\right]^{\frac{1}{2}} \tag{1-114}$$

能量

$$E_\upsilon = h\upsilon\left(\upsilon+\frac{1}{2}\right) = \hbar\omega\left(\upsilon+\frac{1}{2}\right) \qquad \upsilon = 0,1,2\cdots \tag{1-115}$$

$$\omega = \left(\frac{k}{\mu}\right)^{1/2} \qquad\qquad \upsilon = \frac{1}{2\pi}\left(\frac{k}{\mu}\right)^{1/2} \tag{1-116}$$

另一种常用的表示势能曲线的简单形式是 Morse 表达式

$$V(r) = D\left[1 - \mathrm{e}^{-\beta(r-r_e)}\right]^2 \tag{1-117}$$

与谐振子模型不同，当 $r\rightarrow\infty$ 时，解离渐近线极限能量 $V(r)=D$。此外，可以求薛定谔方程的解析解得到 Morse 势能曲线，其本征能量（cm^{-1}）为

$$\begin{aligned} E[\mathrm{cm}^{-1}] = {} & \omega_e\left(\upsilon+\frac{1}{2}\right) - \omega_e\chi_e\left(\upsilon+\frac{1}{2}\right)^2 + B_e J(J+1) - D_e[J(J+1)]^2 - \\ & \alpha_e\left(\upsilon+\frac{1}{2}\right)J(J+1) \end{aligned} \tag{1-118}$$

$$\omega_e = \beta\left(\frac{Dh\times 10^2}{2\pi^2\mu c}\right)^{1/2} \tag{1-119}$$

$$\omega_e\chi_e = \frac{h\beta^2\times 10^2}{8\pi^2\mu c} \tag{1-120}$$

$$B_e = \frac{h\times 10^{-2}}{8\pi^2\mu r_e^2 c} \tag{1-121}$$

$$D_e = \frac{4B_e^3}{\omega_e^2} \tag{1-122}$$

$$\alpha_e = \frac{6\left(\omega_e \chi_e B_e^3\right)^{1/2}}{\omega_e} - \frac{6B_e^2}{\omega_e} \tag{1-123}$$

振动能级的表达式为

$$G(\upsilon) = \omega_e\left(\upsilon + \frac{1}{2}\right) - \omega_e \chi_e\left(\upsilon + \frac{1}{2}\right)^2 \tag{1-124}$$

Dunham 势能曲线表达式：

$$V(\xi) = a_0 \xi^2\left(1 + a_1\xi + a_2\xi^2 \cdots\right)$$

$$\xi = \frac{r - r_e}{r_e} \tag{1-125}$$

式（1-125）是对 $\left(1 + a_1\xi + a_2\xi^2 \cdots\right)$ 的泰勒展开。

$$a_0 = \frac{kr_e^2}{2} = \frac{\omega_e}{4B_e} \tag{1-126}$$

虽然波函数和本征值不可能解析得到，但是可以得到近似解析解。基于 Wentzel-Kramers-Brillouin 理论，通过一阶半经典量化条件：

$$\left(\frac{2\mu}{\hbar^2}\right)^{1/2} \int_{r-}^{r+} \sqrt{E - V(r)}\,\mathrm{d}r = \left(\upsilon + \frac{1}{2}\right)\pi \tag{1-127}$$

r_- 和 r_+ 是经典的内外拐点。近似波函数为

$$\psi = A\exp\left[\pm i\left(\frac{2\mu}{\hbar^2}\right)^{1/2}\int\sqrt{E - V(r)}\,\mathrm{d}r\right] \tag{1-128}$$

能级

$$E_{\upsilon J} = \sum_{jk} Y_{jk}\left(\upsilon + \frac{1}{2}\right)^j \left[J(J+1)\right]^k \tag{1-129}$$

Dunham 通过 Y_{jk} 得到势能参数。通常的能级表达式和 Dunham 系数之间有如下关系：

$$F_\upsilon(J) = B_\upsilon J(J+1) - D_\upsilon[J(J+1)]^2 - H_\upsilon[J(J+1)]^3 \tag{1-130}$$

$$G(\upsilon) = \omega_e\left(\upsilon + \frac{1}{2}\right) - \omega_e \chi_e\left(\upsilon + \frac{1}{2}\right)^2 + \omega_e y_e\left(\upsilon + \frac{1}{2}\right)^3 + \omega_e z_e\left(\upsilon + \frac{1}{2}\right)^4 + \cdots \tag{1-131}$$

$$B_\upsilon = B_e - \alpha_e\left(\upsilon + \frac{1}{2}\right) + \gamma_e\left(\upsilon + \frac{1}{2}\right)^2 + \cdots \qquad (1\text{-}132)$$

$$D_\upsilon = D_e + \beta_e\left(\upsilon + \frac{1}{2}\right) + \cdots \qquad (1\text{-}133)$$

$$
\left.
\begin{aligned}
&Y_{10} \approx \omega_e \qquad\quad Y_{20} \approx -\omega_e\chi_e \qquad\quad Y_{30} \approx -\omega_e y_e \\
&Y_{01} \approx B_e \qquad\quad\, Y_{11} \approx -\alpha_e \qquad\qquad Y_{21} \approx \gamma_e \\
&Y_{02} \approx -D_e \qquad\, Y_{12} \approx -\beta_e \qquad\qquad Y_{40} \approx \omega_e z_e \\
&Y_{03} \approx H_e
\end{aligned}
\right\} \qquad (1\text{-}134)
$$

当 Born-Oppenheimer 近似失效时，一阶半经典 Wentzel-Kramers-Brillouin 理论需要修正。

RKR 程序[12]能产生通过插值双原子分子势能曲线的两个拐点，求解一维的振-转薛定谔方程。与采用半经典量化条件求解薛定谔解析方程不同，通过对式（1-130）微分方程积分得到网格中格点的振-转能级的本征能量和波函数。数值求解获得的能级和波函数可以用于计算振动、转能和离心畸变常数，以及 Frank-Condon 因子。

在球极坐标 (r,θ,φ) 中，对处于基电子态 $^1\Sigma$ 的双原子分子的振转薛定谔方程可以写成

$$-\frac{\hbar^2}{2\mu}\left(\frac{1}{r^2}\frac{\partial}{\partial r}r^2\frac{\partial\Psi}{\partial r}\right) + \frac{1}{2\mu r^2}\hat{J}^2\Psi + U(r)\Psi = E\Psi \qquad (1\text{-}135)$$

式中，μ 是分子的约化质量，$\hat{J}^2$ 是角动量的平方项：

$$\hat{J}^2 = -\hbar^2\left(\frac{1}{\sin\theta}\frac{\partial}{\partial\theta}\sin\theta\frac{\partial\psi}{\partial\theta} + \frac{1}{\sin^2\theta}\frac{\partial^2\psi}{\partial\varphi^2}\right) \qquad (1\text{-}136)$$

把式（1-135）两边同乘 r^2 化简可得

$$-\frac{\hbar^2}{2\mu}\left\{\frac{\partial}{\partial r}r^2\frac{\partial\Psi}{\partial r} + r^2[U(r) - E]\Psi\right\} + \left(\frac{1}{2\mu}\hat{J}^2\Psi\right) = 0 \qquad (1\text{-}137)$$

由式（1-137）可以看出，左边第一项与 r^2 有关，第二项与 θ 和 φ 有关，因而，可以把波函数分离成

$$\psi(r,\theta,\varphi) = R(r)Y(\theta,\varphi) \qquad (1\text{-}138)$$

式中，$Y(\theta,\varphi)$ 是球谐函数。用 $S(r) = rR(r)$ 替代，化简式（1-137）可得

$$-\frac{\hbar^2}{2\mu}\frac{\mathrm{d}^2 S}{\mathrm{d}r^2} + \left[\frac{\hbar^2 J(J+1)}{2\mu r^2} + U(r)\right]S = ES \qquad (1\text{-}139)$$

要求解式（1-139），就要知道 $U(r)$ 的具体表达式，对双原子分子来说，最常见的势能曲线经验公式是 Dunham 势能曲线，它是用平衡核间距的泰勒展开式表示的

$$U(r) = \frac{1}{2}k(r-r_e)^2 + \frac{1}{6}k_3(r-r_e)^3 + \frac{1}{24}k_4(r-r_e)^4 + \cdots \qquad （1-140）$$

式中，k 是二次微分系数，k_n 是势能 $U(r)$ 在 r_e 处的 n 次微分系数，第一项是近似谐振子模型。分子在非转动情况（转动角动量 $J = 0$），谐振子的振动哈密顿量可以写成

$$\hat{H} = -\frac{\hbar^2}{2\mu}\frac{d^2}{dr^2} + \frac{1}{2}k(r-r_e)^2 \qquad （1-141）$$

本征值为

$$E_\upsilon = \hbar\omega\left(\upsilon + \frac{1}{2}\right) \qquad （1-142）$$

式中，υ 是振动量子数；ω 是振动角频率。

因为双原子分子真实的势能曲线总是非谐的，特别是在高振动量子态，考虑非谐情况下分子振动能通常表示成

$$G(\upsilon) = \omega_e\left(\upsilon+\frac{1}{2}\right) - \omega_e x_e\left(\upsilon+\frac{1}{2}\right)^2 + \omega_e y_e\left(\upsilon+\frac{1}{2}\right)^3 + \omega_e z_e\left(\upsilon+\frac{1}{2}\right)^4 + \cdots \qquad （1-143）$$

式中，ω_e、$\omega_e x_e$、$\omega_e y_e$、$\omega_e z_e$ 为振动平衡常数。

求解式（1-137）的角度部分可以获得分子的转动动能。在零级近似下的双原子分子转动能量可以通过刚性转子模型的近似获得，即假设组成分子的两原子在转动过程中核距不发生变化，则

$$E_J = BJ(J+1) \qquad J = 0,1,2,3\cdots \qquad （1-144）$$

式中，B 为转动常数，J 是转动量子数。转动常数 B 与转动惯量 I 和核间距有关：

$$B = \frac{\hbar}{2I} = \frac{\hbar^2}{2\mu r^2} \qquad （1-145）$$

由于离心力的作用，分子转动时平均核间距会增加，考虑了离心畸变效应，分子真实的转动能量可以写成

$$F(J) = B_\upsilon J(J+1) - D_\upsilon[J(J+1)]^2 + H_\upsilon[J(J+1)]^3 + \cdots \qquad （1-146）$$

式中，D 称为离心修正项，H 称为高阶离心修正项，其中

$$B_\upsilon = B_e - \alpha_e\left(\upsilon + \frac{1}{2}\right) + \gamma_e\left(\upsilon + \frac{1}{2}\right)^2 + \cdots \tag{1-147}$$

$$D_\upsilon = D_e + \beta_e\left(\upsilon + \frac{1}{2}\right) + \cdots \tag{1-148}$$

式中，B_e 称为平衡转动常数。

1.2.2　双原子分子电子态及其耦合

电子自旋组成的合角动量（S）等于各个电子自旋角动量 S_i 的和。S 在分子轴上的投影

$$\Sigma = S, S-1, S-2, \cdots, -S \tag{1-149}$$

共有 $2S+1$ 个可能值，即 $2S+1$ 个多重态。分子的轨道角动量（L）和分子轴的耦合很强，所以，要考虑处理 L 在核轴上的投影分量

$$M_L = L, L-1, L-2, \cdots, -L \tag{1-150}$$

根据命名法则 $\Lambda = |M_L|$。对于一个给定 L 值，量子数 Λ 可以取

$$\Lambda = 0, 1, 2, \cdots, L（光谱学中 0、1、2 等分别用 \Sigma、\Pi、\Delta 等表示） \tag{1-151}$$

这样分子中每一个 L 值都有 $L+1$ 个态，但是常有 L 没有确切意义，无法得到 L 确切值。

类似于原子中有 L 和 S 耦合，得到总的角动量 J。分子中绕核轴的总角动量 Ω 等于 Λ 和 Σ 之和的绝对值。

$$\Omega = |\Lambda + \Sigma| \tag{1-152}$$

对于一个给定的 Λ 值，$\Lambda + \Sigma$ 共有 $2S+1$ 个不同数值。

按照国际命名标准，把 $2S+1$ 标注在 Λ 左上方，Ω 标注在左下方来表示分子的电子态 $^{2S+1}\Lambda_\Omega$，例如，$^3\Delta_1$、$^3\Delta_2$ 和 $^3\Delta_3$ 态。

分子电子态的表示方法类似于原子电子态，但是由于对称性（宇称）的缘故，分子电子态表示更为复杂。双原子分子都是线性的，只考虑组成分子的两个原子是相同的还是不同的就能区分它们的对称性。例如，H_2、N_2、O_2 为同核双原子分子，CH、CO、CS 为异核双原子分子。由于分子的对称性与跃迁选择定则有关，下面介绍双原子分子电子态中的几种重要宇称。

（1）（+/−）宇称：若已知对称操作算符 $\hat{E}^*$ 和包括电子、振动及转动的哈密顿量，就可知道总的宇称。$\hat{E}^*$ 算符作用后所有粒子的相对位置发生翻转，它把所有的振转能态分为了 +/− 两组。

$$\hat{E}^*\psi = \hat{E}^*(\psi_{el}\psi_{vib}\psi_{rot}) = \pm\psi \tag{1-153}$$

Ψ 是总波函数，$\hat{E}^{*}$ 作用到波函数的总效果，需要对电子、振动、转动部分分别讨论。振动部分可以比较简单地确定，由于 ψ_{vib} 只是核间距 r 的函数，坐标翻转时 r 不变，因而

$$\hat{E}^{*}\psi_{vib}(r) = \psi_{vib} \tag{1-154}$$

转动部分比较复杂，通常取转动波函数为 $\psi_{rot} = |\Omega JM\rangle$，则

$$\hat{E}^{*}|\Omega JM\rangle = (-1)^{J-\Omega}|\Omega JM\rangle \tag{1-155}$$

电子部分最为复杂，因为 ψ_{el} 是在分子坐标中，在波恩-奥本海默近似下不知道实验室坐标下的 $\psi_{el}(X_i, Y_i, Z_i)$，而 $\hat{E}^{*}$ 作用在分子坐标下的 $\psi_{el}(x_i, y_i, z_i)$ 不明确，Hougen 考虑到此问题后提出 $\hat{E}^{*}$ 在实验室坐标中等价于反射算符 $\hat{\sigma}_{v}$，$\hat{\sigma}_{v}$ 作用在自旋和轨道部分可表示为

$$\hat{\sigma}_{v}|S,\Sigma\rangle = (-1)^{S-\Sigma}|S,-\Sigma\rangle \text{ 和 } \hat{\sigma}_{v}|\Lambda\rangle = \pm(-1)^{\Lambda}|\Lambda\rangle \tag{1-156}$$

当 $\hat{\sigma}_{v}$ 作用在 $|\Lambda = 0\rangle$ 时

$$\hat{\sigma}_{v}|\Lambda\rangle = \pm|\Lambda = 0\rangle \tag{1-157}$$

把 $\pm$ 写成 Λ 的角标符号，$\Lambda=0$ 即 Σ 态，也就是

$$\hat{\sigma}_{v}|\Sigma^{\pm}\rangle = \pm|\Sigma^{\pm}\rangle \tag{1-158}$$

对 Σ 电子态的 $\pm$ 说明了 $\hat{\sigma}_{v}$ 算符仅对电子波函数有作用，对于 $\Lambda > 0$ 来说，$\pm$ 已经不需要了，因为 Λ 双分裂能级上面已经存在了。

$\hat{\sigma}_{v}$（或者是 $\hat{E}^{*}$）算符作用在总的波函数上：

$$\hat{\sigma}_{v}(\psi_{el}\psi_{vib}\psi_{rot}) = \hat{\sigma}_{v}(|n,\Lambda,S,\Sigma\rangle|v\rangle|\Omega,J,M\rangle)$$
$$= (-1)^{J-2\Sigma+S+\sigma}(|n,-\Lambda,S,-\Sigma\rangle|v\rangle|-\Omega,J,M\rangle) \tag{1-159}$$

除了 Σ 态 $\sigma = 0$，对其他所有 $\sigma = 1$。由于 $\hat{\sigma}_{v}$ 算符改变 Λ、Σ、Ω 的符号，因此宇称的本征函数与基函数是线性相关的。

$$\left|{}^{2S+1}\Lambda_{\Omega}\pm\right\rangle = \frac{\left|{}^{2S+1}\Lambda_{\Omega}\right\rangle \pm (-1)^{J-2\Sigma+S+\sigma}\left|{}^{2S+1}\Lambda_{-\Omega}\right\rangle}{\sqrt{2}} \tag{1-160}$$

其中

$$\hat{\sigma}_{v}\left|{}^{2S+1}\Lambda_{\Omega}\pm\right\rangle = \pm\left|{}^{2S+1}\Lambda_{\Omega}\pm\right\rangle \tag{1-161}$$

总的跃迁积分为

$$\int \Psi_f^* \mu \Psi_i d\tau \tag{1-162}$$

由于跃迁电偶极矩算符 μ 有的宇称是（-），要保持式（1-162）的积分不为零，所以，只有宇称相反（+）同（-）之间的跃迁是允许的。

（2）（e/f）宇称：在式（1-155）中可以看到由于相位因子 $(-1)^J$ 的存在，总宇称随着 J 变化，当 J 为整数时，定义[13]

$$e \text{ 宇称为 } \hat{E}^* \psi = +(-1)^{J-0.5} \psi \tag{1-163}$$

$$f \text{ 宇称为 } \hat{E}^* \psi = -(-1)^{J-0.5} \psi \tag{1-164}$$

当 J 为半整数时，定义

$$e \text{ 宇称为 } \hat{E}^* \psi = +(-1)^{J-0.5} \psi \tag{1-165}$$

$$f \text{ 宇称为 } \hat{E}^* \psi = -(-1)^{J-0.5} \psi \tag{1-166}$$

式中，ψ 是转动波函数。

（3）（g/u）宇称：同核双原子分子属于 $D_{\infty h}$ 点群，翻转算符 $\hat{i}$ 不同于 $\hat{E}^*$ 算符适用于实验室坐标，而且 $\hat{i}$ 只是用于同核双原子分子。

$$\hat{i}\Psi_{el}(x_i, y_i, z_i) = \Psi_{el}(-x_i, -y_i, -z_i) = \pm\Psi_{el}(x_i, y_i, z_i) \tag{1-167}$$

或

$$\hat{i}|\Lambda\rangle = \pm|\Lambda\rangle \tag{1-168}$$

式中，+代表 g 宇称，-代表 u 宇称。

（4）（s/a）宇称：对同核双原子分子，除了上述宇称外还用（s/a）宇称来区分转动能级，a 是反对称态，s 是对称态。Pauli 不相容原理要求包括核自旋的总的波函数在交换两全同原子核后要么是对称要么是反对称。在实验室坐标下，交换两全同核子的算符是 $\hat{P}_{12}$。实验中发现原子核是波色子（$I_{核自旋} = 0,1,2\cdots$），波函数在算符 $\hat{P}_{12}$ 作用下是对称的，费米子（$I_{核自旋} = 1/2,3/2,5/2\cdots$）的波函数是反对称的。

对于波色子

$$\hat{P}_{12}(\Psi\Psi_{nuc}) = +\Psi\Psi_{nuc} \tag{1-169}$$

对于费米子

$$\hat{P}_{12}(\Psi\Psi_{nuc}) = -\Psi\Psi_{nuc} \tag{1-170}$$

式中，Ψ 是电子、振动、转动波函数，Ψ_{nuc} 是核自旋波函数。

以 O_2 的 $^3\Sigma$ 为例，偶数的转动能级有（-）和（a）对称性，奇数转动能级具有（+）和（s）对称性，如图 1.12 所示。由于 ^{16}O 的核自旋是零，这就意味着（a）对称性的能级将不存在。因而，（s/a）宇称在确定谱线的相对强度时非常重要，一般来说（s）宇称的能级与（a）宇称的能级强度之比 $[(I+1)(2I+1)]/[I(2I+1)] = (I+1)/I$。

上面讨论电子运动时忽略了分子的振动和转动，若要获得真实的分子运动，还要考虑振动-电子运动的相互作用、振动-转动运动的相互作用，以及转动-电子运动的相互作用。在前面对分子振动能级的讨论中可以看出，如果选择的振动能级在一条特定电子态的势能曲线中，这条势能曲线是电子能量随核间距变化的函数，因而也包含了振动和电子的相互作用。转动-振动的相互作用已在转动能级的讨论中讨论过了。下面主要讨论转动-电子运动的耦合。

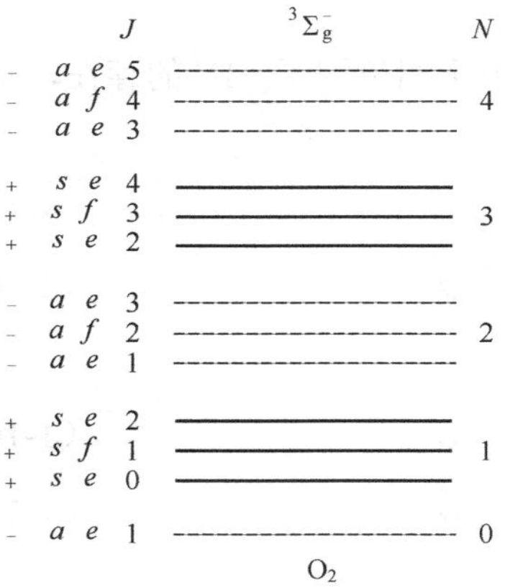

图 1.12　$O_2\ X^3\Sigma_g^-$ 电子态转动能级的宇称，虚线表示能级不存在，见文献[2]

表 1.7 给出了双原子分子中的各类角动量、角动量在分子轴上的投影及对应的量子数。Hund 对分子的角动量（电子和转动角动量）耦合进行了系统的研究，他对分子角动量耦合的实际情况做了近似，提出了（a）、（b）、（c）、（d）和（e）五种理想化的角动量耦合情形。由于 Hund 情形（a）和 Hund 情形（b）比较常见，所以，下面主要讨论这两种耦合情形。

表 1.7　双原子分子的角动量

角动量	算符	在分子轴上的投影	量子数	
			总量子数	投影
自旋动量	$\hat{S}$	S_z	S	Σ
轨道角动量	$\hat{L}$	L_z	L	Λ
转动角动量	$\hat{R}$		R	
核轴上的总电子角动量				$\Omega=\lvert\Lambda+\Sigma\rvert$
除自旋外的总角动量	$\hat{N}=\hat{R}+\hat{L}$		N	
总角动量	$\hat{J}$	J_z	J	

1. Hund 情形（a）

在 Hund 情形（a）中，假设核转动同电子运动（自旋和轨道运动）的相互作用很弱，电子运动同核轴的耦合非常强，这时电子角动量 Ω 有了明确的意义。Ω 与核转动角动量 $\hat{R}$ 组成总角动量 $\hat{J}$，即 $\hat{J}=\hat{S}+\hat{L}+\hat{R}$。Hund 情形（a）的分子角动量和角动量在分子轴上投影如图 1.13 所示，矢量 $\hat{J}$ 的大小和方向是恒定的，$\hat{R}$

和 Ω 绕着 $\hat{J}$ 做转动。Hund 情形（a）中的转动能级算符表示为

$$\hat{H}_{rot} = BR^2 = B(J - L - S)^2 \qquad (1\text{-}171)$$

在 Hund 情形（a）中要求 $A\hat{L}\hat{S} \gg BJ$，A 是自旋轨道耦合常数，其中最低的转动能级量子数 $J = \Omega$。图 1.14 给出了 Hund 情形（a）中 $^2\Pi$ 态的能级示意图。前面讲过了用 $^{2S+1}\Lambda_\Omega$ 表示各个自旋分裂的电子态，对 $^2\Pi$ 态（$\Lambda = 1$，$\Sigma = \pm 1/2$）有 $^2\Pi_{1/2}$ 和 $^2\Pi_{3/2}$ 态。但当 $S > |\Lambda| > 0$ 时，自旋导致电子态分裂的各个分量的表示就很复杂，用 $\Omega = |\Lambda| + \Sigma$ 来代替 $\Omega = |\Lambda + \Sigma|$，例如，$^4\Pi$ 态的四个自旋分裂电子态表示为 $^4\Pi_{5/2}$、$^4\Pi_{3/2}$、$^4\Pi_{1/2}$ 和 $^4\Pi_{-1/2}$。

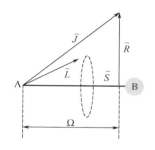

图 1.13　Hund 情形（a）的矢量图

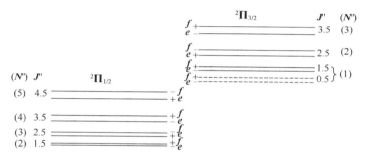

图 1.14　Hund 情形（a）中 $^2\Pi$ 态的能级示意图，虚线表示能级不存在

2. Hund 情形（b）

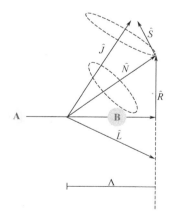

图 1.15　Hund 情形（b）的矢量图

当 $\Lambda = 0$、$S \neq 0$ 时，自旋 $\hat{S}$ 将不与核轴发生耦合，意味着 Ω 将没有确定的意义，Hund 情形（a）将不再适用。对比较轻的分子，即使 $\Lambda \neq 0$，$\hat{S}$ 和核轴的耦合也比较弱。这种情况下 Λ（$\Lambda \neq 0$）同 $\hat{R}$ 组成一个合矢量，在这里用 $\hat{N}$ 表示，这里 $\hat{N}$ 表示除了电子自旋外的总角动量，如果 $\Lambda = 0$，则 $\hat{N}$ 和 $\hat{R}$ 相同。在 Hund 情形（b）中，$A\hat{L}\hat{S} \gg BJ$，其矢量图如图 1.15 所示，图 1.16 给出了 Hund 情形（b）中 $^2\Sigma^+$ 态的能级示意图。

对最简单的 $^1\Sigma^+$ 或 $^1\Sigma^-$ 电子态来言，闭壳层上没有不配对的电子，它的能级的能量可以表示为

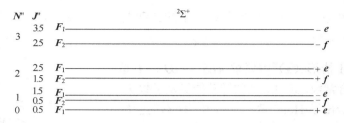

图 1.16　Hund 情形（b）中 $^2\Sigma$ 态的能级示意图

$$E_{vJ} = T_e + G_v + F(J) \tag{1-172}$$

式中，T_e 是电子能量，这里可以将其看作常数，G_v 和 $F(J)$ 分别是振动和转动能量，前面已给出。而对于 $\Lambda > 0$ 的电子态，例如，$^1\Pi$、$^1\Delta$、$^1\Phi$ 等电子态，总的电子角动量在核轴上的投影可能是顺时针，也可能是逆时针方向，这就导致轨道角动量的二次简并——称为 Λ 双分裂，随着转动能级的增加，Λ-双分裂的裂距增加。对这些电子态，能量可以表示为

$$E_{vJ} = T_e + G_v + F(J) \pm \frac{1}{2}[q_v J(J+1) + q_{D_v}[J(J+1)]^2 + \cdots] \tag{1-173}$$

式中，q_v 和 q_{D_v} 是 Λ-双分裂常数[14]。

　　而对于有未配对电子的电子态（非单态），电子结构就更复杂了。电子有磁矩，并且沿着轨道绕核运动会产生磁场，电子的磁矩之间，以及同绕核运动产生的磁场之间、同核转动产生的磁矩之间都有相互作用，这些相互作用依次称为自旋-自旋相互作用（$\hat{S}$-$\hat{S}$）、轨道自旋相互作用（$\hat{L}$-$\hat{S}$）和自旋转动相互作用（$\hat{N}$-$\hat{S}$）。对于非单电子态的能量，可以通过增加自旋-自旋相互作用、轨道自旋相互作用和自旋转动相互作用得到，这样哈密顿量就变成了

$$\hat{H}_{\text{eff}} = \hat{T}_e + \hat{H}_{\text{vib}} + \hat{H}_{\text{rot}} + \hat{H}_{\text{spin-orbit}} + \hat{H}_{\text{spin-spin}} + \hat{H}_{\text{spin-rotation}} + \hat{H}_{LD} \tag{1-174}$$

其中

$$\hat{H}_{\text{spin-orbit}} = A\hat{L} \cdot \hat{S} \tag{1-175}$$

$$\hat{H}_{\text{spin-spin}} = \frac{2}{3}\lambda(3\hat{S}_z^2 - \hat{S}^2) \tag{1-176}$$

$$\hat{H}_{\text{spin-rotation}} = \gamma\hat{N} \cdot \hat{S} \tag{1-177}$$

$\hat{H}_{LD}$ 描述 Λ-双分裂。这里可以通过 $A\hat{L} \cdot \hat{S}$ 和 $\frac{2}{3}\lambda(3\hat{S}_z^2 - \hat{S}^2)$ 的大小来判断电子态构型是 Hund 情形（a）还是 Hund 情形（b）。以 $a^2\Pi$ 为例，当 A 很大时，$a^2\Pi$ 态属于 Hund 情形（a），$^2\Pi$ 完全分裂成 $^2\Pi_{1/2}$ 和 $^2\Pi_{3/2}$ 态，若 A 很小，$a^2\Pi$ 态属于

Hund 情形（b），这时 $^2\Pi_{1/2}$ 和 $^2\Pi_{3/2}$ 态靠得很近。

要得到电子态的矩阵元，首先要知道基函数。能级通常使用 Hund 情形（a）的基函数 $|\Lambda S\Sigma J\Omega\rangle$ 求得，因为此基函数在代数化简中更简便。e/f 宇称的基函数 $|J\Omega\pm\rangle$ 用 $|\Lambda S\Sigma J\Omega\rangle$ 代替

$$|J\Omega\pm\rangle = (1/2)^{1/2}\left[|\Lambda S\Sigma J\Omega\rangle \pm |-\Lambda,S,-\Sigma,J,-\Omega\rangle\right] \tag{1-178}$$

再引入升降算符

$$J_\pm = J_x + iJ_y \text{ 和 } S_\pm = S_x + iS_y \tag{1-179}$$

$$J_\pm|\Lambda S\Sigma J,\Omega\rangle = (\hbar/2\pi)[J(J+1)?\ \Omega(\Omega\mp1)]^{1/2}|\Lambda S\Sigma J,\Omega\mp1\rangle \tag{1-180}$$

$$S_\pm|\Lambda S,\Sigma,J\Omega\rangle = (\hbar/2\pi)[J(J+1)-\Sigma(\Sigma\pm1)]^{1/2}|\Lambda S,\Sigma\pm1,J\Omega\rangle \tag{1-181}$$

由此可以得到电子态的哈密顿量。

以 $^2\Pi$ 态为例，它的有效哈密顿量[15]为

$$\hat{H}_{\text{eff}} = T_e + G_\upsilon + B_\upsilon\hat{N}^2 - D_\upsilon\hat{N}^4 + \frac{1}{2}[A_\upsilon + A_{D_\upsilon}\hat{N}^2,\hat{L}_z\hat{S}_z]_+ + (\gamma_\upsilon + \gamma_{D_\upsilon}\hat{N})\hat{N}\cdot\hat{S} + \hat{H}_{LD} \tag{1-182}$$

由于 $^2\Pi$ 电子态中只有一个未配对电子，没有自旋-自旋相互作用。在 Hund 情形（a）中 $^2\Pi$ 电子态有四个基函数

$$\left|^2\Pi_{3/2}\right\rangle = |\Lambda=1,S=1/2,\Sigma=1/2,J,\Omega=3/2\rangle \tag{1-183}$$

$$\left|^2\Pi_{1/2}\right\rangle = |\Lambda=1,S=1/2,\Sigma=-1/2,J,\Omega=1/2\rangle \tag{1-184}$$

$$\left|^2\Pi_{-1/2}\right\rangle = |\Lambda=-1,S=1/2,\Sigma=1/2,J,\Omega=-1/2\rangle \tag{1-185}$$

$$\left|^2\Pi_{-3/2}\right\rangle = |\Lambda=-1,S=1/2,\Sigma=-1/2,J,\Omega=3/2\rangle \tag{1-186}$$

e/f 宇称的基函数

$$\left|^2\Pi_{3/2}(e/f)\right\rangle = (2)^{-1/2}\left(\left|^2\Pi_{3/2}\right\rangle \pm \left|^2\Pi_{-3/2}\right\rangle\right) \tag{1-187}$$

$$\left|^2\Pi_{1/2}(e/f)\right\rangle = (2)^{-1/2}\left(\left|^2\Pi_{1/2}\right\rangle \pm \left|^2\Pi_{-1/2}\right\rangle\right) \tag{1-188}$$

$^2\Pi$ 态的哈密顿是 2×2 矩阵，则

$$H = \begin{bmatrix} H_{11} & H_{12} \\ H_{21} & H_{22} \end{bmatrix} \tag{1-189}$$

其矩阵元

$$H_{11} = \left\langle^2\Pi_{1/2}(e/f)\left|\hat{H}\right|^2\Pi_{1/2}(e/f)\right\rangle \tag{1-190}$$

$$H_{22} = \left\langle {}^2\Pi_{3/2}(e/f) \left| \hat{H} \right| {}^2\Pi_{3/2}(e/f) \right\rangle \qquad (1\text{-}191)$$

$$H_{12} = H_{21} = \left\langle {}^2\Pi_{1/2}(e/f) \left| \hat{H} \right| {}^2\Pi_{3/2}(e/f) \right\rangle \qquad (1\text{-}192)$$

矩阵元的具体表达形式如下：

$$
\begin{aligned}
H_{11}(e/f) = &\, G_\upsilon - 0.5A - 0.5(x+2)A_{D_\upsilon} + \sqrt{x}A_{H_\upsilon} + B_\upsilon(x+2) - \\
&\, D_\upsilon(x+1)(x+4) + H_\upsilon(x+1)(x^2+8x+8) \pm 0.5(J+0.5)p_\upsilon \pm \\
&\, 0.5(J+0.5)(x+2)p_{D_\upsilon} \pm 0.5(J+0.5)^3(x+4)p_{H_\upsilon} \pm \\
&\, 0.5(J+0.5)q_\upsilon \pm 0.5(3x+4)(J+0.5)q_{D_\upsilon}
\end{aligned}
\qquad (1\text{-}193)
$$

$$
\begin{aligned}
H_{12}(e/f) = H_{21}(e/f) = &\, -(x+2)^2 A_{H_\upsilon} - B_\upsilon\sqrt{x} + D_\upsilon\sqrt{x}(x+1) - \\
&\, H_\upsilon\sqrt{x}(x+1)(3x+4) \pm 0.25\sqrt{x}(J+0.5)p_{D_\upsilon} \pm \\
&\, 0.5(J+0.5)^3 p_{H_\upsilon} \pm 0.5\sqrt{x}(J+0.5)q_\upsilon \pm 0.5\sqrt{x}(x+2)(J+0.5)q_{D_\upsilon}
\end{aligned}
\qquad (1\text{-}194)
$$

$$
\begin{aligned}
H_{22}(e/f) = &\, G_\upsilon + 0.5A + 0.5xA_{D_\upsilon} + x^2 A_{H_\upsilon} + B_\upsilon x - D_\upsilon x(x+1) + \\
&\, H_\upsilon x(x+1)(x+2) \pm 0.5(J+0.5)q_{D_\upsilon}
\end{aligned}
\qquad (1\text{-}195)
$$

式中，e 和 f 分别对应公式右边的 + 和 - 符号。其他电子态的哈密顿量矩阵元都可以用同样的方法确定。这样，就可以对分子的能级能量进行求解。

1.2.3　微扰和预解离动力学理论

如果一条或多条转动谱线相继偏离式（1-146），或者谱线由一条分裂成两条，Λ 双分裂的裂距反常，谱线的强度变弱，随着转动能级 J 的增加谱线位置的偏离达到最大，然后又迅速降为零，回归正常，这表明所观测的光谱中有微扰存在。除了转动结构中存在微扰外，振动能级也会出现整体的偏离，这种情况称为振动微扰，以便区分转动微扰。

在量子力学中，当两个能级的能级差非常小时相互靠得很近时，它们将通过波函数混合发生相互作用，这也就是微扰相互作用。这种情况下前面介绍的获得分子电子态的基函数和哈密顿量的方法不再适用，需要考虑引入微扰的哈密顿量

$$\hat{H} = \hat{H}^{(0)} + \hat{H}^{(1)} \qquad (1\text{-}196)$$

$\hat{H}^{(0)}$ 和 $\hat{H}^{(1)}$ 分别是无微扰和一级微扰哈密顿量，$\Psi_1^{(0)}$ 是 $\hat{H}^{(0)}$ 的本征函数，$E_i^{(0)}$ 是本征值。根据一阶微扰理论，微扰后的波函数（混合后的波函数）为

$$\Psi_1 = c_1\Psi_1^{(0)} + \frac{\hat{H}_{12}^{(1)}}{E_1^{(0)} - E_2^{(0)}}\Psi_2^{(0)} \qquad (1\text{-}197)$$

$$\Psi_2 = c_2 \Psi_2^{(0)} + \frac{\hat{H}_{12}^{(1)}}{E_2^{(0)} - E_1^{(0)}} \Psi_2^{(0)} \tag{1-198}$$

$$\tilde{H}_{12} = \tilde{H}_{21} = \left\langle \Psi_2 \mid \tilde{H} \mid \Psi_2 \right\rangle = \left[\frac{\mid \hat{H}_{12}^{(1)} \mid^2}{E_1^{(0)} - E_2^{(0)}} \right] \left[\frac{\hat{H}_{22}^{(1)} - \hat{H}_{11}^{(1)} - \mid \hat{H}_{12}^{(1)} \mid^2}{E_1^{(0)} - E_2^{(0)}} \right]$$

式中，c_1 和 c_2 是归一化常数，微扰后的哈密顿量 $\tilde{H}$ 为

$$\tilde{H} = \begin{bmatrix} \tilde{H}_{11} & \tilde{H}_{12} \\ \tilde{H}_{21} & \tilde{H}_{22} \end{bmatrix} \tag{1-199}$$

矩阵元为

$$\tilde{H}_{11} = \left\langle \Psi_1 \mid \tilde{H} \mid \Psi_1 \right\rangle$$

$$= E_1^{(0)} + \hat{H}_{11}^{(1)} + \frac{\mid \hat{H}_{12}^{(1)} \mid^2}{E_1^{(0)} - E_2^{(0)}} + \left[\frac{\hat{H}_{12}^{(1)}}{E_1^{(0)} - E_2^{(0)}} \right]^2 [\hat{H}_{11}^{(1)} - \hat{H}_{22}^{(1)} - 2\hat{H}_{12}^{(1)}] \tag{1-200}$$

$$\tilde{H}_{22} = \left\langle \Psi_2 \mid \tilde{H} \mid \Psi_2 \right\rangle$$

$$= E_2^{(0)} + \hat{H}_{22}^{(1)} - \frac{\mid \hat{H}_{12}^{(1)} \mid^2}{E_1^{(0)} - E_2^{(0)}} + \left[\frac{\hat{H}_{12}^{(1)}}{E_1^{(0)} - E_2^{(0)}} \right]^2 [\hat{H}_{11}^{(1)} - \hat{H}_{22}^{(1)} + 2\hat{H}_{12}^{(1)}] \tag{1-201}$$

由于哈密顿量算符是厄米（Hermite）算符，$\tilde{H}_{nm} = \tilde{H}_{mn}$（$\left\langle \Psi_m \mid \hat{H} \mid \Psi_n \right\rangle = \left\langle \Psi_n \mid \hat{H} \mid \Psi_m \right\rangle$）。为了简便计算下面的哈密顿量矩阵元只给出其中一个非对角元的表达式。

分子直接被光子激发到解离极限的连续区域发生解离称做直接解离。若分子被激发到分离态（Discrete State），由于某种耦合关系的存在分子解离称为**预解离**，化学反应方程可以写成

$$AB + h\nu \longrightarrow AB^* \longrightarrow A + B \tag{1-202}$$

Herzberg、Mulliken 和 Katô 等人对预解离现象进行了具体的分类[16]。按照解离方式大致可分为两类：①转动解离。分子激发到高于分子束缚能的量子态，分子将不再束缚的势能场中转动，而产生解离。如果分子转动能级升高，离心修正项将加入到电子势能，修正后的势能高于分子的解离能并产生一个势垒，势能曲线图如图 1.17 所示。当分子处于的能级高于解离能又低于势垒时，由于隧道贯穿效应，分子将发生预解离。②电子相互作用预解离。这种预解离本质上是另一种形式的微扰。在双原子分子中经常见到两条势能曲线相交，如图 1.18 所示。如果相交的两电子态具有相同的对称性，这两个电子态的波函数就会混合来尽量避免相交，在交点附近两电子态的相互作用类似微扰作用，束缚态的 A 具有了解离态 a 的性质，从而引起了 A 电子态的预解离[17]。

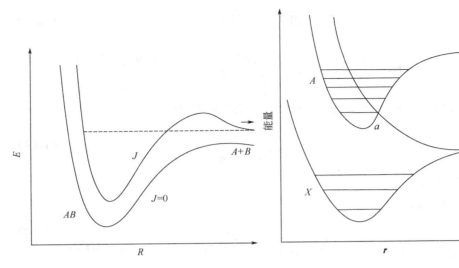

图 1.17　转动预解离势能曲线示意图[14]　　　图 1.18　分子的 *A* 电子态由于 *a* 电子态的
作用发生预解离的势能曲线示意图[14]

1.2.4　分子光谱结构及分子常数的获取

　　测量的光谱可能来自未知的一种分子，也有可能谱线来自一种已知分子的跃迁，但这些谱线可能以前从没有被观测到。通常是实验工作者最初不知道所测量光谱属于哪一种分子的谱带，需要进一步排除和确认。怎样准确判断测量光谱来源于哪种分子和此分子的量子态，这要对光谱的转动结构进行指认。

　　分子光谱指认是一项非常复杂烦琐的工作。图 1.19 所示是所测到的 CS_2 和 He 气的一段放电吸收光谱。如何对谱线进行标识，并判断谱线是何种分子的哪个电子振动态呢？这就需要知道电子-振转谱线的光谱结构，包括光谱的位置和强度分布规律。在图 1.19 中，可以通过光谱的强度规律（玻耳兹曼分布）大体找出同一支带谱线，然后用二次逐差关系把符合频率关系的谱线的支带找出来，最后通过并合差关系（Combination Difference）确定每条谱线对应的转动量子数（J/N），以及转动常数、当把所有支带标识完成后，就可确定跃迁谱线所属电子态，通过转动常数、电子态结构及谱线的多普勒线宽等光谱信息可以判断光谱来源于何种分子。

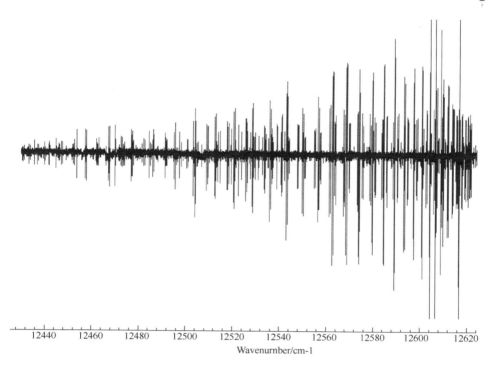

Wavenurnber/cm-1

图 1.19　CS$_2$ 和 He 气放电的一段吸收光谱[18]

　　光谱的强度原则上是满足玻耳兹曼分布的，但实验中激光功率的波动、放电的不稳定及气压配比的变化都会影响光谱强度，如果瞬态分子生成浓度很低（光谱信号很弱），实验条件稍微的变化都会破坏光谱强度的分布（玻耳兹曼分布），丢掉了谱线的强度信息，给光谱标识带来非常大的麻烦。所以，准确的分子光谱标识需要高质量的光谱数据支持。

　　双原子分子能级谱项前面已经给出，如果不考虑高阶离心修正项和较弱的相互作用，可以表示成

$$T = T_e + G_\upsilon + B_\upsilon J(J+1) \qquad （1-203）$$

　　两电子振转能级之间允许跃迁的 R 支（$\Delta J = 1$）、Q 支（$\Delta J = 0$）和 P 支（$\Delta J = -1$）的谱线位置可以近似表示成

$$\upsilon_R = \upsilon_0 + 2B' + (3B' - B'')J + (B' - B'')J^2 \qquad （1-204）$$

$$\upsilon_Q = \upsilon_0 + (B' - B'')J + (B' - B'')J^2 \qquad （1-205）$$

$$\upsilon_P = \upsilon_0 - (B' + B'')J + (B' - B'')J^2 \qquad （1-206）$$

式中，$\upsilon_0 = (T_{e上态} - T_{e下态}) + (G_{\upsilon上态} - G_{\upsilon下态})$ 也称为带源，上标是 "'" 的分子常数表示上态，上标是 "''" 的分子常数表示下态，J 表示下态的转动量子数。根据上面

的公式画出能量随着转动量子数 J 的变化图像——福屈拉特图（Fortrat Diagram）。图 1.20 给出了两幅 Fortrat Diagram，从图中可得下态转动常数大于上态转动常数（$B' < B''$），谱线就会向红端发散（degraded or shaded toward red），随着 J 值的增加，谱线位置向长波方向慢散开，并会在 R 支带出现转头（称为带头）。相反，如果 $B' > B''$，则谱线向紫端发散（degraded or shaded toward blue or violet），并在 P 支带出现转头。这是分析分子光谱结构和支带结构非常重要的判据。通过光谱的整体光谱结构，可大体预判分子的转动常数及支带的关系。

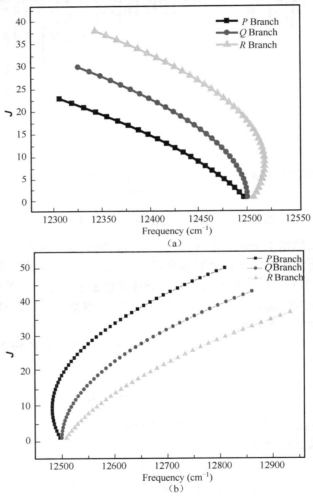

图 1.20 两幅 Fortrat diagram[18]，图中假设 $v_0 = 12500 \text{cm}^{-1}$

（a）图中设上态转动常数 $B' = 1.8 \text{ cm}^{-1}$，下态转动常数 $B'' = 2.0 \text{ cm}^{-1}$；

（b）图设上态转动常数 $B' = 2.0 \text{ cm}^{-1}$，下态转动常数动常数 $B'' = 1.8 \text{ cm}^{-1}$

同一支带的两条相邻谱线频率位置相减称为一次逐差，即 $\Delta_1 F(J) = \upsilon(J+1) - \upsilon(J)$，$R$ 支、Q 支和 P 支的谱线一次逐差为

$$\Delta_1 F(J)^R = 4B' - 2B'' + 2J(B' - B'') \qquad (1\text{-}207)$$

$$\Delta_1 F(J)^Q = 2B' - 2B'' + 2J(B' - B'') \qquad (1\text{-}208)$$

$$\Delta_1 F(J)^P = 4B' - 2B'' + 2J(B' - B'') \qquad (1\text{-}209)$$

一次逐差后得到频率是转动量子数 J 的一次函数。在一次逐差的基础上进一步逐差，即二次逐差 $\Delta_2 F(J) = \Delta_1 F(J+1) - \Delta_1 F(J)$。很显然，无论是 R 支、Q 支还是 P 支，二次逐差得到的都是 $\Delta_2 F(J) = 2(B' - B'')$，上下态转动常数之差的两倍。如果再做一次逐差，三次逐差的结果就近似为零。通过二次逐差可以看出，若谱线属于同一支带，则二次逐差就为一常数 $\Delta_2 F(J) = 2(B' - B'')$，这是标识光谱的依据（微扰除外）。

把同一支带的谱线解出来（de-code）后，就是判断这一支带属于哪一支（P，Q 或 R 支），每一条谱线所属的转动能级（J-value），这要利用并合差的关系。由上述可知，可以通过测量谱线的发散方向和转头，大概判断每一支带的归属，然后把 R 支和 P 支逐差：

$$\Delta X_1(J) = R(J) - P(J) \qquad (1\text{-}210)$$

再把 $\Delta X_1(J)$ 的逐差关系式求出：

$$\Delta X_2(J) = \frac{\Delta X_1(J+1) - \Delta X_1(J)}{4} \approx B' \qquad (1\text{-}211)$$

$$\Delta X_3(J) = \frac{\Delta X_1(J)}{\Delta X_1(J+1) - \Delta X_1(J)} \approx J + \frac{1}{2} \qquad (1\text{-}212)$$

获得上态的转动常数和转动量子数 J。也可以采用另一种逐差方法

$$\Delta Y_1(J) = R(J-1) - P(J+1) \qquad (1\text{-}213)$$

再求 $\Delta Y_1(J)$ 逐差关系式：

$$\Delta Y_2(J) = \frac{\Delta Y_1(J+1) - \Delta Y_1(J)}{4} \approx B' \qquad (1\text{-}214)$$

$$\Delta Y_3(J) = \frac{\Delta Y_1(J)}{\Delta Y_1(J+1) - \Delta Y_1(J)} \approx J + \frac{1}{2} \qquad (1\text{-}215)$$

后面的章节将详细介绍如何采用并合差方法标识光谱。

对受到微扰的跃迁谱线，则要在微扰点两侧"分段标识"，一个支带不管有没

有受到微扰，转动常数不变，微扰点两翼采用逐差的方法标识出来，然后用能级移动的方法把微扰点谱线加进来，完成谱线的标识。所谓能级移动，就是指如果上能级发生了移动，$R(J-1)$、$Q(J)$ 及 $P(J+1)$ 移动量相同，如果是下能级有频移，则 $R(J)$、$Q(J)$ 及 $P(J)$ 移动量相同。当然，微扰谱给光谱的标识带来更大的困难，如果微扰效应很强，引起的频移大到几十甚至上百波数，微扰标识要与分子光谱拟合同时进行，不断地反复尝试。

通过前面讨论过的分子电子振转模型，可以计算出分子的能级位置，以及分子跃迁谱线的频率位置。相反，通过测量的光谱，按照前面建立的模型也可以获得分子常数。拟合分子光谱常数也是优化参量、重现实验光谱的过程。最终拟合结果的好坏会与选取的模型（哈密顿量）有关。

获得瞬态分子常数，都是通过最小二乘法拟合程序对实验光谱数据拟合得到的。最小二乘法采用残差作为标准，拟合残差越小说明拟合得越好，即

$$\sum_{i=1}^{m}[y_i - f(x_i;b_n)]^2 = \min \tag{1-216}$$

式中，y_i 是实验测量值，b_n 是要确定的系数。用 C++语言编写的拟合程序中采用 Newton-Gauss 法对拟合量在最小二乘法上进行非线性拟合。光谱拟合时，参与拟合的高信噪比的测量谱线越多，最后获得的结果就越精确。每一条谱线的信任度称为权，权重 $\omega = \dfrac{1}{\sigma^2}$，$\sigma$ 是谱线的不确定性。

加权拟合就是寻找一组 $b=(b_1, b_2, \cdots, b_n)$ 使得

$$\sum_{i=1}^{m}\omega[y_i - f(x_i;b_n)]^2 = \min \tag{1-217}$$

加权重的拟合，在对拟合量求最小值时要对权重归一，最终得到的标准偏差为

$$RSM = \sqrt{\frac{\sum\limits_{i=1}^{m}\omega(x_i - \overline{x})^2}{\sum\limits_{i}\omega}} \tag{1-218}$$

RSM 就直接反映了拟合的精度和可靠性。

此外，英国 Bristol 大学的 Western 博士编写的 PGOPHER 软件[19]，也可以方便地用来拟合实验数据获得分子光谱常数。该软件具有可视化界面，易操作，也可以用来计算和模拟光谱线型。

预解离在双原子分子中比较常见，如果振动、转动光谱突然在某些地方消失或者谱线线宽变宽，就预示着预解离的存在。由海森堡不确定关系（$\Delta E \Delta t > \hbar$），

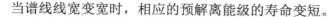

当谱线线宽变宽时，相应的预解离能级的寿命变短。

$$\Gamma = \frac{1}{2\pi c\tau} = \frac{5.3 \times 10^{-12}}{\tau} \tag{1-219}$$

式中，Γ 是线宽（cm^{-1}），τ 是寿命（s），c 是光速。因为预解离能级的寿命还是对分子解离速率快慢的一个反应，通常把 $1/\tau$ 称为解离率。预解离除了和微扰一样发生能级的移动外，它还具有谱线线型不对称的特点，预解离谱线用 Fano 线型来描述，后面章节将详细讨论。

1.3 光谱强度及原子的超精细结构和外场效应

1.3.1 原子和分子的光谱跃迁

光谱的定量在天文学、遥感测量、环境科学、分析化学和工业生产过程起着非常重要的作用，物质（原子、分子等）的浓度可以通过光谱强度获得。光谱强度可以看作跃迁偶极矩算符作用初始量子态和末量子态的积分。光谱跃迁涉及两个量子态，习惯上用"′"表示上能级、用"″"表示下能级。

1. 原子光谱跃迁强度

原子发生跃迁的上态有 $2J'+1$ 个 M_J 态是简并的，粒子数密度 $N_1=N'$，下态 $2J''+1$ 个 M_J 态是简并的，粒子数密度 $N_2=N''$。上下能级上每个 M_J 态能级上的粒子数分布分别为 $N_1/(2J'+1)$ 和 $N_2/(2J''+1)$，并且每个能级上布局概率相同，对于发射光谱

$$\frac{dN_1}{dt} = -\sum_{M'}\sum_{M''} A_{M' \to M''} \frac{N_1}{2J'+1} \tag{1-220}$$

和

$$\frac{dN_1}{dt} = -\frac{16\pi^3\upsilon^3}{3\varepsilon_0 hc^3} \frac{N_1}{(2J'+1)} \sum_{M'}\sum_{M''} \left| \langle J'M' | \mu | J''M'' \rangle \right|^2 \tag{1-221}$$

其中

$$S = \sum_{M'}\sum_{M''} \left| \langle J'M' | \mu | J''M'' \rangle \right|^2 \tag{1-222}$$

爱因斯坦系数 A 在原子谱线强度中

$$A_{J' \to J''} = \frac{16\pi^3 v^3 S_{J'J''}}{3\varepsilon_0 hc^3 (2J'+1)} \tag{1-223}$$

如果原子有 N 个电子，在原子和坐标中的跃迁偶极矩

$$\mu = -e\sum_{i=1}^{N} r_i \tag{1-224}$$

若考虑简并，吸收光谱则上面的公式变为

$$-\frac{dN_0}{dt} = \frac{dN_1}{dt} = \sum_{M'}\sum_{M''} B_{M' \to M''}\rho\left(\frac{N_0}{2J'+1} - \frac{N_1}{2J'+1}\right) \tag{1-225}$$

利用对原子谱线强度的定义

$$\begin{aligned}
-\frac{dN_0}{dt} &= \frac{2\pi^2 S_{J'J''} v}{3\varepsilon_0 hc}\left(\frac{N_0}{2J''+1} - \frac{N_1}{2J'+1}\right)g(v-v_{10})F \\
&= \frac{2\pi^2 v}{3\varepsilon_0 hc}\frac{S_{J'J''}}{2J''+1}\left(N_0 - N_1\frac{2J''+1}{2J'+1}\right)g(v-v_{10})F
\end{aligned} \tag{1-226}$$

式中，$g(v-v_{10})$ 为线性函数，F 为光通量。

根据原子谱线的强度，吸收截面变成

$$\sigma = \frac{2\pi^2 v S_{J'J''}}{3\varepsilon_0 hc(2J''+1)}g(v-v_{10}) \tag{1-227}$$

因此，吸收方程变为

$$-\frac{dN_0}{dt} = \sigma F\left(N_0 - N_1\frac{2J''+1}{2J'+1}\right) \tag{1-228}$$

比尔-朗伯定律变为

$$I = I_0 \exp\left[-\sigma\left(N_0 - N_1\frac{2J'+1}{2J''+1}\right)l\right] \tag{1-229}$$

可以得到横截面积 σ 和爱因斯坦系数 A 之间的关系为

$$\sigma = \frac{A_{J' \to J''}\lambda^2 g(v-v_{10})}{8\pi}\frac{2J'+1}{2J''+1} \tag{1-230}$$

这里原子能级之间的吸收和受激辐射可以相互替换。热平衡的原子满足玻耳兹曼分布定律

$$\frac{N_1}{N_0} = \frac{2J'+1}{2J''+1}e^{-hV_{10}/kT} \tag{1-231}$$

吸收和辐射的爱因斯坦关系如下：

$$A_{J' \to J''} = \frac{2J''+1}{2J'+1} \frac{8\pi h \upsilon_{10}}{c^3} B_{J' \leftarrow J''} \tag{1-232}$$

因此，爱因斯坦吸收系数和受激辐射系数变为

$$B_{J' \leftarrow J''} = \frac{2\pi^2}{3\varepsilon_0 h^2} \frac{S_{J'J''}}{2J''+1} \tag{1-233}$$

和

$$B_{J' \to J''} = \frac{2\pi^2}{3\varepsilon_0 h^2} \frac{S_{J'J''}}{2J'+1} \tag{1-234}$$

系数 B 与能量谱密度与 $\rho(\upsilon)$ 有关，$\rho(\upsilon)$ 是指频率为 υ 处的能量大小，而不是 $\rho(\omega)$。如果在热平衡条件下，基态的粒子数布局 N_1 可以用总粒子 N 数表示。其对数表达式

$$-\ln\left(\frac{I}{I_0}\right) = \sigma N_0 (1 - e^{-h\upsilon_{10}/kT}) l \tag{1-235}$$

等式右边括号式子称为受激辐射纠正，如果激发态的粒子数可以忽略的话，这一项可以省略。热平衡条件下 N_0 布局数

$$N_0 = \frac{N(2J''+1)e^{-E_0/kT}}{q} \tag{1-236}$$

式中，N 是总布局数，$q \equiv \sum (2J_i + 1)e^{-E_i/kT}$ 配分函数，在 E_0 能级上简并度 $2J''+1$，因此，国际单位制下的吸收度低 $[-\ln(I/I_0)]$ 为

$$-\ln\left(\frac{I}{I_0}\right) = \frac{2\pi V_{10} S_{J'J''}}{3\varepsilon_0 hcq} e^{-E_0/kT} (1 - e^{-h\upsilon_{10}/kT}) g(\upsilon - \upsilon_{10}) Nl \tag{1-237}$$

天文学家和光谱学家更钟爱振子强度 f（Oscillator Strength）这个定义，这是对比经典的电子振荡器得到的概念。对于吸收跃迁来说

$$f = f_{\text{abs}} = f_{J' \leftarrow J''} = \frac{8\pi^2 m_e \upsilon}{3he^2} \frac{S_{J'J''}}{2J''+1} \tag{1-238}$$

因此，爱因斯坦系数 B 为

$$B_{J' \leftarrow J''} = \frac{e^2}{4\varepsilon_0 m_e h\upsilon} f_{J' \leftarrow J''} \tag{1-239}$$

用振子强度 f 表示 A 为

$$A_{J' \to J''} = \frac{2\pi e^2 \upsilon^2}{\varepsilon_0 m_e c^3} f_{J' \leftarrow J''} \frac{2J''+1}{2J'+1} \tag{1-240}$$

2. 分子光谱跃迁强度

现在要对上述定性表述进行较详细的证明和定量的研究。按照式（1-162），由总本征函数表征的两个态之间的跃迁概率，正比于电矩（跃迁矩）的相应的矩阵元 R 的平方[20]

$$R = \int \psi'^* M \psi'' d\tau' \tag{1-241}$$

式中，M 是矢量，其分量为 $\Sigma e_j x_j$、$\Sigma e_j y_j$ 和 $\Sigma e_j z_j$。这里可以完全略去分子的转动，并令

$$\psi = \psi_e \psi_v \tag{1-242}$$

式中，是 ψ_e 电子本征函数，ψ_v 是振动本征函数。不仅如此，还可以把电矩 M 分解为与电子有关的和与原子核有关的部分：

$$M = M_e + M_n \tag{1-243}$$

把式（1-243）代入式（1-241），并记 $\psi_v^* = \psi_v$，得

$$R = \int M_e \psi_e'^* \psi_v' \psi_e'' \psi_v'' d\tau + \int M_n \psi_e'^* \psi_v' \psi_e'' \psi_v'' d\tau \tag{1-244}$$

由于 M_n 与电子的坐标无关，所以，第二个积分可写成

$$\int M_n \psi_v' \psi_v'' d\tau_n \int \psi_e'^* \psi_e'' d\tau_e \tag{1-245}$$

式中，$d\tau_n$ 和 $d\tau_e$ 分别是原子核坐标空间的体积元和电子坐标空间的体积元。属于不同电子态的电子本征函数是彼此正交的，这就是说，$\int \psi_e'^* \psi_e'' d\tau = 0$，因此得到

$$R = \int \psi_v' \psi_v'' dr \int M_e \psi_e'^* \psi_e'' d\tau_e \tag{1-246}$$

式中，用 dr 来代替 $d\tau_n$，因为振动本征函数 ψ_v 只与核间距 r 有关。

式（1-246）中的第二个积分 R_e 是电子跃迁矩（其平方与电子跃迁概率成正比）。

$$R_e = \int M_e \psi_e'^* \psi_e'' d\tau_e \tag{1-247}$$

前面已经提到过，电子本征函数与作为参数的核间距有关系。因此，在一个给定的电子跃迁中，R_e 在一定程度上是与核间距有关的。夫兰克-康登原理（Franck-Condon，F-C）的波动力学表述是根据如下的假设：即 R_e 随 r 的改变很慢，因而，R_e 可以用平均值 $\bar{R}_e$ 来代替。此时得到

$$R^{v'v''} = \bar{R}_e \int \psi_v' \psi_v'' dr \tag{1-248}$$

跃迁概率及强度正比于这个表达式的平方，即正比于较高和较低两态的振动本征函数的乘积的积分（所谓交叠积分）的平方，得到发射光谱中的谱带强度为：

$$I_{\text{发}}^{v'v''} = \frac{64}{3}\pi^4 c N_{v'} v^4 \overline{R}^2 [\int \psi_v' \psi_v'' \mathrm{d}r]^2 \tag{1-249}$$

得到吸收光谱中的谱带强度为：

$$I_{\text{吸}}^{v'v''} = \frac{8\pi^3}{3hc} I_0 \Delta x N_{v''} v \overline{R}_e^2 [\int \psi_v' \psi_v'' \mathrm{d}r]^2 \tag{1-250}$$

式中，$N_{v'}$和$N_{v''}$分别是位于振动能级 v' 和 v'' 中的分子数。

吸收光谱 夫兰克-康登原理能够直观地解释各种不同的强度分布情形。夫兰克的主要思想是由康登从数学上予以发展，并且后来还为它奠定了波动力学的基础。这个主要思想的内容如下：分子中的电子跃迁比起振动来是非常之快的，以致在刚发生电子跃迁之后，两个原子核仍然具有与"跃迁"以前几乎完全相同的相对位置和速度。为了应用这一原理，下面来研究一下图1.21。这 3 个图中所画的势能曲线是夫兰克和康登用来代表 3 种典型的较高电子态和较低电子态的强度分布情形。

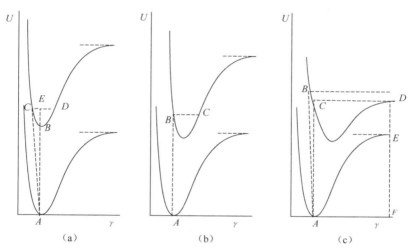

图 1.21 用夫兰克-康登原理来解释吸收光谱中的强度分布的势能曲线

在（c）中，*AC* 给出离解限的能量，*EF* 给出基态的离解能，*DE* 给出离解产物的激发能

发射光谱（康登抛物线） 按照夫兰克-康登原理，在发射光谱 $v' = 0$ 的前进带组中的强度改变，正好与吸收光谱的 $v'' = 0$ 的前进带组中的强度改变相当：强度的最大值落在由两条势能曲线的极小值的相对位置决定的 v'' 值上，两个 v'' 的差值越大，强度最大值所在的 v'' 值也越大。

但是，在 $v'' \neq 0$ 的发射前进带组中，强度分布就不同了（在较高温度下出现的 $v'' \neq 0$ 的吸收前进带组的情形也是如此）。为了阐明这一点，我们来研究一下

图 1.22。当分子在较高态中振动时，分子有序地停留在震动的两个拐点 A 和 B 上，而 AB 居间位置则很快就通过。结果，电子跃迁优先在这两个拐点上发生。如果电子跃迁发生在拐点 B，并且原子核的位置和速度又没有改变，那么，在刚发生电子跃迁之后，分子将位于从 B 竖直向下的 C 点，而 C 点则形成新的振动 $C\text{-}D$ 的右拐点。但是，电子跃迁不仅可以在 B 点发生，也可以在 A 点发生。当在 A 点发生时，按照夫兰克-康登原理，分子将跃迁到 F，并且 F 即成为新的振动 $E\text{-}F$ 的左拐点。

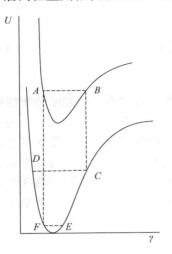

图 1.22　用夫兰克-康登原理来解释发射光谱中的强度分布的势能曲线

因此，可以看出，存在两个 υ'' 值，从一个给定的 υ' 到这两个 υ'' 的跃迁概率都是最大的，这就是说，可以预期：在一个 υ'' 前进组带（υ' =常数）中有两个最大强度，一个在小 υ'' 值上，另一个在大 υ'' 值上。在图 1.22 中，PN 带系的各带的估计强度与德斯兰表的排列方式相似。随着 υ' 的增大，图 1.22 中的 C 点一般比 F 点上升得更快。

在讨论夫兰克-康登原理时可以略去转动的合理性的证明如下：

如果把总本征函数的表达式（1-246）代入跃迁矩表达式中（1-241），例如，可以得到 z 分量为

$$R_z = \int \psi_e'^* \frac{1}{r}\psi_v'\psi_r'^* M_z \psi_e'' \frac{1}{r}\psi_v''\psi_r'' \mathrm{d}\tau \qquad (1\text{-}251)$$

把 $M_z = M\cos\theta$ 和 $\mathrm{d}\tau = \mathrm{d}\tau_e r^2 \sin\theta \mathrm{d}r\mathrm{d}\theta\mathrm{d}\varphi$ 代入（这里 $\mathrm{d}\tau_e$ 是电子组态空间的体积元），上式便变成

$$R_z = \int \psi_e'^* \psi_v' M \psi_e'' \psi_v'' \mathrm{d}\tau_e \mathrm{d}r \int \sin\theta\cos\theta\,\psi_r'^* \psi_r'' \mathrm{d}\theta\mathrm{d}\varphi \qquad (1\text{-}252)$$

对于 J'，J'' 的给定的组合，第二个积分是一个常数，而第一个积分则与式（1-244）相同。因此，前面所说的夫兰克-康登原理的波动力学表述，对于 J'，J'' 的每一组合都是正确的，并且因为第一个积分在很好的近似下与 J 无关的，这个表述对于整个带系也是成立的。

若从激发态 $|n'\upsilon'J'\rangle$ 自发辐射到基态 $|n''\upsilon''J''\rangle$ 跃迁总的激发光的功率为 $\mathrm{P}_{J'J''}$，则

$$P_{J'J''} = \frac{16\pi^3}{3\varepsilon_0 c^3} \frac{N_{J'}}{(2J'+1)} v_{J'J''}^4 q_{v'-v''} \left| R_e \right|^2 S_{J''}^{\Delta J} \qquad (1-253)$$

式中 $N_{J'}$ 为激发态的分子数密度（单位为分子数/m^3），$v_{J'J''}$ 是跃迁频率（单位为 Hz），$\Delta M_F = 0, \pm 1$ 是夫兰克-康登因子，R_e 是电偶跃迁偶极矩，$S_{J''}^{\Delta J}$ 是转动谱线强度称为 Honl-London 因子。Honl-London 因子是从对称椭球波函数中得到的，电子态之间的一个带系的转动谱线的相对跃迁强度 $S_{J''}^{\Delta J}$ 在表 1.8 中给出。

表 1.8 Honl-London 因子

$\Delta\Lambda = 0$	$S_{J''}^R = \dfrac{(J''+1+\Lambda)(J''+1-\Lambda)}{J''+1}$ $S_{J''}^Q = \dfrac{(2J''+1)\Lambda^2}{J''(J''+1)}$ $S_{J''}^P = \dfrac{(J''+\Lambda)(J''-\Lambda)}{J''}$
$\Delta\Lambda = +1$	$S_{J''}^R = \dfrac{(J''+2+\Lambda'')(J''+1-\Lambda'')}{2(J''+1)}$ $S_{J''}^Q = \dfrac{(J''+1+\Lambda'')(J''-\Lambda'')(2J''+1)}{2J''(J''+1)}$ $S_{J''}^P = \dfrac{(J''-1-\Lambda)(J''-\Lambda'')}{2J''}$
$\Delta\Lambda = -1$	$S_{J''}^R = \dfrac{(J''+2-\Lambda'')(J''+1-\Lambda'')}{2(J''+1)}$ $S_{J''}^Q = \dfrac{(J''+1-\Lambda'')(J''+\Lambda'')(2J''+1)}{2J''(J''+1)}$ $S_{J''}^P = \dfrac{(J''-1+\Lambda'')(J''+\Lambda'')}{2J''}$

3. 原子跃迁选择定则

主量子数 $n = \pm 1, \pm 2, \pm 3, \cdots$，没有严格的选择定则，$\Delta J = 0, \pm 1$，其限制为 $J = 0 \rightarrow J = 0$。

除此以外，还得到下列近似选择定则。如果 L 与 S 之间的耦合很弱，即只要多重裂距很小（轻元素），则在很好的近似下，存在如下选择定则：

$$\Delta L = 0, \pm 1 \qquad (1-254)$$

$$\Delta S = 0 \qquad (1-255)$$

后一个定则也称为相互并和的禁戒定则。它规定了，在我们所考虑的近似情况下，多重性不同的各项不能互相并和。

如果各 I_i 之间的耦合不太强，则只有一个电子在跃迁中改变其量子数，并且对于这个电子存在如下选择定则：

$$I_i = \pm 1 \tag{1-256}$$

最后，在磁场或电场中，磁量子数的选择定则是，在磁场中：

$$\Delta M_J = 0, \pm 1 \tag{1-257}$$

其限制是，当 $\Delta J = 0$ 时

$$M_j = 0 \rightarrow M_j = 0 \tag{1-258}$$

在强场中：

$$\Delta M_L = 0, \pm 1; \quad \Delta M_s = 0 \tag{1-259}$$

4．分子跃迁选择定则

（1）电子跃迁选择定则[21]。

对 Hund 情形（a）和 Hund 情形（b），两电子态之间应满足：

① $\Delta\Lambda = 0$，1，-1。即 $\Sigma - \Sigma, \Sigma - \Pi, \Pi - \Sigma, \Pi - \Pi$ 等是允许的。

② $\Delta S = 0$ 之间是允许跃迁的，$\Delta S \neq 0$ 的跃迁非常微弱。

③ $\Sigma^+ - \Sigma^+$ 或 $\Sigma^- - \Sigma^-$ 是允许的，$\Sigma^+ - \Sigma^-$ 之间禁戒跃迁。

④ 同核双原子分子只允许宇称 $g - u$ 和 $u - g$，不允许 $g - g$ 和 $u - u$ 跃迁。

⑤ 同核双原子分子只能是对称和对称、反对称和反对称之间跃迁，即 $a - a$ 和 $s - s$，不允许 $a - s$ 和 $s - a$ 之间的跃迁。

（2）振-转跃迁应满足：

① $\Delta J = \pm 1$ 时允许 $e - e$ 和 $f - f$ 的跃迁。

② $\Delta J = 0$ 时允许 $e - f$ 和 $f - e$ 的跃迁。

若发生跃迁的两电子态都属于 Hund 情形（a），$\Delta\Sigma = 0$ 的跃迁强度远大于 $\Delta\Sigma \neq 0$ 的跃迁，如果两个电子态的 Ω 都为零，则 $\Delta J = 0$ 是禁戒的跃迁，即没有 Q 支谱线。若发生跃迁的两电子态都属于 Hund 情形（b），$\Sigma - \Sigma$ 的跃迁 $\Delta N = 0$ 是禁戒的，即没有 Q 支谱线。

（3）微扰选择定则（Kronig Selection Rules）。

① 两电子态必须有相同的角动量 $\Delta J = 0$。

② 两个态同时为正或者是负，不允许 $+ - -$ 跃迁。

③ 同核分子，两电子态必须具有相同的原子核对称性，不允许 $a - s$ 和 $s - a$。

④ 两电子态必须有相同的多重性 $\Delta S = 0$。

⑤ 两电子态的 Λ 值只能相差 0 或 ± 1。

其中第①、②和③条微扰选择定则比较严格。第④条近似成立，随着自旋多

重性裂距的增大，具有不同多重性的电子态微扰也会增大。第⑤条只在 Λ 有明确意义的 Hund 情形（a）和 Hund 情形（b）中成立。

1.3.2　超精细结构

由于很多元素有核自旋的存在，使得谱线发生进一步的分裂。由电子自旋引起的分裂称为精细结构，由原子核自旋引起的更小分裂称为超精细分裂。通过矢量合成将核自旋 $\hat{I}$ 与 $\hat{J}$ 耦合成的总角动量 $\hat{F}$，当核自旋存在时，只有 F 是严格意义上的好量子数。由于超精细分裂很小（$<1\ \mathrm{cm}^{-1}$），所以，J 近似看作一个好量子数。对 F 的选择定则 $\Delta F = 0, \pm 1$，$F' = 0 \leftrightarrow F'' = 0$ 和 $\Delta M_F = 0, \pm 1$。如图 1.23 所示，以 ${}^{87}\mathrm{Rb}\ 5^2P_{3/2} - 5^2S_{1/2}$ 在 780 nm 的跃迁为例，其核自旋为 3/2。基态的两个最低超精细能级常作为频率标准。与铷元素类似，${}^{133}\mathrm{Cs}$（I=7/2）基态两个超精细跃迁（9 192.631770 GHz）是目前许多国家时间标准的原子钟的频率标准。

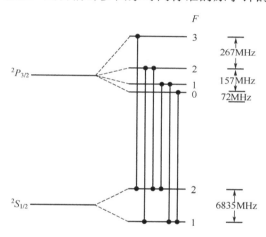

图 1.23　${}^{87}\mathrm{Rb}$ 近 7800 Å 的 $5^2P_{3/2} - 5^2S_{1/2}$ 跃迁的超精细能级模式

1.3.3　塞曼效应和斯塔克效应

当把原子置于磁场中，其磁矩会与外磁场相互作用，包含到哈密顿量算符中的作用能项

$$\hat{H}' = -\mu \cdot B \tag{1-260}$$

称为塞曼相互作用哈密顿量算符，从而引起塞曼效应。由于塞曼效应先于电子自旋发现，因此，将 **S=0** 的塞曼效应称为正常塞曼效应，**$S \neq 0$** 的称为反常塞曼效

应。如果磁场方向是沿着实验室 z 轴的，则塞曼哈密顿量算符变为

$$\hat{H}' = -\mu_L \cdot B = -\gamma \hat{L}_z \hat{B}_z \tag{1-261}$$

通过微扰理论计算塞曼效应产生的能量为

$$
\begin{aligned}
E &= \left\langle LM_L \left| -\gamma \hat{L}_z \hat{B}_z \right| LM_L \right\rangle \\
&= \gamma \hbar \hat{M}_L B = \mu_B B M_L
\end{aligned}
\tag{1-262}
$$

式中，玻尔磁矩 $\mu_B = \dfrac{e\hbar}{2m_e} = -\hbar\gamma$。如图 1.24 所示，其能级分裂成 $2L+1$ 个子能级（注：$2S+1$ 是个定值时），以 M_L 标识。M_L 能级之间的间隔正比于磁场强度，与 L 量子数无关。跃迁选择定则：如果光的偏振平行于磁场（z 轴），则 $M_L = 0$；若光的偏振垂直于磁场，则 $M_L = \pm 1$。

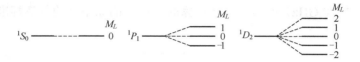

图 1.24 ^1S、^1P 和 ^1D 态的塞曼模式

图 1.25 所示为单重态（$S=0$）原子在磁场中的跃迁示意图，从图中可以看出跃迁谱线从一条分裂为三条：频率与磁场一致时为 $\Delta M_L = 0$；频率变高的为 $\Delta M_L = 1$；频率变低的为 $\Delta M_L = -1$。按照经典理论，把**轨道磁矩**可以看成以拉莫尔频率（**Larmor Frequency**）沿着磁场方向进动。

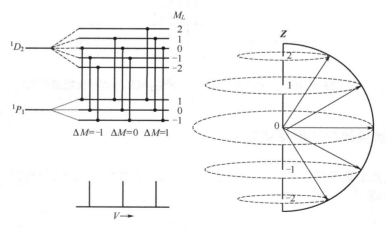

图 1.25 $M_L=2,1,0,-1$ 和 -2 的可能值时 $L=2$ 的旋进运动

若 $S \neq 0$，情况就变得复杂。当 $S \neq 0$ 时，μ_S 和 μ_L 相互作用耦合为 μ_J 时，则首先将矢量算符 $\hat{L}$ 和 $\hat{S}$ 要耦合为 $\hat{J}$。通过类比 $\hat{\mu}_L$

$$\mu_S = g_s \gamma \hat{S} - g_s \frac{\mu_S}{\hbar} \hat{S} \qquad (1\text{-}263)$$

得到 $\mu_J = g_J \gamma \hat{J} = -g_J \dfrac{\mu_B}{\hbar} \hat{J}$，因此，上面的问题变为求解 g_J 的表达式。

如图 1.26 所示，根据经典矢量合成原理，$\hat{L}$ 和 $\hat{S}$ 沿着 $\hat{J}$ 进动，因而，它们只有沿着 $\hat{J}$ 方向上的分量对总的磁动量有贡献。总磁矩可以表示为

$$\begin{aligned}
\mu_J &= \left(\mu_S \cdot \frac{\hat{J}}{|\hat{J}|^2} + \mu_L \cdot \frac{\hat{J}}{|\hat{J}|^2} \right) \\
&= \left[\gamma (g_S \hat{S} + \hat{L}) \cdot \frac{\hat{J}}{|\hat{J}|^2} \right] \hat{J}
\end{aligned} \qquad (1\text{-}264)$$

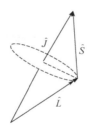

图 1.26　$\hat{L}$ 和 $\hat{S}$ 关于 $\hat{J}$ 的旋进运动示意图

g_J 近似为

$$\begin{aligned}
g_J &= (g_S \hat{S} + \hat{L}) \cdot \frac{\hat{J}}{|\hat{J}|^2} = \frac{(g_S \hat{S} + \hat{L}) \cdot (\hat{L} + \hat{S})}{|\hat{J}|^2} \\
&= \frac{g_S (\hat{L} \cdot \hat{S} + |\hat{S}|^2) + \hat{L} \cdot \hat{S} + |\hat{L}|^2}{|\hat{J}|^2}
\end{aligned} \qquad (1\text{-}265)$$

进一步化简得到

$$g_J = \frac{g_S (\hat{J}^2 - \hat{L}^2 + \hat{S}^2) + (\hat{J}^2 - \hat{S}^2 + \hat{L}^2)}{2\hat{J}^2} \qquad (1\text{-}266)$$

在相应的能量表达式中

$$g_J = \frac{3J(J+1)+S(S+1)-L(L+1)}{2J(J+1)} = 1 + \frac{J(J+1)+S(S+1)-L(L+1)}{2J(J+1)} \quad （1\text{-}267）$$

利用沿着 z 轴方向的磁场，可以得到其能级分裂为

$$E_{M_J} = \langle \hat{H}' \rangle = -\langle \mu_J \bullet B \rangle g_J \frac{\mu_B}{\hbar}\langle \hat{J} \bullet B \rangle = g_J \frac{\mu_B B}{\hbar}\langle \hat{J}_z \rangle = g_J \mu_B M_J B \quad （1\text{-}268）$$

"反常塞曼效应"在原子光谱中有着非常重要的意义，因为各个矢量分量与 J 值有关，而测量 g_J 则需要确定的 L、S 和 J。图 1.25 所示为碱金属的反常塞曼效应的示意图。

将电场引入到原子中引起的效应称为斯塔克效应（Stark Effect），这种情况下原子能级分裂成 M_J 的值分裂成（$L+1$）个，（$2J+1$）的简并部分消失。斯塔克效应被广泛应用于分子光谱中用于测量电偶极矩，原子中使用较少。在激光冷却和囚禁原子、研究里德堡态原子时通常会用到斯塔克和塞曼效应。

参考文献

［1］G. Herzberg. Molecular spectra and molecular structure. Vol. 1: Spectra of diatomic molecules ［M］. 2nd ed. New York: Van Nostrand Reinhold, 1950.

［2］P. F. Bernath. Spectra of atoms and molecules ［M］. Oxford: Oxford university press, 2015.

［3］J. Tennyson. Astronomical spectroscopy: an introduction to the atomic and molecular physics of astronomical spectra ［J］. World Scientific, 2011.

［4］褚圣麟. 原子物理 ［M］. 北京: 高等教育出版社, 1979.

［5］杨福家. 原子物理学 ［M］. 第 3 版. 北京: 高等教育出版社, 2000.

［6］曾谨严. 量子力学卷 II ［M］. 第 5 版. 北京: 科学出版社, 2014.

［7］S. Svanberg. Atomic and molecular spectroscopy: basic aspects and practical applications ［M］. Springer Science & Business Media, 2012.

［8］周世勋. 量子力学教程 ［M］. 第 2 版. 北京: 高等教育出版社, 2009.

［9］H. Lefebvre-Brion, R. W. Field. The Spectra and Dynamics of Diatomic Molecules ［M］. Academic Press, 2004.

［10］夏慧荣, 王祖赓. 分子光谱学和激光光谱学导论［M］. 上海: 华东师范大学出版社, 1989.

［11］王国文. 原子与分子光谱导论 ［M］. 北京: 北京大学出版社, 1985.

［12］A. L. G. Rees. The calculation of potential-energy curves from band-spectroscopic data ［M］. Proceedings of the Physical Society, 1947, 59: 998.

［13］K. P. Huber, G. Herzberg. Molecular structure and molecular spectra ［J］. Constants of diatomic molecules, 1979, 4.

［14］G. Herzberg. Molecular spectra and molecular structure. Vol. 1：Spectra of diatomic molecules ［M］. New York：Van Nostrand Reinhold，1950.

［15］J. T. Hougen. The calculation of rotational energy levels and rotational line intensities in diatomic molecules. National Standard Reference Data System，1970.

［16］H. Kato，M. Baba. Dynamics of excited molecules：predissociation ［J］. Chemical reviews，1995，95：2311-2349.

［17］R. N. Zare. Molecular Level‐Crossing Spectroscopy ［J］. The Journal of Chemical Physics 1966，45：4510-4518.

［18］李传亮. 瞬态双原子分子的高灵敏光谱及动力学研究 ［D］. 上海：华东师范大学，2011.

［19］C. M. Western. PGOPHER：A program for simulating rotational，vibrational and electronic spectra［J］. Journal of Quantitative Spectroscopy and Radiative Transfer，2017，186：221-242.

［20］辛厚文. 分子对称性与振动光谱选律 ［M］. 合肥：安徽科学技术出版社，1982.

［21］张允武，陆庆正，刘玉申. 分子光谱学 ［M］. 合肥：中国科学技术大学出版社，1988.

第**2**章

高灵敏激光光谱仪器

　　用于形成光路，组成光学相关仪器的元件统称为光学元器件。光学元器件是光学系统中的重要组成部分。虽然激光和非线性光学近些年来得到广泛地关注和重视，但是实际的光学系统中对光的波长（频率）进行频率非线性转换的并不多。在光学系统中，大部分情况是根据需要调整光的传输方向。光路的调整比起非线性光学变化要容易，光路是光学系统（仪器）中不可或缺的部分，而光路调整中离不开光学反射镜、棱镜和透镜等光学元器件。本章主要论述光学元器件的功能和作用，以及如何巧妙地使用它们完成光学系统中的测量任务。光学元器件的设计和加工，特别是复杂透镜的设计和加工需要特殊的工艺和工具，已经超出了以上的范围，在这里不做介绍，但是如何使用别人设计的光学透镜和其他光学元器件达到实验目的是从事光学相关领域实验和研究人员所必须具有的技能。

2.1　激光光源和器件

　　激光自从 1960 年出现以来已获得突飞猛进的发展，除了激光技术本身的不断进步以外，还推动其他学科的发展，并在工农业生产、国防、通信等领域得到了广泛地应用。可以毫不夸张地说，激光几乎渗透到了绝大多数学科和应用领域。有关激光原理与技术方面的专著有很多，我们只用很短的内容介绍一下激光的基本原理和几类主要的激光器，以及激光的各种噪声，有助于实验中判断噪声是否来自激光光源，并想办法对噪声进行抑制。

2.1.1　激光光源

　　激光的英文是 LASER（Light Amplification by Stimulated Emission of Radiation），因此说激光器是光受激辐射放大器。与电子振荡放大器不同之处在于，光受激放大不是利用的自由电子[1]。激光器也是一个能量转换器件。激光需要外部能量泵浦实现粒子数的反转，从而实现光放大。光在激光腔里振荡所需的最小能量称为阈值。实验中选用激光器时主要考虑激光的中心波长、调谐范围、功率大小（或单脉冲能量）、泵浦源、单脉冲脉宽和线宽大小。根据激光器增益介质（或称工作物质）的不同可分为气体激光器、液体激光器（或染料激光器）、固体激光器和半导体激光器。下面简要介绍激光的特点和几类常见的激光器。

　　激光器通常是由泵浦源、激光增益介质和谐振腔组成，三者称为组成激光器的三要素。1954 年美国的汤斯（Charles Townes）、苏联的巴索夫（Nikolai Basov）和普洛霍夫（Aleksander Prokhorov）对爱因斯坦的光与物质相互作用量子理论做了进一步的发展，提出了利用原子、分子作为增益物质的受激辐射放大的概念，并且实现了氨分子微波量子振荡器（MASER）。他们摒弃了利用自由电子与电磁场相互作用放大电磁波的传统概念，提出了利用原子、分子的核外电子与电磁场的相互作用产生电磁波的放大，从而为光波量子振荡（放大）器的产生打开了大门。而在光学振荡腔的选择上为了跨越封闭谐振腔理论（腔尺寸必须和波长比拟），汤斯和肖洛（Arthur Schawlow）借用了 F-P（Fabry-Perot）干涉仪原理提出了开放式光学谐振腔的思想，奠定了激光器产生的基础。

　　激光谐振腔内放置增益介质，腔镜通常是由部分反射镜和全反射镜组成的，通常部分反射镜作为激光耦合输出镜[2]。有的腔镜是可调节的，但其调节要求非常高，并且其调节过程非常烦琐。由于激光谐振腔的特点，能与激光谐振腔共振的腔模很多，因此，激光的时间和空间特性是多个腔模的重叠。真正的激光模式比较复杂，但可以通过直接对谐振腔空腔模式进行分解。分解后的横模可以用高斯函数很好地描述，纵模非常类似于风琴管的共振。共振模式受限于激光工作物质的增益曲线。实际应用中一般不希望输出激光中有大于 TEM_{00} 的高阶横模出现，但高阶模式很容易被抑制，因此，大多数商业激光器都是单横模输出。

　　激光纵模是指沿谐振腔轴向的稳定光波振荡模式，频率谐振要求光在谐振腔中往返一周后的相位差刚好为 2π，光在谐振腔来回反射会增加其相干性，并使光增益提高，从而增加光输出功率。纵模间隔为

$$\Delta v = \frac{c}{nl} \tag{2-1}$$

式中，l 是来回一周的距离，n 是光所经过材料的折射率。

对于体积较大的气体激光器 Δv 大概是 200MHz，对 F-P 腔型的半导体激光器大概为 150GHz，而对垂直腔面发射激光器（VCSEL）则为 1THz。衍射效应和增益曲线的倾斜处的共振频率牵引效应会影响纵模的精确共振频率，如果用光电探测器探测，可以看到光电流的噪声。理论上，只有一个共振纵模（通常其线宽较窄）的增益大于其损耗，则激光就会单纵模输出。事实上，激光谐振腔内有很多模式，它们之间的模式竞争增大了激光泵浦的难度。通常将棱镜或光栅等分光器件放到激光腔中对纵模进行选择。干涉应用中，不希望出现多模式情况，因为多模式会使相干长度变短，并且每经过一个周期（腔长的两倍）就会产生灵敏度变化。因此，有些场合则需要用单纵模激光器（单频激光器）。

2.1.2　激光器

1．气体激光器

气体激光器是以气体或蒸汽为增益介质的激光器。其波段覆盖整个可见光、紫外和红外，但其调谐范围较窄。几种常用的激光有 HeNe 激光（632.8nm）、氩离子激光（488nm 和 514.5nm）、CO_2 激光（10.6 μm 连续或脉冲输出）、N_2 激光（紫外波段脉冲输出）、准分子激光（深紫外波段脉冲输出）。但除了 HeNe 激光和 CO_2 激光外，其他激光器都只在实验室和一些特殊的场合下应用。由于气体增益介质的均匀性比固体和液体较好，因而容易获得衍射极限的高斯光束，其方向性好，但其工作物质的浓度较低，因此，需要体积很大的工作物质才能输出较大的功率，通常气体激光器体积较大。气体工作物质的增益曲线宽度较窄，因此，不能采用光泵浦，通常采用电泵浦、化学泵浦和热泵浦的方法。

HeNe 激光器也拥有半导体激光器的优点：便宜、体积较小、机械强度高，并且 HeNe 激光对光反馈不敏感，频率稳定性好，相干长度长（普通的单频输出激光的相干长度为 300m），是非常好的准直光源，可即插即用，非常方便。HeNe 激光也用在某些疾病治疗领域。HeCd 激光的噪声较大，N_2 激光受限于能级跃迁速率不能连续输出，其空间相干性较差，对输出激光汇聚时光斑很难小于1mm。但准分子激光输出波长可以小于 200nm，用在激光烧蚀、材料加工和半导体光刻中。有些激光通过减小增益宽度，通过调解腔长或放入标准具（F-P Etalon）实现单频输出。此方法比较有效，但操作起来比较困难，标准具和激光谐振腔都要保持温度稳定。气体激光器一般是对激光腔内密封在放电管的气体进行电弧放电，放电管一端是腔镜或者是熔融硅的布儒斯特窗。图 2.1（a）所示为内腔式 HeNe 激光器，图 2.1（b）所示为外腔式 HeNe 激光器。气体激光器由于上能态的寿命比较短，除激光跃迁外其他能级通道的干扰使得其效率很低。以氩离子激光器为例，只有 0.02%转换成激光的输出功率，因此，直流电源功率非常大，需要水冷或风冷。唯一例外的是 CO_2 激光器，转化效率为25%。特斯拉效应在大多数气体激光中会引起低频噪声，功率越高噪声越明显。除 HeNe 激光器外的其他气体激光器，需要小心使用，要学会如何清洁和保养激光腔镜。

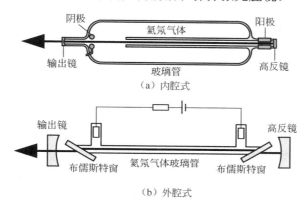

图 2.1 氦氖激光器

2．固体激光器

固体激光器是利用光学晶体、玻璃中掺杂离子的电子跃迁实现粒子数反转。如 Nd:YAG（1.06μm）、红宝石激光（694nm，脉冲）、紫翠宝石激光（700～820nm），钛宝石激光（0.66～1.2μm，也可飞秒脉冲输出）、色心激光器（0.8～4μm）。固体激光器比气体激光器的特性好，也更加灵活。它的效率与泵浦方式有关，如半导体激光泵浦的 Nd:YAG 激光器效率就非常高。红宝石激光器是第一台激光器，至今还在使用。YAG 激光器在很大功率和脉宽（从连续到纳秒）范围内都有着良好的性能。YAG 激光器的上台寿命较长（250μs），能存储大量的能量，效率较高。大功率输出可以通过调 Q 实现，通过声光、电光或染料饱和吸收等技术增加腔内的损耗，使上态的反转粒子数累积到很高的水平也不发生振荡，然后突然使损耗降低（减小 Q 值），这时存储的上态粒子的大部分能量很快转化成光子能量，光子像雪崩一样增加，激光器便可以输出一个峰值功率高、脉宽窄的脉冲，通常为 1～10ns[3]。

腔倒空技术是利用电光或声光盒将光在腔内一个来回所累积的能量释放出去。脉冲 YAG 激光器通常是闪光灯泵浦，闪光灯的脉宽与其上态寿命相当，但是其效率并不高，这是因为闪光灯的光谱范围和激光的增益谱线匹配不好。现在的 YAG 激光是利用 800nm 的半导体激光泵浦的，半导体泵浦的 YAG 激光效率非常高，在中等调制频率下高于散粒噪声 10～30dB。YAG 激光经常通过倍频产生532nm 的单频激光。两倍频后的 YAG 激光具有效率高、强度大、稳定和可见等特点，是非常诱人的光源。当然也可以将其进行三倍频产生紫外光。倍频实现起来还是比较困难的，因为倍频需要在激光腔内完成，有很多不稳定因素。

钕玻璃激光器的脉冲功率输出可以更高，但是玻璃和 YAG 晶体一样导热性不好，所以，相同大小的器件其平均功率要低。钕玻璃上态的寿命比较短，输出波长会有所平移，增宽效应也比较显著。在飞秒激光领域，钛宝石锁模激光已经取代了染料激光。固体激光器比较复杂，价格也比较昂贵，需要其他光源泵浦，通常是采用闪光灯和半导体激光器。

3. 半导体激光器

与大多数激光器相比，半导体激光器在效率上是首屈一指的。它的线宽为10～100MHz(单频半导体激光)，光电转换效率大概为25%，斜度效率高于50%。目前半导体激光器有中心波长 410nm、630nm、650nm、670nm、780nm、810nm、980nm、1310nm、1480nm 和 1550nm 等，还有中红外波段 3μm 的铅盐半导体激光器和量子级联激光器，它们都有一定范围的调节能力。半导体激光器最大的问题就是它对外部的电源电压和电流的要求较高，很容易烧坏或击穿。

工作原理：半导体激光器是利用半导体材料作为增益物质的激光器。半导体中的电子能量是由接近连续能级所构成的能带组成，所以，在半导体中要实现粒子（电子）数反转，必须在两个能带之间的高能态导带底的电子数比处在低能态顶的空穴数大很多。热平衡状态下电子基本处于价带中，半导体介质对光只有吸收作用，当给 P-N 结加上正向偏压时，P-N 结的势垒降低，热平衡被破坏，有源层内高能态导带底的电子数比作为激光下能态的价电子数多，从而实现粒子数反转。半导体激光器的谐振腔是由镀膜的半导体晶体解理面构成。对 F-P 腔半导体激光器可以很方便地利用晶体与 P-N 结平面相垂直的自然解理面构成谐振腔。为了克服激光阈值，形成稳定振荡，工作物质必须能提供足够大的增益，以抵消各种损耗。可见，在半导体激光器中，电子和空穴的偶极子跃迁是基本的光发射和光放大过程。对于双异质 P-N 结中其窄带隙有源区的折射率高，两边宽带隙的折射率低，这样就形成了一个限制光传播的光波导，从而解决了光的传播问题。

2.1.3 激光的噪声

激光的噪声会引起激光强度和频率的扰动和变化[4]。除了超高分辨率光谱技术，大部分测量的强度噪声比频率噪声更严重。当然有很多巧妙的方法可以消除噪声的影响。

1．强度（幅度）噪声

强度噪声在激光测量中表现在两个方面。大部分测量信号都是非零基线，因此，激光功率的变化会引起背景信号的波动，从而产生相加噪声（相加噪声与信号强度无关）。噪声是非高斯分布，因而不能被多次平均，所以，此种噪声会降低测量精度。另外有一种强度噪声会引起信号的强度变化。激光测量中，探测信号大小正比于激光功率，因此，光强的起伏会引起信号的波动，这称为乘性噪声。例如，可调谐激光通过气体吸收池，吸收谱线由吸收信号和平滑基线组成，然而，强度噪声不仅引起基线的起伏（相加噪声），还会引起吸收峰的波动（乘性噪声）。有很多差分和比例探测方案可以非常有效地抑制强度噪声，这些技术可以将幅度噪声衰减 70dB。

2．频率噪声

振荡器是由放大器和选频器组成的，又称谐振腔。谐振腔对带宽（通）以外的信号衰减，更重要的一点是产生随着频率快速变化的相移。振荡器的频率噪声是由放大器的相位波动和谐振腔的相位斜率决定的。激光谐振腔比其他振荡器要复杂，但是也一样存在频率噪声，如风扇振动、水冷的湍流和腔镜的细微抖动等都能产生频率噪声。共振腔的噪声在低频波段，因此，可以采用机械方法单独处理。根据频率噪声的特点，可选用长度较长的高 Q 值的谐振腔来降低频率噪声。也有很多气体主动锁（稳）频的方法抑制频率噪声，如 Pound-Drever-Hall 技术等[5]。

3．跳模

大部分激光在增益曲线范围内有很多模式与谐振腔共振。理想情况下，其中一个控制着其余的模式，但是由于空间烧孔效应的存在，导致实际情况不是这样。一般相邻模式相差无几，相邻模式发生跳模对激光的影响很小。跳模经常发生在激光预热过程中，稳定运行时跳模通常发生在有寄生反馈时。半导体的耦合出光率非常高（输出镜的反射率只有40%），只要有百万分之一的光强反射回激光腔就会引起跳模。引起跳模的机理非常复杂，热效应、等离子-光作用和电流等的相互作用引起半导体激光的跳模。激光调谐会改变激光功率输出，其能级间的耗散通道也随之变化，会导致温度变化，从而引起腔长和折射率的变化。激光输出后有源区温度迅速降低，半导体的温度、调谐、功率之间的关联作用会导致激光的不稳定和跳模。可见光波段的半导体激光器跳模尤为严重。跳模是非常明显的频率噪声，但由于模式之间的增益会有所不同，因此，有 0.1%～1%的强度噪声。

4．电源纹波和泵浦噪声

与其他振荡器一样，激光对电源纹波很敏感。激光输出功率与增益也就是泵浦源的功率（电压）有关。尤其是大型的气体激光器比较麻烦，因为很难提供稳定的低噪声电源，随着高质量开关电源的出现，使高频滤波更容易后，逐渐解决了这一问题。半导体激光器的光电转换效率较高，因此，电流噪声会对激光产生影响。大多半导体激光电源采用粗糙的参考电压和不恰当的滤波来决定输出电流，引起较大的激光噪声。光泵浦的激光会被泵浦光的噪声所调制。闪光灯是主要的泵浦源，但氩离子泵浦的染料激光承受更大的来自泵浦源的噪声。相比较而言，半导体泵浦的 YAG 激光相对平稳得多。

5．机械振动噪声

激光线宽不是完全由光谱线宽所决定的，而是由激光谐振腔（F-P 腔）的进一步缩窄线宽，因此，线宽与激光腔有关，腔长的抖动会引起频率噪声，其中环境噪声包括环境的声音振动，水冷湍流和风扇以及实验台传导的振动。激光腔镜牢固固定的激光器（如氦氖激光器），特别是半导体激光灯，可以有效克服这个问题。

6．空间和偏振噪声

激光束除了强度和频率噪声，其位置和偏振也会发生变化。例如，氩离子激光束的渐晕会使剩余强度噪声增加一个量级，一个弱的边模与正交的主模通过渐晕干涉使噪声增加严重。所有的激光都有空间噪声，半导体激光更为严重。自发辐射光和激光的空间干涉会引起激光轻微扭动，这也称为扭动噪声。偏振噪声更容易理解，因为激光自发辐射产生光子没有偏振性，它与泵浦光没有依赖关系，所以，由泵浦噪声调制的自发辐射偏振不同。

2.2　激光光学元器件

2.2.1　光学材料

玻璃是一种非常优异的光学材料。它的透明度比空气透明度高，硬度比钢的高，并且与其他材料相比，玻璃基本上是一种"trouble-free"的材料，它在光学领域各个角落都发挥着重要作用[6]。玻璃种类有很多，它们的光学性质差异也很大，其中折射率、色散和透射率是比较重要的技术指标[7]。由于历史原因，色散系数 N_{FC} 是由原子特征谱线定义的：

$$N_{FC} = \frac{n(486.1\text{nm}) - 1}{n(656.3\text{nm}) - 1}$$ （2-2）

$n-1$ 的大小反映了不同材料的玻璃在玻璃-空气表面的折射能力，所以，N_{FC} 是 F[①]和 C[②]光谱线在特定表面对应的折射率的比值。传统上是用阿贝数 V 来描述色散的：

$$V = \frac{n_d - 1}{n_F - n_C}$$ （2-3）

阿贝数与色散能力互为倒数关系。通过图 2.2 可以看出，大部分的玻璃在可见光波段色散系数较大，不同种类的玻璃差异也较大，但是它们的温度膨胀系数相对较小。

传统的玻璃分为两类：冕牌玻璃，这类玻璃折射率和膨胀系数低，用"K"表示；火石玻璃（也称为燧石玻璃），这类玻璃具有高折射率和膨胀系数、密度较大、硬度较小，用"F"表示。以前，把 V 值大于 50 的界定为冕牌玻璃，小于 50 的为火石玻璃。近些年来，随着玻璃配方工艺的发展，这两种玻璃的界定也变得模糊。最普通的光学玻璃是 BK-7，它是一种折射率为 1.517 的硼硅酸盐冕牌玻璃，它之所以常见是因为材料便宜并具有非常好的光学性能[8]。

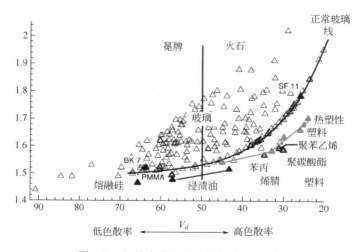

图 2.2　光学玻璃和普通塑料的 n_d-V_d 图

---

① 氢原子 Balmer 系的 α 跃迁线，波长为 656.3nm。
② 氢原子 Balmer 系的 β 跃迁线，波长为 486.1nm。

玻璃通常会有缺陷，如气泡、条痕等，缺陷会导致器件的光学性质的非均一性[9]。在对光学元件要求较高的场合，如激光腔镜，则要使用高质量的熔融硅玻璃保证气泡和条痕最少[10]。高质量的光学元件的原料一般都是熔融硅玻璃，它是由纯石英经过化学气象沉淀法制作而成的。融石英是通过对天然石英熔融制成的，是一种质量较差的光学材料。熔融硅的密度、气泡、条痕的类型及所含 O—H 化学键的不同也分为几个等级。O—H 化学键在 1.34μm 和 2.2μm 处有吸收，且在 2.7μm 处吸收特别强，高 O—H 含量的熔融硅在 2.7μm 处几乎是不透明的。

熔融硅和大多数玻璃的化学性质都不活泼，但是它们之间也有较大的差异。在一些特别恶劣的场合，例如，一直暴露在盐碱环境中，光学元件表面及光学镀膜都会被风化，从而降低了它们的光学性能，严重的玻璃表面会出现"白锈"。熔融硅和冕牌玻璃的抗风化能力较强。折射率较高的玻璃含有的石英组分较少，且氧化铅和其他惰性元素较多，因此更容易受到环境的侵害。有些光学元件，即使在普通的实验室中也会颜色变深和风化。

温度对光学元件的影响相对较小，温度膨胀系数（CTE）和折射率系数（TCN）都是正数，但是 CTE 表示为无量纲的标准化形式，TCN 为 $\partial n / \partial T$ [6]。电磁波通过电介质后时间（相位）的延迟是 nl/c，其中 l 是光程。归一化的温度系数 TC_{OPL} 的表达式如下：

$$TC_{OPL} = \frac{1}{nl}\frac{\partial(nl)}{\partial(T)} = \frac{TCN}{n} + CTE \qquad (2-4)$$

大多数玻璃的 TC_{OPL} 小于 $10^{-5}℃^{-1}$。熔融硅的值更小，大概在 $5×10^{-7}℃^{-1}$ 量级，但 TCN 约为 $9×10^{-6}$，因此，折射率 $n=1.46$ 的归一化的温度系数 TC_{OPL} 为 $7×10^{-6}$。BK-7 的温度膨胀系数 $7×10^{-6}$，但是折射率系数仅为 $1.6×10^{-6}$，所以归一化的温度系数是 $9×10^{-6}$。普通材料中只有 MgF_2 的折射率系数是负的。

TC_{OPL} 表征相位在电介质中的延迟，在讨论透镜、电介质和自由空间的温度系数时，需要考虑空气的改变，因此，考虑元器件光程的温度系数 G 更有意义。

$$G = TCN + (n+1)CTE \qquad (2-5)$$

塑料（树脂）透镜质量较轻、价格便宜，且易于同镜架铸成一体，方便装配和调节，是将来的发展趋势。在光学器件较少的系统，大批量生产的非球面镜表现出了很好的性能。另外，塑料比玻璃的均一性差、不易黏合、镀膜难度大，并且温度膨胀系数（$150×10^{-6}/℃$）和反射率指数（$100×10^{-6}/℃$）都要比玻璃大。使用最广泛的塑料是聚甲基丙烯酸甲酯（PMMA），也称作亚克力、路赛特、有机玻璃[11]。

塑料的折射率范围较小（n=1.5～1.6），但是阿贝数为30～57，因此，塑料透镜可以消色。由于塑料的相对分子质量较大，所以，瑞利散射系数较大。它在近红外和紫外波段的通过性没有玻璃好，且更易溶解和受到环境的影响。有些塑料受到紫外光长时间照射会发黄和产生裂缝，但是高密度聚乙烯在远红外波段是非常好的菲涅尔透镜的材料。

2.2.2　光学元件波长特性和表面质量

1. 波长特性

光学材料选取主要考虑折射率、色散和材料的透过（透明）性。光学材料的透过性限制了它的使用范围，通常情况下的光学材料在300nm～3μm波段是可以完全透光的；有些情况可能要求 200nm～15μm 下有比较好的透过性，但大部分材料都要求在 200nm 以下和 15μm 以上有强吸收性。

一般光学材料对波长较短的紫外线是不透明的。光学材料中 LiF 的紫外线透过性最好，下限为120nm，刚好可以覆盖氢原子 Lyman 系的 α 线（121.6nm），然而，水对极紫外光的吸收会破坏 LiF 的紫外光透光性。而 BaF_2、MgF_2 和 SrF_2 的硬度较高、更易刨光、不溶于水，所以，实际中的应用更为广泛。紫外等级的熔融硅通过下限为170nm，而普通玻璃通过下限基本上为 300～350nm。很多材料若暴露在短波光中（低于 320nm），则会被损坏，如玻璃会变暗，塑料会发黄甚至出现裂缝。如采用紫外辐射很强闪光灯和弧光灯，则要选择合适光学材料。

一般长波波段光学玻璃和熔融硅透过上限为3μm，超过波段上限后透过性会急剧下降。最好的红外光学材料是硅和锗，这两种材料光学通过上限可到 15μm 以上，并且它们的折射率较高（$n_{硅}$=3.5，$n_{锗}$=4），从而减小大口径透镜的曲率半径，从而降低像差。但是将其用在光学窗口时，由于高折射率的不匹配会导致增透膜的带宽较窄。这些材料在可见光波段是不透明的，所以，光路调解中非常痛苦。而其他低折射率的红外透光材料大都有毒或易溶于水。其中最好的红外光学材料是钻石（通光波段 250～40 000nm），还有 ZnSe、AsS_3 和 NaCl。在远红外波段塑料（如聚乙烯）也是很好的光学窗口材料，它们相对分子质量较大，在可见光波段散射效应较强，但在红外波段却几乎忽略（约 λ^{-4}）。普通的聚乙烯或 PVC 食品包装袋是非常好的防潮材料，可以覆盖到易潮解的光学材料表面作为防潮层。与可见光波段的光学材料不同，红外光学材料色散系数较小，但是温度膨胀系数较大，因此，红外材料不需要消色，但要做好防热处理。

2．光学表面质量

因为实际光线变化是发生在光学元器件表面，所以，只选择好的光学材料还不够，还要考虑元件表面的面型和抛光平整度。面型误差是指光学器件表面偏离了指定平面，若不考虑局部偏差，可以将其分为划痕和麻点[12]。划痕通常是镜面表面，而麻点通常是隐藏在玻璃表面和内部交界地方的气泡所造成的。划痕/麻点数是描述光学表面缺陷的指数，但是通过直观的观察很难判定这个指数的大小。

划痕/麻点指数影响散射效应、激光的损伤阈值和玻璃风化程度[13]。商业有色滤光镜划痕/麻点指数为 80/60，这个指标较差。一般的表面抛光后的划痕/麻点指数为 60/40，好的抛光 20/10，激光质量（激光腔镜）抛光 10/5。

来自划痕和麻点的面型误差和散射不仅说明了制造误差，还能引起光的波前发生畸变。即便是在抛光非常好的基底材料上，划痕和气泡都会引起波前畸变和大量的内部散射。透镜的面型误差比平面镜的要大，这是因为光线在更小的角度入射到表面时角度变化更明显。此外，高折射率材料（Ge）的平面镜的平整度对波长的影响较大。有些材料只有在红外波段可以透过，所以，它的波长面型差之比（相位差指数）与玻璃在可见光中不同。

因为通常透镜都是由像差来衡量的，即便是成像很好的情况下，透镜波前差也会较大。而平面镜则是由平面度来衡量的，一般平面镜的平面度为 $\lambda/10$ 在 632.8nm 波长处。光学窗口一般都抛光得非常平（$\lambda/20$），称为光学平面。大部分光学平面都有带一个 0.5 弧度的楔形用来抑制标准具效应（干涉条纹的移动所引起的信号的起伏）。

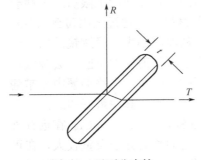

图 2.3　平面分束镜

2.2.3　反射镜

1．平面分束镜

平面分束镜如图 2.3 所示，在其平面窗镜其中一面镀有增反膜，另一面镀有增透膜。以前镀较薄的金属膜（厚度为 10nm），但这种膜损耗较大，已不再被广泛应用了。现在好的平面分束镜大都采用了半波长叠层镀膜。分束镜分光强度比范围较宽从 90∶10 到 10∶90，其中 50∶50 的是最为常用的。

分束镜通常是偏振敏感的，在高功率脉冲激光波段：694nm 的红宝石激光和 1064nm 的 YAG 激光波段偏振分束镜较为常见，但高功率脉冲很容易损坏分束镜内部的黏合剂。偏振分束镜依靠取向布儒斯特角的 $\lambda/2$ 多层膜使得其中一个偏振方向的光完全通过，另外一个偏振方向则被完全反射。在偏振分束镜内透射光比反射光的偏振度要高。在平面镜中插入一个会聚透镜会引起严重的相差和离轴像点、色散和慧差，避免这种情况出现的最有效方法就是利用镜面的第一次反射光成像。

保护膜是一层 $2\sim5\mu m$ 厚的保护层（常用的如硝化纤维），它一般覆盖在非常平的金属薄膜上，有时镀到上面。保护膜非常薄，引起的像差基本可以忽略。保护膜的机械性能非常好，可以保护镜面不受冲击。当保护膜非常薄时，干涉周期增大，从而降低标准具效应和温度变化带来的影响。如果要求精度不高的中或窄带光源（如水银灯、激光）来说，保护膜所起的效果较好。然而，对于宽带光源（覆盖上千个波数或几百纳米）来说，保护膜会使得不同波长光的透过性不均一，从而引起不必要的麻烦。在白光系统中，两个反射表面可以基本消除重影现象。

实际中保护膜不是很平，大概 1 波长每厘米直径（1 波长/cm），比一个好的分束镜的平面度要差。比较糟糕的是振动和气流还能引起保护膜的形变。形变和振动的保护膜对透射光几乎不受影响，但会使透射不均匀。反射光与入射光的角度和波长关系，随着角度和波长变化反射率范围可以从 16%变到 0%。

2．平面镜

平面镜是现有的最简单的光学元件，使用起来最为简单。高质量的平面反射镜的价格是比较便宜的，并且覆盖的波长范围也比较宽，供应商也非常多。平面镜比起透镜来对污染（如手印）更为敏感，一旦污染比较难清洗。

有些场合对平面镜的表面质量要求较高，如干涉仪、小光斑飞点扫描光学系统和高质量的光学成像系统。但在这些领域也并不是需要所有的平面镜都要达到高技术指标。例如，在干涉仪中两束光束在分开以前和重合时，特别是重合时，对平面镜的精度要求比干涉仪臂上平面镜的要求要低。在这种情况下，居家窗户使用的普通浮法玻璃（平面度 1 波长/cm）就可满足需要。如果系统中所用的镜子数目较多，采用的是普通的保护铝反射镜，则会使光功率明显降低。因此，根据光学系统的光强大小选择合适价位的平面镜，如果不能简化光学系统，则要考虑使用更贵的镀膜平面镜（如金膜和银膜）。一般透镜和反射镜后表面镀的膜比前表面的要软，容易受到损害，所以，清洁过程中要注意。

3．棱镜

棱镜用在光学色散中，但光通过棱镜内部几个面时会发生反射，因此，也经常用在实现光束偏折和成像中。棱镜的反射分为两类：一类是全反射（Total

Internal Reflection，TIR），光的入射角大于全反射临界角；另一类是镜面镀膜面的普通反射。这两种棱镜反射的优劣与具体的应用场合有关。假设棱镜的入射和出射面都镀有足够好的增透膜，TIR 的效率要高于反射镜。反射镜通常镀银和铝膜，而 TIR 条件下是不能镀膜的，并且 TIR 引起的相位和偏振方向的偏移会超出实验要求。常用的棱镜如图 2.4 所示。

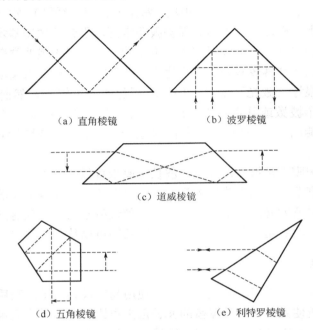

（a）直角棱镜　　　　　　　　　　（b）波罗棱镜

（c）道威棱镜

（d）五角棱镜　　　　　　　（e）利特罗棱镜

图 2.4　常用的棱镜

4. 直角、波罗棱镜和梯形（道威）棱镜

直角棱镜将光束偏转 90°，如图 2.4（a）所示。它的功能类似于一个简单的与三棱镜的斜边所对应面的平面反射镜。光从其中一个直角面垂直射入棱镜，经过斜边面的全反射（或是此面镀有增反膜），光反射后经另外一个直角面出射。这种光学布置常用在显微镜中，因为棱镜比反射镜的光路更容易调节，并且棱镜的光学平面更容易清理。不论是棱镜的全反射还是镀膜金属膜的平面镜反射，反射率和光谱平坦度都是重要的衡量指标。棱镜用在显微镜中的另外一个优点是大部分光路都在其内部，衬底镜整个露在外面，光学元件能在光路中方便地替换使得整个光学系统更紧凑。

另一种直角棱镜的用法如图 2.4（b）所示，这是一种典型的波罗（Porro）棱镜的使用方式，是对直角棱镜的一种巧妙利用。不管棱镜轴线是否转出了纸面，光在轴线方向上都会被反射 180°。这是一种纯几何特性，改变 180°本质是改变了两个 90°。波罗棱镜的入射角一般大于全反射临界角，因此，一般不用镀膜。由于 s 和 p 偏振在全反射时的相移不同会导致偏振方向发生变化。波罗棱镜也经常成对使用，组成 L 形，其中一个将光上下偏转，另外一个则改变光的左右位置，假设两个棱镜直角相对，s 和 p 偏振的变化相等，偏振移动可以消除[14]。

直角棱镜主要的一个问题是由入射光和前表面反射会引起的标准具效应。通常情况下，实验光路调节光路越简单越好，不会考虑一些复杂的调整（斜角度），然而，正是基于这个出发点，光学平面与光束垂直时会引起干涉条纹。

道威棱镜将像的左右颠倒，是一种像旋转棱镜，如图 2.4（c）所示。其柱型的方截面呈布儒斯特角，光沿轴向进入棱镜，经过反射后再由轴向射出。

5．五角、等边、布儒斯特和利特罗棱镜

五角棱镜将入射光和反射光偏转 90°，并与入射光的角度无关。它利用的基本的物理原理是将两个反射面放在一个平面上，类似波罗棱镜。光束经过第一面反射后相对于另一个反射面正好改变 45°，如图 2.4（d）所示。除非五角棱镜使用非常高折射率材料制作（$n>2.5$），否则小的入射角很难发生全反射，因此，反射面通常镀银。由于入射光面和出射面相互垂直，因此会产生标准具效应。

等边棱镜经常用在光谱色散中。布儒斯特棱镜用在偏振光中，光以近似布儒斯特角入射，然后以近似布儒斯特角出射，保持偏振性。利特罗棱镜是光以布儒斯特角入射，在棱镜的第二个面与入射光垂直的方向被反射，这样避免光束经过棱镜后挤在一起导致有些方向的出射光束方向不方便调节。改进后的利特罗棱镜经常用作氩离子激光器的腔镜，激光腔只能同自再现的光产生谐振。利特罗棱镜由于前表面的反射角比较大，如图 2.4（e）所示，所以，可以避免标准具效应。

还有一些复杂设计的色散棱镜，其中典型的是阿米西棱镜。它实质上也是截断的直角棱镜，但在斜面上附加了一个屋脊形部分，这种棱镜最普通的用途是沿中线切开像并将左右两部分互换[14]。

6．楔形和屋脊型棱镜

楔形棱镜可使光束发生小角度（<20°）偏向，如果两个相同的同轴固定楔形棱镜，角度可分别调节，可实现光除 0°外（角度难免会有不匹配的情况）到 40°的圆锥角内任意方向调节。与采用两个平面反射镜相比，这种光学结构更加紧凑和牢固，但可能调节起来不是很方便，并有可能出现标准具效应。与其他的投射光学元件相比，楔形棱镜表面不平行且表面反射可以被黑蜡或折射率匹配的吸收材料将表面反射隔离。

大多数棱镜在不同场合中其中一个面会做成脊型，两个面互成 90°，边缘与光束在一个平面。其功能和两个粘到一起的直角透镜一样，使左右方向发生调换。常见的是阿米西脊型棱镜，即普通的直角棱镜上有一个脊型。它可以保证光偏折 90°而左右方向没有变化。在成像系统中脊型棱镜的使用要非常小心，要保证脊部刚好在视场的中心。

7．角反射器和立方分束器

角反射器又称直角棱镜和反射体。可以将光线偏转 180°，如图 2.5 所示。这是一种非常有用的器件，主要有空心型和实心型两种。空心型由三个平面镜组成，其中两个面相互垂直，实心型是利用全反射或者镀反射膜。总体来说，一方面，空心型的效果更好，因为固体的角反射器的透光性要差，多次反射还会产生标准具效应和引起偏振变化；另一方面，固体角反射镜很容易清洁、坚固，并且可以用一个游标定量地旋转微调偏振方向。将平面反射镜放到透镜前面或后面的焦点都可以实现光束的准直。对于光束的会聚和发散却不一样，因为透镜后面的焦点在后焦平面上重新成像，而光在角反射器中却看似在自由空间中传播，所以，光到达给定平面时将会发散或者是会聚，可以等价为干涉仪内部的会聚。

立方分束器和平板分束器的功能一样，不同点就是立方分束器一个直角棱镜的斜边（分束器对角处）镀有反射膜。立方分束器通常是具有偏振选择性的，如图 2.6 所示，将竖直和水平偏振方向的光分开，类似于平面的偏振分束镜。比起平面的偏振分束镜，立方分束器的用途更为广泛，它的最大优势是没有光束偏折、容易固定。然而，这些优点不足以弥补它的缺点——在反射和透射光中存在严重的标准具效应。

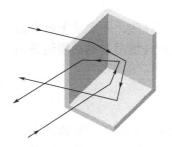

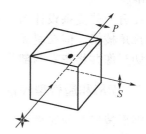

图 2.5　角反射器　　　　　　　　　　　图 2.6　立方分束器

当用宽带光源和分辨率低的光谱仪器时，标准具效应不是一个大障碍，因此，立方分束器是一个不错的选择。如果在从事与激光有关的实验时，标准具效应会让你非常痛苦。如果光束较窄，立方分束器稍倾斜一点将会使反射光偏离其中任何一个面，但如果调得幅度过大，偏折度将会大大降低。如果只关注光的偏振度，立方分束器可固定在一个三维倾斜度可调的调整台上，这样使偏振度调到 10^{-5} 甚至更高。

如果将其中一个面以一个小的角度抛光，则会更好地控制反射光。然而，这些近似的立方分束器通常不能直接买到，需要去除成品表面的镀膜，重新加工粘合，这样会导致表面折射率的不连续。偏振立方体和反射偏振一样，最大的问题就是反射偏振光的纯度问题。

当反射角大于临界角时，p 和 s 偏振的反射光反射率都为 100%，但是两者相位不同，并且相位只与 n 和 θ_i 有关：

$$\delta = \delta_s - \delta_p = -\arctan \frac{\cos\theta_i \sqrt{\sin^2\theta_i - \left(\dfrac{n_2^2}{n_1^2}\right)}}{\sin^2\theta_i} \tag{2-6}$$

要实现 90° 的延迟，需满足 $n_1/n_2 = 2.41$。如图 2.7 所示，菲涅尔斜方是采用两次玻璃−空气表面的全反射产生了 1/4 波长的延迟，可以使线偏振光变为圆偏振光，也可以使圆偏振光变为线偏振光。大部分相移是通过延迟两个偏振的时间差，因此，和波长有很大的关系。若不考虑材料的色散，菲涅尔斜方的相位延迟是波长的常数，这是它的一个特性。其他棱镜只有在垂直入射经过两次反射时角度偏转才是一个常数。两个菲涅尔斜方粘到一起形成 V 形后，可以实现没有光线偏转的消光半波长延迟[15]。

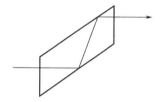

图 2.7　菲涅尔斜方作为消色差的 1/4 波片延迟器

菲涅尔斜方的主要问题是延迟与角度有关，与双折射相比不是那么严格，特别是对长光程的玻璃。此外，材料的不均匀也会使延迟和相位发生变化，相比于大多数延迟器而言，菲涅尔斜方在窄带光源中应用时精度较低。

2.2.4　透镜

1．薄透镜

玻璃球面透镜是最简单也是最基本的光学元件。虽然它不能单独做成像器件，在除红外波段和小数值孔径以外的场合，简单透镜配合其他透镜在光学系统中起到了重要作用。处理透镜的最简单方法是薄透镜近似，即使厚透镜用此方法处理的偏差也很小。现实中薄透镜到底有多薄，用下面的公式进行比较，厚透镜的景深要比薄透镜小：

$$P = \frac{1}{f}(n-1)\left(\frac{1}{R_1} - \frac{1}{R_2} + \frac{t}{n}\frac{n-1}{R_1 R_2}d\frac{\lambda}{NA^2}\right) \tag{2-7}$$

透镜的厚度为 t，薄透镜的一个主要参数就是焦距 f，与焦度 P（$1/f$）等效。若已知透镜两个面的曲率半径为 r_1 和 r_2，可以根据透镜加工方程给出透镜的焦距为

$$d << \frac{\lambda}{NA^2} \tag{2-8}$$

根据符号变换法则：①凡光线和主轴交点在顶点右方的线段长度数值为正，凡光线和主轴交点在顶点左方的线段长度数值为负。物或像在主轴的上方为正，在主轴的下方为负。②光线方向的倾斜角度都是从主轴或法线算起，并取小于90°的角度，如果主轴转向光束（光线）传播方向，沿着顺时针则为正，沿着逆时针则为负。此近似在最初的设计过程比较方便，但光学系统中的厚透镜必须经过光学机械设计。

2．厚透镜

高斯认为有限厚度的透镜成像特性除了局部误差外，非常类似薄透镜，如图 2.8 所示，此误差可以通过小部分的多维粘合消除。面 P_1 和 P_2 是透镜的主平面，其与透镜轴线的交点是主点。光从左侧进入透镜，若光在进入主平面 P_1 前不发生偏折，再传播到 P_2 主平面时光线高度不发生变化，等价为光经过一个与厚透镜焦距相同的薄透镜发生偏折。F_1 和 F_2 是透镜前后焦距，从顶点到焦点的距离为焦距，可用卡尺测量或由生产商给出，若厚透镜两侧的材料折射率相同，则 $f_1 = f_2$；如果折射率不同则可有拉格朗日定理给出 $n_1/f_1 = n_2/f_2$[16]。

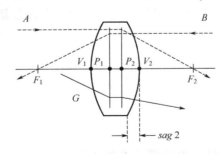

图 2.8　厚透镜

对于单个厚透镜，透镜加工方程可以写成

$$\frac{1}{f} = (n-1)\left(\frac{1}{R_1} - \frac{1}{R_2}\right) \tag{2-9}$$

t 是透镜的厚度（从左边顶点到右边顶点）。前后焦距如下：

$$l_1 = f_1\left[1 - \frac{t(n-1)}{nR_1}\right] \tag{2-10}$$

$$l_2 = f_2\left[1 - \frac{t(n-1)}{nR_2}\right] \tag{2-11}$$

两主平面的距离：

$$2\delta = t + l_2 - l_1 = \frac{t(n-1)}{n} \tag{2-12}$$

透镜的中心基本位于是前后焦距的中点位置处。

从透镜顶点到边沿的距离称为**表面下曲**（sag）。相同的术语用于离轴点，它与表面下曲无关，而是指点的表面下曲，两者一般不会混淆。对于曲率半径为 R，透镜元件直径为 d，有

$$sag = R\left(1 - \sqrt{1 - \frac{d^2}{2R^2}}\right) \approx \frac{d^2}{4R} \tag{2-13}$$

例如，一个 $f/4$ 为 100mm 的对称 BK-7 双凸透镜，透镜直径为 25mm。由透镜加工方程，$R_1 = 200 \times (1.517 - 1) = 103.4$mm。当直径超过 25mm 时，每个面的表面下曲大约 $25^2/412 \approx 1.5$mm。如果 1mm 的边沿宽度，则 $t \approx 4$mm。根据厚透镜公式（单位用米或屈光度）

$$10屈光度 = 0.517\left[\frac{2}{R} + \frac{0.004(0.517)}{1.517R^2}\right] \tag{2-14}$$

第二项的值很小，可以视为微扰。也可以用二次平方公式或之前得到的修正项 0.1034m，得到 $R=104.7$mm。折射率的不确定度为 ± 0.002，通常焦距的不确定性为 2%。可以总结出规律，玻璃的折射率 $n=1.5$，对称的双凸透镜半径等于表面的曲率半径，平凸透镜焦距是曲率半径的一半。

透镜的温度折射率和膨胀系数都为负值，T 增加会导致曲率半径、厚度和折射率变大，这与前面看到的光程的温度系数形成反差。因为温度引起的效应有正有负，对单个透镜来说温度效应可以忽略，因此，透镜的焦距几乎不随着温度发生变化。当然，支架和其他固定元件要考虑抗温度效应设计。

厚透镜可以放到 ABCD 矩阵公式中。如果一个厚透镜的焦距为 f，主平面分

别在 ±δ，则厚透镜的 ABCD 矩阵由薄透镜算符 $L(f)$ 和自由空间传输算符组成 $Z(-\delta)$：

$$LT(f;\delta) = Z(-\delta)L(f)Z(-\delta) = \begin{bmatrix} 1 + \dfrac{\delta}{1f} & -\left(2\delta - \dfrac{\delta^2}{f}\right) \\ -\dfrac{1}{f} & 1 + \dfrac{\delta}{f} \end{bmatrix} \tag{2-15}$$

注意，算符的对称性不意味着透镜可以倒放，对称厚透镜的前后焦距不同，因此，如果反置透镜，将会改变透镜的中心位置、焦距和像差。如果透镜的对称性不是特别好的话，这些参数的细微改变都会埋下隐患；不对称性不会立即变得非常明显，但会导致光路系统调整错误。

3．快镜（强光透镜）

光圈值（焦距与透镜直径之比）越大，会聚光的角度范围越大，其所成的像就越清晰，在摄影中所需的曝光时间就越短，因此称为快镜。快镜的曲面较陡，光束经过后偏折度大，当然也会增加入射光线的像差，因而会给快镜的成像质量带来挑战。根据经验，减小入射到镜面上的光线角度范围，可以减小球差，因此，使用单个透镜汇聚光束时采用平凸透镜并让平面朝向焦点。通常较慢透镜的焦距是透镜直径的 8 倍，对于镜头的光圈经常称为 $f/8$。

4．透镜配曲调整和不同折射率和波长引起的像差

如果需要一个特定焦度的透镜，根据透镜加工公式可以增加或减小透镜两个面的曲率半径进行调节。根据透镜弯曲（曲率半径）的不同可以区分不同种类的透镜，如图 2.9 所示，它们近轴特性相同，但是光圈值不同。

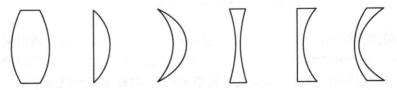

(a) 双凸透镜　　(b) 平凸透镜　　(c) 正弯月透镜　　(d) 双凹透镜　　(e) 平凹透镜　　(f) 负弯月透镜

图 2.9　透镜种类

一个直径为 1 英寸（25.4mm）的 $f/2$ 玻璃透镜在 588nm 处的最小像差大约为 10 波长，如果折射率为 4，则像差为 1 波长，若波长为 10.6μm，像差变为 0.05 波长，达到衍射极限。除色散外，元器件的时间延迟不会随波长发生变化，随着波长变长差别也会越来越小。另外一种理解方法是增加波长，衍射斑会逐渐直至

掩盖了几何误差。

5. 非球面镜和柱面镜

图 2.10 所示为非球面镜。

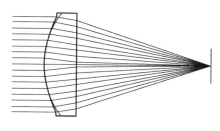

图 2.10　非球面镜

有两种方法可以简单提高球面透镜的性能：一种方法是多个透镜一起使用；另一种方法是对球面不进行严格的控制。非球面性能比球面镜更好，特别是在聚光器、大体积的可拆卸镜头中，非球面镜是很好的解决方案。塑料包覆玻璃的非球面镜可以降低塑料的温度系数和透明度，它需要把塑料在硅酸甲酯的基底上热压、冷凝、矫正和烘干。特殊用途的一次性非球面镜成本较高。玻璃的非球面镜有很好的光学性能。与其他器件相比，特殊非球面镜的制作难以操作，抛光过程中容易做成球面，这是因为光学抛光中所用的纳米尺精度较低。制造非球面镜要用计算机数控金刚石加工或用干涉测量的多次打磨抛光。两种方法的成本都比较高，并且金刚石加工会使可见波段的光产生大量散射。

柱面透镜是最普通的非球面镜，比较常见，价格也相对便宜，但是光学质量一般，幸运的是通常场合下对柱面镜的精度要求也不是很高。磨一个好的柱面镜需要一个精确的圆形横截面和一个直角。柱面镜通常用作光斗，将光会聚到光谱仪的狭缝里或用在线性光电二极管点阵中。在中等精度要求场合失真柱面透镜对用来校正散光和畸变，如半导体激光的准直器，如果再结合变形棱镜控制离轴偏转，效果会更好。

6. 复杂透镜

大多数材料在所有波段的色散系数都是正的(折射率随着波长增加而增加)，唯一例外的是材料在一些波段有着强的吸收，但一般我们不希望用有强吸收的材料。仅用两块色散相反的光学片把要消色散的元件夹在中间是不能校准色差的。另一方面，可以用高色散材料的正透镜紧邻负透镜的方法去消色，反之亦然。如果有两个光学元件，可以在两个不同波长进行颜色修正，这种透镜称为消色差透镜。开发不同形状、不同色散曲面的不同材料玻璃可以实现三种及以上的色差修正，这种透镜称为复消色透镜。此外，用两个透镜消色差与用单个光学元件消光相比自由度高和球（像）差小，波前差也会降低一个量级。

假如对一个 200mm $f/8$ 的透镜消色差，保证 F 和 C 波长能正常会聚。透镜前面的材料是 BK-7（$n_d = 1.5167$，$n_F = 1.5222$，$n_C = 1.5143$，所以，$N_{FC} = 1.0154$，$V = 65.24$），透镜后面的材料是 SF-11（$n_d = 1.7845$，$n_F = 1.8065$，$n_C = 1.7760$，所以，$N_{FC} = 1.0393$，$V = 25.75$）。冕牌玻璃比燧石玻璃更耐久，所以，把它放到外面。设计透镜是根据光线的精确轨迹，这里采用傍轴近似的透镜加工公式：

$$P_{tot} = P_1 + P_2 = (n_1 - 1)\left(\frac{1}{R_1} - \frac{1}{R_2}\right) + (n_2 - 1)\left(\frac{1}{R_3} - \frac{1}{R_4}\right)$$

$$= P_{1d}\frac{n_1 - 1}{n_{1d} - 1} + P_{2d}\frac{n_2 - 1}{n_{2d} - 1}$$

（2-16）

式中，R_1 和 R_2 是第一个透镜的前后曲率半径，R_3 和 R_4 是第二个透镜的前后曲率半径。

当满足 $P_{totF} = P_{totC}$ 时

$$\frac{P_{1d}}{P_{2d}} = -\frac{V_1}{V_2} = -2.534$$

（2-17）

因此，$P_{1d} = 1.652P_{tot}$，$P_{2d} = -0.652P_{tot}$。

照相机镜头是一个非常理想且价格不高的光学仪器，它们都是校准非常好的透镜组成，并且在出厂时用自带调焦环和孔径光阑做过预先调节、固定和测试。可以利用结合铆钉集成到光学系统中，相机镜头由很多元件组成，因此，光的损耗和标准具效应比单个元件要大。相机透镜是粘合在一起的，有十几个空气-玻璃面，由于空气玻璃面的散射效应较强，光功率会损失，如果十几个元件孤立的话，散射光强变得很大，从而引起负面影响。透镜中的标准具效应也是一个很让人头疼的问题，大概有四分之一的光在透镜中来回反射。图 2.11 所示为照相机镜头。

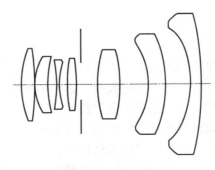

图 2.11　照相机镜头

大部分光学系统都可以用显微镜头搭建，显微镜是可拆卸式的高成像光学仪器，因此，光学系统设计时要满足这些条件。显微镜的目镜是按照放大倍数和数值孔径分类的，它的实际焦距是将放大倍数分成管长，经常可见 200mm、160mm 等一些奇怪的数字。20×0.5NA 物镜正常情况下焦距为 10mm，工作距离更短，因此，在仪器中很不方便，通常会在透镜和样品之间放入其他东西，这会带来麻烦，因为其分辨率和 NA 有关而与 f 无关，20×0.5NA 的物镜是显微镜中最有用的物镜。物镜的价格随着数值孔径和工作距离的增大而急剧上升。

高数值孔径的显微镜要通过调节盖玻片的厚度来控制球差，这在其他场合也非常重要。显微镜在纵向上存在比较严重的色差，不同颜色（波长）的聚焦位置不同，考虑到人类视觉系统对蓝光的空间分辨率低的情况，可以取一个折中。选择显微镜目镜时，主要看测量要求。如果测量不需要看高质量的成像，选择一个空间滤光聚光商业物镜（如 Newport）就可以了。如果为了成像或集光的空间滤波器，则要选择好的物镜（如 Nikon, Olympus）。

7. 无限远校准

无限远校准是因为物通过物镜的光线不在物镜成像，而是作为平行光束进入成像透镜形成的中间像。而有限远校正则是由物镜单独形成中间像。当平行光在管中经过透镜传输基本没有色差，像差与光学元件的位置也没有关系，说明显微镜的物镜是做了无限远校准的。在仪器制作中，无限远光学校准非常有用。相机镜头大都将物设计在无限远处。

8. 聚焦反射镜

曲面反射镜可以实现任何透镜的功能。一个聚焦反射镜比一个同等曲率的透镜对光线的角度偏折要大，光对聚焦反射镜的表面加工精度和角度偏差更敏感，但是它可以将光学系统变得非常紧凑。但是有两个缺点：一是模糊，镜子之间会有影子；二是漏光，一部分远的离轴光进入了探测器，但其并没有把整个光束汇聚进去。漏光情况在实验中可以克服，模糊则需要离轴的非球面镜消除，但是非常难让其共线。光学平面越少，可以优化的自由度就越小，聚焦平面反射镜比透镜更容易受到表面误差的影响，所以，**非平面反射镜比非球面透镜更常见**。反射镜基本没有色散，但是也不要期望改进它的光学质量，因为做多透镜光学系统比做多反射镜光学系统更容易。反射镜校正纵向色差能力较差，不同波长的焦距会有不同。因为反射镜没有透过光，所以，**没有标准具效应**，这是它的一大优点。

9. 其他透镜

还有很多其他光学器件使光会聚和发散，它们一般都基于折射率梯度和衍射。

圆柱形的折射率从中心向外抛物线降低，光线会在里面连续偏折，如

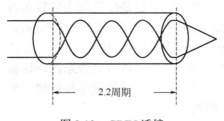

图 2.12 所示，我们将它称为梯度折射率透镜（GRIN）。因为光连续偏折，一段内的GRIN沿轴线出现周期间隔图像，交替出现直立和倒置。因此，GRIN 的焦距与其切割长度有关。以前，GRIN 只是很好的光耦合器件而不是好的成像器件。随着技术不断地发展，GRIN 的成像功能也有很好的应用前景。

图 2.12　GRIN 透镜

　　菲涅尔透镜（Fresnel Lens）是由法国物理学家奥古斯汀·菲涅尔（Augustin Fresnel）发明的。菲涅尔透镜是一种具有微细表面结构的光学元件，看上去像一个飞镖盘，由一环一环的同心圆组成，如图 2.13 所示，因此也称为螺纹透镜。大多数菲涅尔透镜是由聚烯烃材料制成的，也有玻璃制作的，镜片表面一面为光面，另一面刻录了由小到大的同心圆，它的纹理是根据光的干涉及衍射，以及相对灵敏度和接收角度要求来设计的。透镜的要求很高，一片优质的透镜必须表面光洁，纹理清晰，其厚度随用途而变，多为 1mm 左右，特性为面积大、厚度薄及侦测距离远。菲涅尔透镜在很多时候相当于红外线及可见光的凸透镜，效果较好，但比普通的凸透镜成本要低很多，多用于对精度要求不是很高的场合，如幻灯机、薄膜放大镜、红外探测器等。

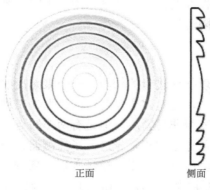

正面　　　　　　　　　侧面

图 2.13　菲涅尔透镜

2.3　光谱测量仪器

　　通过对光辐射的波长的测量[17]，可以获得原子和分子微观能级结构和能级之间相互作用的动力学信息。光谱线的线型和线宽的测量可以给出微观粒子间的相

互作用机制及弛豫过程。本节主要介绍光谱测量中最重要的两个物理量——波长和线型的测量仪器。选择合适的测量仪器和新的测量方法会对实验测量成功起决定性的作用。光谱测量仪器发展非常迅速，从事光谱工作的研究者掌握高灵敏度、高光谱分辨率的现代光谱测量仪器是非常有必要的[18]。

2.3.1　干涉仪

　　干涉仪本质上是利用了光的干涉原理，其将一束入射光分为两束（或多束光），传输距离及传播中所经过的物质折射率不同，导致各光束之间的光程差不同，若光程差不超过光源的相干长度，可以将各束光的光强按照相干迭加原理重新组合起来，如图 2.14 所示。

　　入射光强度为 I_0，波长为 λ，经过分束镜分解为 k 束光，其中第 k 束光的光强为 $I_k (k=1,2,3,\cdots,k)$，每束光的光程为 $S_k = nx_k$，n 为光路上介质的折射率。按迭加原理，输出后的光强不仅与各光束的振幅 $E(S_k)$ 有关，而且和它们的相位 $\varphi_k = \varphi_0 + 2\pi S_k / \lambda$ 有关；因此，输出光强与波长 λ 也有关系。如果相

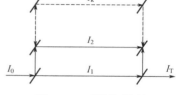

图 2.14　干涉仪原理

邻光束间的光程差 $\Delta S_{ij} = S_i - S_j = m\lambda$，$m$ 为整数时产生相长相干（Constructive Interference），m 为相应的干涉级次，此时透射光强有极大值，透射光强正比于总振幅的平方，合成后的总光强为

$$I_T = \left| \sum_k E(S_k) \right|^2 \tag{2-18}$$

式中，$E(S_k)$ 为第 k 束光的电矢量振幅。

　　常用的干涉仪主要有法布里-泊罗干涉仪、迈克尔逊干涉仪、马赫-塞恩德干涉仪及利用干涉原理的傅里叶光谱仪。

1. 法布里-泊罗干涉仪（Fabry-Perot Interferomater）

　　法布里-泊罗干涉仪是一种常用的多光束干涉仪，简称 F-P 干涉仪（F-P Interferometer）。激光器就是利用 F-P 干涉仪作为谐振腔产生振荡，常称为 F-P 腔。

　　F-P 干涉仪的基本结构如图 2.15 所示，两块平行放置的平面反射镜，内表面镀有高反射率的金属或介质膜，外表面镀有增透膜，并磨成一定的倾角，以避免标准具效应。

　　两平面镜间距 d 是干涉仪的重要参数。如果 d 能连续改变，例如，可以在镜片上加装压电陶瓷元件，通过电压的变化来改变腔长，称为扫描 F-P 干涉仪。

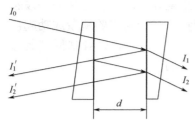

图 2.15　F-P 干涉仪

在 F-P 干涉仪中，相邻光束的光程差为

$$\Delta S = 2nd\cos\theta \qquad (2\text{-}19)$$

式中，n 为两镜间介质的折射率，d 为镜间距，θ 为入射角。由于 ΔS 所引起的相邻光束间的相位差为

$$\delta = \frac{2\pi\Delta S}{\lambda} + \Delta\varphi \qquad (2\text{-}20)$$

式中，$\Delta\varphi$ 是反射引起的相位变化，例如，考虑反射所引起的半波损失 $\Delta\varphi = \pi$。

当光程差满足 $2nd\cos\theta = m\lambda$ 时（m 为整数，取 $0, \pm 1, \pm 2, \cdots$），由于相长干涉，透射光具有最强的光强。在正入射情况下：

$$\lambda = \frac{2nd}{m} \qquad (2\text{-}21)$$

在正入射情况和不考虑吸收下损耗时，F-P 干涉仪的反射光强和透射光强可以由相干迭加原理给出，即 Airy 公式：

$$I_R = I_0 R \frac{4\sin^2\left(\delta/2\right)}{\left(1-R\right)^2 + 4R\sin^2\left(\delta/2\right)} \qquad (2\text{-}22)$$

$$I_T = I_0 \frac{\left(1-R\right)^2}{\left(1-R\right)^2 + 4R\sin^2\left(\delta/2\right)} \qquad (2\text{-}23)$$

式中，δ 为两束相邻光束之间的相位差，R 为干涉仪镜面的反射系数。

由于忽略了吸收损耗，因此此 $I_R + I_T = 1$。由式（2-23）可知，反射系数越大，透射峰越尖锐，如图 2.16 所示。

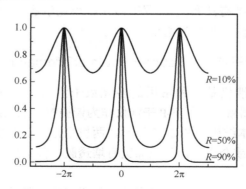

图 2.16　干涉仪透射光强与镜面反射系数关系（δ 单位为弧度）

　　F-P 干涉仪有 3 个重要的参数：自由光谱区（Free Spectral Range，FSR）、带宽和细度。

　　① **自由光谱区 δv**（FSR）是指能单值确定被测谱线波长的范围，这可以从相邻最大透射峰的波长间隔导出：$\delta\lambda = \Delta S / m - \Delta S / (m+1) = \Delta S / (m+1)$，或者用频率表示为 $\delta v = C / \Delta S$（与 m 无关）。由此可以导出 F-P 干涉仪的自由光谱区为

$$\delta v = c / (2nd\cos\theta) \tag{2-24}$$

在正入射情况时（入射角 $\theta = 0$）的自由光谱区为：

频率表示的 $\mathrm{FSR} = \delta v = c / 2nd$（单位为 Hz）。

波长表示的 $\mathrm{FSR} = \delta\lambda = \lambda^2 / 2nd$（单位为 nm 或 A）。

波数表示的 $\mathrm{FSR} = \delta\tilde{v} = 1 / 2nd$（单位为 cm^{-1}）。

　　② **带宽 Δv** 定义为在透射峰半高度处的全宽度（FWHM），可以用弧度单位可以表示为

$$\Delta v = 4\arcsin\left[\left.(1-R)\middle/ 2\sqrt{R}\right.\right] \tag{2-25}$$

当反射率 R 很大时，式（2-25）可以近似为 $\Delta v = 2(1-R) / \sqrt{R}$。

带宽 Δv 也可以用干涉仪的细度 F^* 和自由光谱区 δv 来表示：

$$\Delta v = \delta v / F^* \tag{2-26}$$

　　③ **细度 F^*** 可以分为反射率细度 F_R、平整度细度 F_S^* 和平行度细度 F_P^*，其中反射率细度 F_R 为

$$F_R^* = \frac{\pi\sqrt{R}}{1-R} \tag{2-27}$$

F_S^* 和 F_P^* 是指当在镜面范围内的不平整度和不平行度为波长的 $1/(2M)$ 时，M 即为相应的细度。所以，干涉仪的总细度为

$$F^* = \left(F_R^{*-2} + F_S^{*-2} + F_P^{*-2}\right)^{-\frac{1}{2}} \tag{2-28}$$

　　例如，一个平面平行的干涉仪，入射波长为 $\lambda = 500\mathrm{nm}$，反射镜直径为 $D=5\mathrm{cm}$，厚度为 $d=1\mathrm{cm}$，镜面反射率为 $R=95\%$，两镜面的不平行度为 0.2''（相当于 0.01λ 的误差），镜面的平整度在 $\lambda/50$ 的范围内，可以计算出 $F_R^*=60$，$F_P^*=50$ 及 $F_S^*=25$，由式（2-28）可以得到总的细度 F^* 为 20 左右。

2. 球面共焦标准具（Confocal Fabry-Perot Interferometer）

　　如果将上述平面干涉仪的两块平面反射镜换成球面反射镜，并且使两块球面

反射镜的距离 d 正好等于其曲率半径 r，就构成了一台球面共焦标准具（或称球面共焦干涉仪），如图 2.17 所示。当入射光从 A 点进入，A 点离镜面中心距离为 ρ。入射光在一个理想的共焦标准具内往返 **4 次**后又从 A 点出射。与平面标准具不同，球面标准具的自由光谱区为

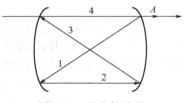

图 2.17 共焦标准具

$$\text{FSR} = \delta\upsilon = \frac{c}{4r + \rho^4/r^3} \tag{2-29}$$

当入射光斑很小，$\rho \ll r$ 时，有

$$\text{FSR} = \delta\upsilon = \frac{c}{4r} = \frac{c}{4d} \tag{2-30}$$

为平面标准具 FSR 的一半。它的分辨率为 $R = \dfrac{\lambda}{\Delta\lambda} = F^* \dfrac{4nd}{\lambda}$，在同样条件下比平面标准具要高一倍，而且球面镜容易加工到更高的精度，对平行度的要求又低。因此，球面共焦标准具的总细度主要由反射细度决定。用反射率为 99% 的反射镜做成球面标准具，总细度可达 250 左右，比同样反射率的平面标准具的细度要高得多。球面共焦标准具的分辨率还可以用 $R = \left(\dfrac{2F}{\pi\lambda}\right)^2 U$ 来表示，U 为收光率。

可见，在球面共焦标准具中，分辨率和收光率是成正比的，在使用时可以用大的镜距 d 来提高分辨率，同时也提高收光率，这一点对高灵敏度和高分辨率的光谱测量工作是非常有用的。

3．迈克尔逊干涉仪（Michelson Interferometer）

迈克尔逊干涉仪的结构如图 2.18 所示，M_1 和 M_2 是两块互相垂直放置的全反镜，M_2 可以沿其法线方向移动，S_0 为一个 50% 反射率的半透半反束裂镜，C 为补偿镜，补偿光路中的固有光程差，B 为观察屏。由图 2.18 可知，途经 M_1 和 M_2 的两束光的光程差为 $\Delta S = 2n$（$OA-OB$），n 为折射率；相应的相位差为 $\delta = \Delta S \cdot \dfrac{2\pi}{\lambda}$。如果不计损耗，迈克尔逊干涉仪的透射光强 I_T 为（假设入射光为一单色光）

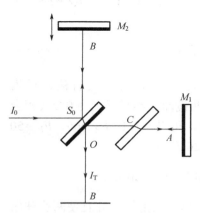

图 2.18 迈克尔逊干涉仪

$$I_T = \frac{I_0}{2}\left(1 + \cos\delta\right) = I_0 \cos^2\frac{\delta}{2} \tag{2-31}$$

当移动 M_2 时，$\delta = 2m\pi$（$m=0,1,2,\cdots$，整数），

则 $I_T = I_0$，干涉仪呈全透射状态，当 $\delta=(2m+1)\pi$ 时，$I_T=0$，干涉仪呈全反射状态。随着 M_2 的移动，相位差 δ 不断变化，导致出射光强的周期性变化。

不同入射角 θ 的光束有不同的光程差，只有 θ 满足下式时才有最大透射光强：

$$\cos\theta = m\frac{\lambda}{2n(OA-OB)} \tag{2-32}$$

如采用扩束光源可以在屏 B 处观测到一系列明暗相间的同心圆环干涉花样，环纹会随 M_2 镜的移动而发生变化，如图 2.19 所示。迈克尔逊干涉仪的分辨率与两束光的光程差 $\Delta S = 2n(OA-OB)$ 有关，可以由式（2-33）给出[19]：

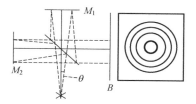

$$R = \frac{\lambda}{\Delta\lambda} = \frac{\Delta S}{\lambda} \tag{2-33}$$

图 2.19 干涉图形

此外，形成清晰条纹还受光源的相干长度 ΔS_C 的限制，普通光源的 ΔS_C 只有几厘米，单模激光光源的 ΔS_C 可以长达到数百米以上。

由于光程差 δ 与光波长或入射光的圆频率 ω 有关，可记为 $\delta(\omega)$，单色光入射时的透射公式如下：$I(\delta,\omega) = I_0(\omega)\cos^2\frac{\delta(\omega)}{2} = \frac{I_0(\omega)}{2}[1 + \cos\delta(\omega)]$

如果考虑有一定光谱范围的入射光，可以对 $I(\delta,\omega)$ 进行积分求出总的透射光强

$$I_T(\delta) = \int_0^\infty I(\delta,\omega)\mathrm{d}\omega = \frac{1}{2}\left[\int_0^\infty I_0(\omega)\mathrm{d}\omega + \int_0^\infty I_0(\omega)\cos\delta(\omega)\mathrm{d}\omega\right] \tag{2-34}$$

式中，$I_T(\delta)$ 为 M_2 镜移动时，在 P 处接收到的总光强度随 ΔS（或 δ）而变化。上式等号右边的第一项与光程差无关，如果用一束白光入射，在 $\delta = 0$ 时有强度极大值，根据式（2-34），将右边第一项记为 $\int_0^\infty I_0(\omega)\mathrm{d}\omega = I_T(\delta = 0)$，再重新整理后有

$$I_T(\delta) - \frac{1}{2}I_T(\delta = 0) = \frac{1}{2}\int_0^\infty I_0(\omega)\cos\delta(\omega)\mathrm{d}\omega \tag{2-35}$$

通过式（2-35）的 Fourier 变换可得

$$I_0(\omega) \propto \int_0^\infty\left[I_T(\delta) - \frac{1}{2}I_T(\delta = 0)\right]\cos\delta\mathrm{d}\delta \tag{2-36}$$

或者记为复数的形式

$$I_0(\omega) = C\int_0^\infty \left[I_T(\delta) - \frac{1}{2} I_T(\delta = 0) \right] e^{-i\omega\delta} d\delta \qquad (2\text{-}37)$$

式(2-37)反映了以相位变量的透射光强 $I_T(\delta)$ 和以圆频率为变量的源光强 $I_0(\omega)$ 之间的 Fourier 变换关系。通过移动 M_2 镜来连续改变 $\Delta S(\delta)$，可以测出 $I_T(\delta)$ 和 ΔS 的关系曲线（或 I_T 与 δ 的关系），被称为干涉图，再进行干涉图的 Fourier 变换，即可得到光源的光谱分布 $I_0(\omega)$，这就是 Fourier 光谱仪的基本原理，它在光谱测量中有着非常重要的作用。

4. 马赫-塞恩德干涉仪 （Mach-Zehnder Interferometer）

图 2.20 所示为马赫-塞恩德干涉仪的原理，入射光经 B_1 镜后分成两束，经过不同路径再重新汇合，在屏上可以看到干涉条纹。

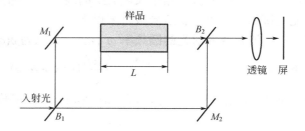

图 2.20 马赫-塞恩德干涉仪的原理

若 M_1、M_2、B_1 和 B_2 严格保持平行，两臂的光程差将与入射光束的入射角度无关，在没有样品放入时两臂间的光程差为零。如果在一个臂中插入折射率为 n、长度为 L 的样品，两臂的光程差将变为 $\Delta S = (n-1)L$，从而引起干涉条纹的变化，通过这种方法可以测量样品的折射率。

由于激光的相干长度长，因此，激光作为光源时，可以获得清晰度很高的干涉花样。图 2.21 所示为一个测量折射率的例子，L_1 和 L_2 形成一对扩束透镜，它们将激光束扩展成光斑为 10cm 左右的平行光束，在屏上干涉条纹可以反映样品在空间位置上的折射率变化。除了在 L_1 和 L_2 间激光光斑被扩束外，在其余镜面上激光保持很小的光斑，这样可以避免镜面不平整所带来的误差。

马赫-塞恩德干涉仪有广泛的应用，可以测量透明样品（如原子蒸气）的折射率、气体流动时的密度变化，还可以测量各种光学基片的缺陷等。

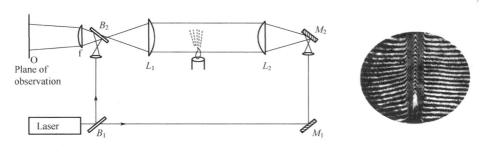

图 2.21　利用马赫-塞恩德干涉仪测量空间折射率的变化

2.3.2　光谱仪

光谱仪（Spectrometer）是指利用折射或衍射产生色散的一类光谱测量仪器，例如，利用棱镜和光栅制成的摄谱仪（Spectrograph）和单色仪（Monochromator），它们都是将入射到光谱仪输入狭缝上的光束，经过棱镜或光栅色散后，成像在输出狭缝附近的焦平面上，不同的波长光在输出狭缝焦平面上对应于不同的位置。图 2.22 所示为棱镜光谱仪和光栅光谱仪，在焦平面 B 处用感光板或光电探测器即可记录光谱[19]。

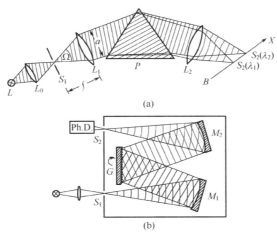

图 2.22　棱镜光谱仪（a）和光栅光谱仪（b）

1．光栅光谱仪

光栅光谱仪是光谱测量中最常用的仪器，基本结构如图 2.22（b）所示。它由入射狭缝 S_1、准直球面反射镜 M_1、光栅 G、聚焦球面反射镜 M_2 及输出狭缝 S_2 构成。复色入射光进入狭缝 S_1 后，经 M_1 镜变成复色平行光照射到光栅 G 上，经光栅色散后，形成不同波长的平行光束并以不同的衍射角度出射，凹面反射镜 M_2 将照射到它上面的某一波长的光聚焦到出射狭缝 S_2 上，再由 S_2 后面的光电探测器记录该波长的光强度。光栅 G 安装在一个转台上，当光栅旋转时，就将不同波长的光信号依次聚焦到出射狭缝上，光电探测器记录不同光栅旋转角度时的输出光信号强度。这种光谱仪通过输出狭缝选择特定的波长进行记录，称为光栅单色仪（Monochromator）。如果将输出狭缝 S_2 用照相感光板取代，感光板放在 M_2 反射镜的焦平面上，经过曝光和显影处理，在感光板上获得不同黑度的条纹，条纹的位置代表不同的波长，黑度则代表了光谱信号的强度，这样可以在很宽的波长范围内同时记录光源的光谱，被称为光栅摄谱仪（Spectrograph）。

摄谱仪的特点是可以一次同时记录光谱，但由于感光板记录光信号的灵敏度较低，时间响应也较慢，弱光谱信号需要很长的曝光时间（几个小时甚至几天）。单色仪的特点是可以配合高灵敏和快速响应的光电探测器进行探测，通过转动光栅对波长进行扫描。随着光电技术的发展，光学多通道分析仪（Optical Multichannel Analyzer，OMA）结合了两者的特点，利用灵敏度高、时间响应快的光电阵列式探测器取代照相感光板，实现对宽波段范围光谱的同时测量，在现代光谱测量中发挥了极其重要和有效的作用。

衍射光栅是光栅光谱仪中的核心色散器件。它是在一块平整的玻璃或金属材料表面（可以是平面或凹面）刻画出一系列平行、等距的刻线，然后在整个表面镀上高反射的金属膜或介质膜，就构成一块反射式衍射光栅。相邻刻线的间距 d 称为光栅常数，通常刻线密度为每毫米数百至数十万条（见图 2.23），刻线方向与光谱仪狭缝平行。

衍射光栅的原理是基于单个刻线对光的衍射（单缝衍射）和不同刻线衍射光之间的干涉（多缝干涉）的原理。单缝衍射决定了衍射光的强度分布，多缝干涉则决定了各种波长衍射光的方向。

经光栅衍射后，相邻刻线产生的光程差为 $\Delta S = d(\sin\alpha \pm \sin\beta)$，$\alpha$ 为入射角，β

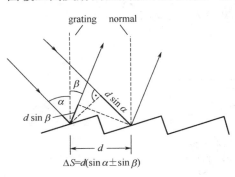

图 2.23　反射式衍射光栅

为衍射角，可以导出**光栅方程**：

$$d(\sin\alpha \pm \sin\beta) = m\lambda \qquad (2\text{-}38)$$

光栅方程将某波长的衍射角 β 和入射角 α 通过光栅常数 d 联系起来，λ 为入射光波长，m 为衍射级次，取 $0, \pm 1, \pm 2, \cdots$ 整数。式（2-38）中的 $\pm$ 号选取如下：α 和 β 在光栅法线的同侧时取正号，在法线两侧时取负号。由式（2-38）可以看出，零级衍射光（$m=0$）始终在入射光的反射方向上 $\beta = \alpha$，且与波长无关，即没有色散特性。当入射光为正入射时（$\alpha = 0$），方程变为 $d\sin\beta = m\lambda$。

光栅衍射光强度的空间分布：

$$I_d = I_0 R \frac{\sin^2 u}{u^2} \cdot \frac{\sin^2 Nv}{\sin^2 v} \qquad (2\text{-}39)$$

式中，I_0 为入射光强度，R 为光栅的反射率，$\dfrac{\sin^2 u}{u^2}$ 为单缝衍射因子，$\dfrac{\sin^2 Nv}{\sin^2 v}$ 为多光束干涉因子，N 为光栅条纹总数。其中：

$$u = \frac{\pi b(\sin\alpha \pm \sin\beta)}{\lambda}$$

$$v = \frac{\pi d(\sin\alpha \pm \sin\beta)}{\lambda}$$

式中的 b 为光栅单一刻线反射部分的条纹宽度。

由于零级衍射光的 $v = 0$，式（2-39）可知其具有最大的光强。图 2.24 给出在正入射情况下，当入射波长为 500nm 时，$d = 1\mu m$，$b = 0.7\mu m$，$N = 10$ 时衍射光强随衍射角度（用弧度表示）的分布。由图 2.24 可以看到 $\beta = 0$ 的零级光强度最大，正负一级衍射光强度受单缝衍射因子的影响大大下降了。除了零级和正负一级主极大峰以外，两个主峰之间还有（N–2）个强度很弱的次极大峰，这是由于不完全的相消干涉所引起的，其强度正比于 $1/N$，当 N 值很大时（$10^4 \sim 10^5$），这些次峰的影响完全可以忽略不计。

各级衍射光的强度可以由式（2-39）导出：

$$I_m = \frac{I_0 R d^2 N^2}{(\pi b m)^2} \sin^2 \frac{\pi b m}{d} \qquad (2\text{-}40)$$

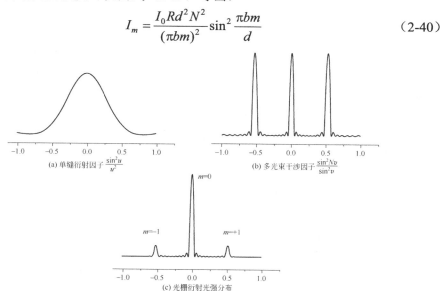

(a) 单缝衍射因子 $\dfrac{\sin^2 u}{u^2}$

(b) 多光束干涉因子 $\dfrac{\sin^2 Nv}{\sin^2 v}$

(c) 光栅衍射光强分布

图 2.24　在正入射情况下，衍射光强随衍射角度的空间分布

光栅的角色散特性（衍射角度随波长的变化关系）可以由光栅方程导出（入射角特定的情况）：

$$\frac{\mathrm{d}\beta}{\mathrm{d}\lambda} = \frac{m}{d\cos\beta} \tag{2-41}$$

角色散特性直接决定了光谱仪的分辨率，由式（2-41）可以看出：

（1）光栅的角色散与衍射级次 m 成正比。

（2）角色散与光栅常数 d 成反比，刻画线密度越大的光栅，角色散也越大。

（3）角色散与 $\cos\beta$ 成反比，对给定的级次，衍射角 β 越大角色散也越大。

（4）在光谱仪中也经常用线色散率 $\mathrm{d}l/\mathrm{d}\lambda$ 来表示色散特性，根据几何光路，在输出成像焦平面上，把色散角度换算成线度即可，单位为 mm/A。

光栅的分辨率：光栅衍射谱线的角宽度（指 m 级谱线的最大值与相邻最小值之间的角距离 $\Delta\beta$）决定了对谱线的分辨本领

$$\Delta\beta = \frac{\lambda}{Nd\cos\beta} \tag{2-42}$$

波长为 λ 和 $\lambda + \Delta\lambda$ 的两根谱线经光栅衍射后所产生的角距离为

$$\Delta\beta' = \frac{m}{d\cos\beta}\Delta\lambda \tag{2-43}$$

根据瑞利分辨率判据，要分开上述两条线，至少要求 $\Delta\beta = \Delta\beta'$，因此有

$$\frac{\lambda}{\Delta\lambda} = Nm \tag{2-44}$$

式（2-44）为光栅的分辨率，m 为衍射光的级次，N 为光栅的条纹总数，严格说 N 应该为光栅上被光照亮的条纹数目。这里又一次看到光栅的分辨率与级次及刻画条纹密度成正比。例如，一块用于可见光波段的光栅，宽度为 40mm，每毫米刻画线数为 2400 条，分辨率大致为 10^5。当刻画密度提高时，光栅常数 d 在减小，当 d 小于波长 λ 时，反射作用大大增强。因此，在增加刻画密度的同时，还必须同时增加刻画条纹的宽度 b，也即扩大光栅的尺寸。

当光栅常数 d 和刻线宽度 b 的比值为一整数时，会出现缺级现象，这是因为某一级次的峰值刚好与单缝衍射因子的极小值重合。例如，当 $d/b = 3$ 时，3 的整倍数 ± 3、± 6、± 9、…等级次的谱线将消失。

此外，在制作光栅时，由于刻线间距不可能完全一致，使得在某方向上某些不希望的波长相干而产生极大值，这样形成的谱线称为"鬼线"（Grating Ghost）。尽管鬼线强度非常弱，但在激光光谱测量中，由于激光强度很强，引起的散射光进入光谱仪后，可能造成鬼线，混杂在光谱中间，应该注意。

在普通的衍射光栅中，没有色散特性的零级衍射光占据了很大一部分能量，其他级次的衍射光强度较弱，尤其是高级次的衍射光。为了克服这个问题，利用刻槽的特定形状形成的反射光栅可以将衍射光集中在某一特定级次的光谱上，这种光栅称为**闪耀光栅**（Blazed Grating）。

闪耀光栅的刻槽呈锯齿形，刻槽面与光栅面之间有一倾角 ε，称为闪耀角，如图 2.25 所示。

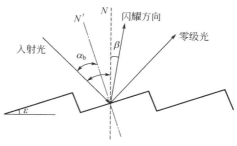

图 2.25　闪耀光栅截面

当入射光以 α 角入射时，衍射光的衍射角为 β，如果此方向与槽面的反射方向一致时（N' 为槽面的法线），可以将衍射光强极大值从无色散特性的零级光调整到 β 方向的级次上[20]。如果波长为 λ_b 的一级衍射光在 β 方向上具有极大衍射光强时，则 λ_b 被称为闪耀波长。这时 α、β 和闪耀角 ε 之间满足 $\varepsilon = (\alpha - \beta)/2$，再由光栅方程可以给出闪耀波长 λ_b 和闪耀角 ε 的关系，从而来设计闪耀光栅的几何形状。

$$d\left[\sin\alpha - \sin(\alpha - 2\varepsilon)\right] = \lambda_b \tag{2-45}$$

实际上闪耀波长并不是只对一个波长闪耀，而是在一个波长范围内的闪耀（见图 2.26），在闪耀峰值波长上，一级衍射效率可以达到 80% 左右，因此，闪耀光栅被广泛地应用在光栅光谱仪中。目前，闪耀光栅的制作工艺已经非常成熟，闪耀波长可以覆盖真空紫外到远红外波段。

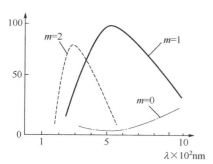

图 2.26　闪耀光栅各级光谱响应

2. 光谱仪的分辨本领

光谱仪的分辨率主要与光栅的角色散率有关，另外与输入狭缝的宽度有关，输入狭缝越小，分辨率越高。但是，由于光谱仪内部通光孔径 α（可以看成光栅或棱镜的尺寸）会引起衍射效应，即使输入狭缝的宽度为无穷小，分辨率也有一个极限值。这个极限分辨率为

$$\left|\frac{\lambda}{\Delta\lambda}\right| \leqslant a\left(\frac{\mathrm{d}\beta}{\mathrm{d}\lambda}\right) \tag{2-46}$$

式中，β 为衍射角，输入狭缝的极小值可以由下式决定：

$$b_{\min} \geqslant 2\lambda f / a \tag{2-47}$$

式中，λ 为输入光波长，f 相当于图 2.22（a）中 S_1 与 L_1 或图 2.22（b）S_1 与 M_1 之间的距离，如果狭缝宽度小于这个极小值，将引起透射光强的很大损耗。例如，光谱仪的光栅尺寸为 10cm，光谱仪焦距为 100cm，入射光波长为 500nm，最小狭缝宽度可取为 10μm。当狭缝宽度减为 5μm 时，透射光强下降为原来的 25%。

在对称型光谱仪中，即输入和输出焦距相等的情况，狭缝宽度为 $b_{\min}$ 时，光谱仪的分辨率为

$$R = \frac{\lambda}{\mathrm{d}\lambda} = \frac{a}{3}\frac{\mathrm{d}\beta}{\mathrm{d}\lambda} \tag{2-48}$$

光谱仪的自由光谱区（FSR）由光栅决定，假设在正入射情况下，两个不同的波长在同一个衍射角度 β 上出现，必须满足 $\lambda_1 = d\sin\beta / m$ 及 $\lambda_2 = d\sin\beta/(m+1)$，这样

$$\mathrm{FSR} = d\sin\beta\left(\frac{1}{m} - \frac{1}{m+1}\right) = \frac{d\sin\beta}{m(m+1)} \tag{2-49}$$

可以估计 $d=0.5$μm 的一级闪耀光栅组成的光谱仪，它的 FSR 大致为 100nm。

光谱仪的集光率正比于 $U = \Omega A$，其中 A 为狭缝的面积，Ω 为光谱仪的接收立体角，如图 2.27 所示。

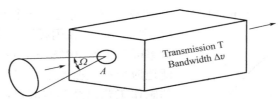

图 2.27　光谱仪的收光率 $U = \Omega A$

最佳接收立体角是使进入输入狭缝后的光源能够充满整个光栅面（见图 2.28），这样，一方面可以充分利用入射的光通量，另一方面所有的光栅条纹被照亮可以得到较高的分辨本领。立体角过大不仅浪费了光源，而且可能导致在光谱仪内壁上的散射，干扰了测量。

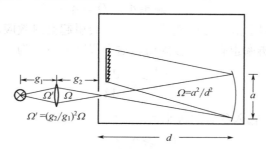

图 2.28　光谱仪使用中光路的安排

单色仪的安装方式有几种[21]，切尔尼（Czerny）型安装采用了独立的准直和聚焦反射镜，设计灵活，成像质量好，常用于大中型光栅单色仪，但体积较大。

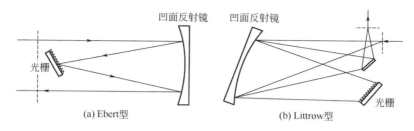

图 2.29　不同类型的光谱仪

图 2.29（a）所示为艾伯特（Ebert）型，用一块反射镜兼做准直和聚焦的作用，使两者像差可以抵消，设计灵活性差，也常用于大中型光栅摄谱仪。

图 2.29（b）所示为 Littrow 型光栅单色仪，它的特点是入射光和衍射光的位置相同，准直和聚焦由一块镜子来完成，称为自准式安装。这种情况下的光栅方程为

$$2d\sin\alpha = m\lambda \tag{2-50}$$

3．光栅的转动机构

使用单色仪时，对波长进行扫描是通过旋转光栅来实现的。由光栅方程可以给出出射波长和光栅角度之间的关系（见图 2.30）：

$$\lambda = \frac{2d}{m}\cos\psi\sin\eta \tag{2-51}$$

式中，η 为光栅旋转角，ψ 为入射角和衍射角之和的一半，对给定的单色仪来说 ψ 为一常数。

式（2-51）表示单色仪的出射波长与转角 η 的正弦成正比，因此，这种机构称为正弦转动机构。

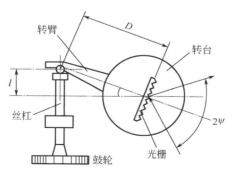

图 2.30　光栅转动系统

为了精密控制转角，采用精密丝杠传动，丝杠移动距离 l 与转角 η 的关系为 $l = D\sin\eta$ ，因此，出射波长为

$$\lambda = \frac{2d}{m}\cos\psi \frac{l}{D} = kl \qquad (2\text{-}52)$$

表明丝杠移动距离与出射波长成线性正比，由丝杠的转动带动齿轮机械计数器就可以显示波长值。

棱镜单色仪的分辨率低，高精密光谱测量中相对用得不多，但是光学测量或激光技术中，棱镜也是常用的光学元件。

参考文献

[1] 安毓英，刘继芳，曹长庆. 激光原理与技术［M］. 北京：科学出版社，2010.

[2] 周炳琨，高以智，陈倜嵘，等. 激光原理［M］. 北京：国防工业出版社，2000.

[3] 蓝信钜. 激光技术［M］. 武汉：华中理工大学出版社，1995.

[4] 李林林. 弱光反馈对半导体激光器 AM 和 FM 噪声谱的影响［J］. 中国激光，1990，17：305-308.

[5] E. D. Black. An introduction to Pound–Drever–Hall laser frequency stabilization［J］. American Journal of Physics，2001，69：79-87.

[6] P. C. D. Hobbs. Building electro-optical systems: making it all work［J］. John Wiley & Sons，2011，Vol. 71.

[7] 蒋亚丝. 光学玻璃进展［J］. 玻璃与搪瓷，2010，38：46-50.

[8] J. K. Park，S. H. Cho，K. H. Kim，et al. Optical diffraction gratings embedded in BK-7 glass by low-density plasma formation using femtosecond laser［J］. Transactions of Nonferrous Metals Society of China，2011，21：165-169.

[9] 王飞，崔凤奎，刘建亭，等. 一种平板玻璃缺陷在线检测系统的研究［J］. 应用光学，2010，31：95-99.

[10] 花金荣，蒋晓东，祖小涛，等. 熔石英亚表面横向划痕调制作用的 3 维模拟［J］. 强激光与粒子束，2010，22：1441-1444.

[11] Z. Liang，P. Xiao dong. 采用塑料光学元件的微光夜视物镜设计［J］. 兵工学报，2014，35：1308-1312.

[12] 徐岩，李善武，杨新华，等. 红外材料硅透镜加工工艺研究［J］. 红外与激光工程，2006，35：359-361.

[13] 金涛，江绍基. 中红外高激光破坏阈值薄膜的研究［J］. 红外与激光工程，2007，36：680-683.

[14] 赫克特 E，赞斯 A，詹达三. 光学（上册）［M］. 北京：高等教育出版社，1980.

[15] D. Mawet，C. Hanot，C. Lenaers，et al. Fresnel rhombs as achromatic phase shifters for

infrared nulling interferometry [J]. Optics Express，2007，15：12850-12865.

［16］姚启钧. 华东师大光学教材编写组改编. 光学教程［M］.（第二版）. 北京：高等教育出版社，1989.

［17］陈扬骎，杨晓华. 激光光谱测量技术［M］. 上海：华东师范大学出版社，2006.

［18］高克林. 精密激光光谱学研究前沿［M］. 上海：上海交通大学出版社，2014.

［19］W. Demtröder. Laser spectroscopy：basic concepts and instrumentation［J］. Springer，2004，Vol.3.

［20］陆同兴，路轶群. 激光光谱技术原理及应用［M］. 合肥：中国科学技术大学出版社，2006.

［21］S. Svanberg. Atomic and molecular spectroscopy：basic aspects and practical applications：with 14 tables. Springer，2004.

第3章

瞬态双原子分子光谱及其动力学

　　人类对宇宙奥秘的探索促进了光谱学的发展。人类通过观测星体辐射到地球的光（电磁波）来了解星体的温度、压强、磁场大小、组成成分和各种元素的比例。每种原子都有各自的一套特征谱线，这些特征谱线就是原子的"指纹"，通过观测星体辐射到地球的电磁波，就可以知道星体是由哪种元素组成的。相比较原子的谱线，分子的跃迁谱线的强度比较弱，并且分子大都分布于较冷和低活性的星际区域，因而天文观测分子光谱的难度较大。1908 年，Pluvinel 等人在 Morehorse 彗星的尾部观测到了 CO^+ 的谱线，开启了人类研究瞬态分子的先河[1]。到目前为止，人类已经指认的天文分子已超过 120 多种[2]。虽然早期的天文观测光谱早于实验室测量，但是真正意义上对天文分子的指认一般需要实验室数据的比对。例如，CS 自由基分子广泛存在于星际空间中已得到天文观测和实验室测量证实，但是 CS^+ 天文观测证据目前还没有确认，其中主要的原因是由于缺乏实验数据[3,4]。

　　大多物理学家和化学家把从母体分子中裂出的自旋不为零的原子团（基）定义为自由基，这样就把自然状态下基电子态稳定的分子（如 N_2、CO、H_2 等）而激发态不稳定的分子排除在外。虽然这些分子处于基电子态时是稳定的，但当它们被激发到激发态时寿命却很短并且自旋不为零，按照自由基的定义处于激发态的这些分子也应该属于自由基分子。后来著名的分子光谱学家赫兹堡（Herzberg）为了澄清这一概念，把所有具有短寿命、强化学活性的粒子统称为瞬态（瞬变）分子。

3.1 自由基分子的高灵敏度激光光谱测量系统

3.1.1 瞬态分子的生成系统

瞬态分子生成系统如图 3.1 所示。它实质上是一套低温等离子体放电装置，主要由高压放电系统和真空系统两部分组成。

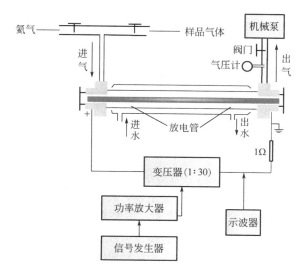

图 3.1 瞬态分子生成系统

真空部分主要有机械泵、配气部分和放电管组成。实验中机械泵抽速（16L/s），放电管为长 60cm 直径 1cm 的石英管，放电管两端是石英玻璃窗片，放电管放置在水冷衬套中。瞬态分子生成浓度与机械泵的抽速和系统的真空度有着很大的关系，由于瞬态分子的寿命比较短，实验系统的真空度越高，抽速越快，就不断有新鲜样品气体流入，这样就会大大提高瞬态分子的生成效率。在相同的实验条件下，用抽速为 16L/s 的机械泵生成瞬态分子的效率要比抽速 8L/s 的机械泵提高两倍以上。如果样品中含有碳、硫、磷等污染性重的元素，实验进行一段时间后要及时更换机械泵油，不然就会影响真空，降低瞬态分子的生成效率；同时更换被污染的放电管和窗片。实验中的极限真空为 3Pa。由于高压放电系统的功率比较大，因此放电管放置在水冷衬套中以保证放电管的安全和降低瞬态分子的平动温度，通过对光谱的拟合得到放电管内瞬态分子的平动温度为 500K 左右。由等离子体放电动力学原理可知，瞬态分子的生成效率与样品气体和载气的气体气压配比有着很大的关系。王霞敏等人[5]在研究 CH 自由基时发现，种子气体 CH_4 和载气 He 的气压配比与 CH 的生成效率有着很大的关系，如图 3.2 所示。在实验中判断瞬态分子生成效率的标准是光谱强度，不同的瞬态分子对气压配比的要求不一样，因此在实验中寻找最优化的气压配比非常重要。

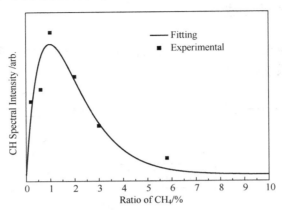

图 3.2　CH 的生成效率同 CH_4 与 He 的气压配比关系

　　高压放电部分由信号发生器、声频功率放大器和高压变压器组成。实验中采用锁相放大器的内部信号源作为信号发生器，其输出 23kHz 的正弦交流信号经过声频功率放大器（2.5kW）进行功率放大，再经高压变压器升压 30 倍，最终加载在放电管两端的电极上，放电管两端的高压电压约为 3kV，电流约为 400mA。实验中通过检测跨接在放电回路中的 1Ω 电阻检测放电电流，它反映了放电管中产生离子和电子量的多少。通常放电电流越大瞬态分子信号强度也就越大，图 3.3 为实验中测量的放电电流和 He_2 的 $c^3\Sigma_g^+ - a^3\Sigma_u^+$ 态(1,0)带 $R(3)$ 光谱强度的关系图。受限于功率放大器的输出功率和变压器承受的最大电流，最大放电电流不超过 600mA。为了减小高压放电系统对探测器、解调系统（双平衡解调器 DBM 和锁相放大器 Lock-in）及激光伺服系统的干扰，实验中要做好接地和屏蔽工作，让探测器尽量远离放电管。

　　指认放电生成的瞬态分子的光谱是一项非常复杂烦琐的工作，因为在等离子放电过程中母体分子会解离出各种各样的中性瞬态分子和带电瞬态分子，以 CS_2 样品为例，放电过程中可能产生的双原子瞬态分子就有 C_2、S_2、CS、C_2^+、S_2^+、CS^+、C_2^-、S_2^-、CS^- 九种之多，并且每一种分子又有许许多多的电子态，所以光谱指认要排除成千上万种"疑似"可能性。简化光谱标识工作最为行之有效的方法就是在光谱测量过程中就能把谱线区分出来，实现选择性测量。

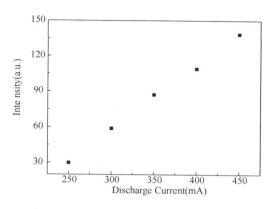

图 3.3　He$_2$ 的 $c^3\Sigma_g^+$-$a^3\Sigma_u^+$态（1,0）带 $R(3)$光谱强度同放电电流的关系

3.1.2　速度和浓度调制光谱

　　放电过程中离子的生成浓度要比中性分子低几个量级，如果离子的光谱同中性分子的光谱重合在一起很容易被淹没，在这种情况下指认离子光谱的跃迁基本上是不可能的。直到 1983 年 Saykally 和 Oka 等人[6,7]提出速度调制光谱技术，解决了分子离子光谱测量这一难题。

　　在电场中，正离子向负极漂移，负离子向正极运动。若离子在电场作用产生漂移，漂移速度为 $v_D=KE$，K 是粒子的迁移率，E 是电场强度。则引起的多普勒频率移动为 $\Delta\omega=\omega-\omega_0=\omega_0(v_D/c)$，$\omega_0$ 为瞬态分子在不受到电场调制下的跃迁频率，c 为光速。在交流放电电场作用下，离子在放电管中作往返运动，探测器所观测到的光谱跃迁频率为 $\omega=\omega_0\pm\omega_0(v_D/c)$，往返频率与放电频率一致。若信号用锁相放大器进行同频（与放电频率相同，$1f$）解调，就可以抑制中性分的信号而只对离子信号进行选择性测量，因为中性分子的运动不受电场的影响。图 3.4 是典型

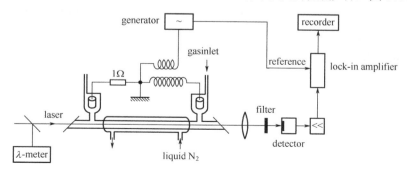

图 3.4　速度调制光谱实验[3]

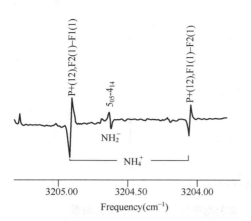

图 3.5　速度调制光谱中的信号
线型和相位[3]

的速度调制光谱实验装置，由调制解调原理可知当激光扫描经过一条吸收谱线时，可以获得的一次微分线型的分子离子跃迁谱线。此外，由于正离子和负离子的运动方向相反，会产生相位相反的光谱信号，从而可以把正负离子区分开来，进一步实现选择性测量。图 3.5 对速度调制光谱测量中的线型和选择性测量做了很好的诠释。

瞬态分子的浓度同放电电压大小的绝对值有关，在一个交流放电过程中瞬态分子（离子或中性分子）浓度原则上被调制两次。在速度调制测量中把锁相放大器的参考频率变为两倍的放电频率（$2f$），就可以观测瞬态分子的信号。中性分子的浓度远高于离子分子的浓度，所以观测到的谱线主要来自中性分子。浓度调制与斩光器调制类似，观测到的光谱线型为零次微分线型[8]。

浓度调制与瞬态分子的寿命有关，调制频率太高会导致分子的浓度在每个放电周期中的变化不明显，从而影响调制深度。但大部分瞬态分子，尤其是分子离子寿命很短，即使在 50 kHz 放电频率下浓度依然可以被充分的调制。瞬态分子的寿命不同还导致它们在锁相放大器解调过程中最佳相位的不同，在测量 He_2 光谱时发现其相位同 Ar 原子光谱的相位刚好向相反。在浓度调制光谱中，可以通过测量光谱的最佳相位判断光谱是否来源一致，这也是一种选择测量方法。

3.1.3　光外差探测技术

光外差探测技术（optical heterodyne detection），是进一步提高吸收光谱测量灵敏度的一个非常有效的方法[9]。有些文献中也叫频率调制光谱技术（frequency modulation spectroscopy），但它与纯粹的频率调制还是有所区别。

连续的单模激光器（如钛宝石激光器）的幅度涨落噪声主要为闪烁噪声的成分，频谱分布如图 3.6 所示。当选择大于 1MHz 的调制频率时，可以消除激光的闪烁噪声，达到散粒噪声极限（量子噪声），光外差探测技术的思想就是基于此，实验方框图如图 3.7 所示。

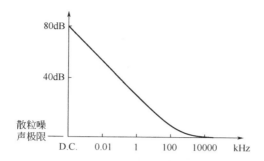

图 3.6　激光闪烁噪声频谱分布

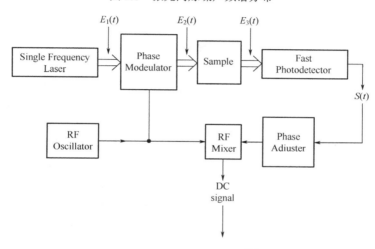

图 3.7　光外差实验装置[10]

采用电光调制器（EOM）对激光束进行相位调制，在调制度较小的情况下，出射光的光场为[10]

$$E(t) = \frac{E_0}{2}\left\{-\frac{M}{2}\exp\left[i\left(\omega_C - \omega_m\right)t\right] + \exp\left(i\omega_C t\right) + \frac{M}{2}\exp\left[i\left(\omega_C + \omega_m\right)t\right]\right\} \quad (3\text{-}1)$$

式中，ω_C 为激光频率，ω_m 为调制频率，M 为调制度。

此光束除了有载频 ω_C，还有 $\omega_C \pm \omega_m$ 的正负两个边带，再经过样品池（sample）后，由快速光电探测器（fast photodetector）探测接收到的光强信号为

$$I(t) = \frac{cE_0^2}{8\pi}e^{-2\delta_0}\left[1 + \left(\delta_{-1} - \delta_1\right)M\cos\omega_m t + \left(\phi_1 + \phi_{-1} - 2\phi_0\right)M\sin\omega_m t\right] \quad (3\text{-}2)$$

式中，$\delta_i = \alpha_i L/2$，$\phi_i = n_i L\left(\omega_C + i\omega_m\right)/C$；$\alpha_i$ 和 n_i 分别为样品的吸收系数和折射率，下标 i 取 0，−1 和+1 分别代表载波、负边带和正边带。

$I(t)$的信号经过移相器（phase shifter）后进入双平衡混频器（double balance

mixer，DBM），检相后可以分别取式（3-2）中的吸收项 $(\delta_{-1} - \delta_{+1})$ 或者色散项 $(\phi_{1} + \phi_{-1} - 2\phi_{0})$。如果通过相位调节，选择吸收项作为输出，当激光与样品不发生共振时，$\delta_{-1} - \delta_{+1} = 0$，输出为零；产生共振时，$\delta_{-1} - \delta_{+1} \neq 0$，产生一次微分线型的谱线输出。由此可见，光外差探测技术是一种无本底的高灵敏吸收光谱技术。如果采用很高的射频调制频率（几十到几百兆赫兹），光谱灵敏度能提高四到五个数量级，接近散粒噪声的探测极限。

3.1.4　光外差速度/浓度调制激光光谱技术

实验装置图如图 3.8 所示。Verdi-10 泵浦的钛宝石 899-29 激光器作为光源，输出功率大于 300mW。激光分束后一路进入加热的碘池，进行差分探测，把测量的碘分子的吸收信号同标准碘谱比对获得精确的激光频率，作为光谱测量中的绝对波长校正。另一路激光经过电光调制器进行 480MHz 的相位调制后进入吸收池，在吸收池内产生 23kHz 交流放电以生成瞬态分子。最后激光经过透镜会聚后进入光电探测器（PIN），探测器输出的电信号经前置放大器放大后输入双平衡混合器（DBM）进行 480MHz 的解调，DBM 的输出信号经过锁相放大器进行速度调制（1f，23kHz）解调或浓度调制（2f，2×23kHz）解调后再由计算机采集数据。激光频率由激光自带波长计进行测量，同时采用 I_2 分子吸收谱线对波长进行定标，波长测量的准确度优于 0.006cm^{-1}。根据前面的分析，采用光外差-速度调制光谱技术[11]

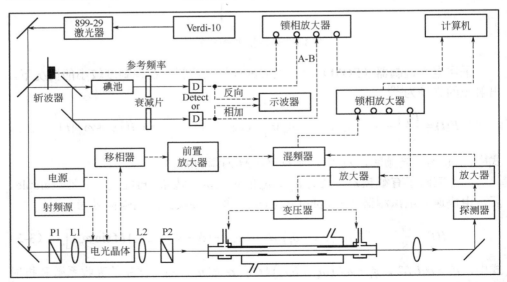

图 3.8　OH-VMS/CMS 装置

（OH-VMS）获得信号线型应为二次微分线型，光外差-浓度调制光谱技术（OH-CMS）测量得到的信号为一次微分线型（见图 3.9），还可以看到 OH-VMS 和 OH-CMS 中都能测到 N_2^+ 信号，但在 OH-VMS 测量中，中性 N_2 分子信号被很好地抑制掉了。

此系统具有高灵敏（相对吸收度在 1s 积分时间内可达 10^{-9}）、高分辨（转动分辨，多普勒受限）和高精度（绝对精度优于 $0.006cm^{-1}$）的特点，被国际同行公认为是瞬态分子光谱研究的最佳方案之一，并已经成功地研究了十几种瞬态分子的光谱[7]。

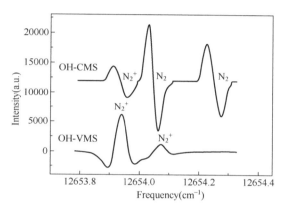

图 3.9 测量纯 N_2 放电光谱

3.2 自由基分子的高灵敏度激光光谱分析

3.2.1 CS 中性自由基分子光谱

研究 CS^+ 时发现 CS 分子在近红外波段的光谱跃迁非常强，所以，我们采用 OH-CMS 光谱技术测量 CS 在 $12000\sim13000cm^{-1}$ 波段的光谱[12]，通过光谱指认发现它们是来自 CS 的 $d^3\Delta - a^3\Pi$ 跃迁，其中光谱强度最强的跃迁是(6,0)带。

$d^3\Delta-a^3\Pi$ 态属于 Hund 情形（a），按照选择定则只有 $\Delta\Sigma=0$ 的子带（$^3\Delta_1-^3\Pi_0$、$^3\Delta_2-^3\Pi_1$、$^3\Delta_3-^3\Pi_2$）光谱跃迁比较强，这一点 CS 不同于 CO。CS $d^3\Delta-a^3\Pi$ 的跃迁能级如图 3.10 所示，由于存在 Λ-双分裂（主要来源于 $a^3\Pi$ 态[13]），每个子带都有 R_{ee}、R_{ff}、Q_{ef}、Q_{fe}、P_{ee} 和 P_{ff} 支带构成。图 3.10 是观测到的一段 $^3\Delta_2-^3\Pi_1$ 光谱，光谱向红端发散，光谱线型为一次高斯线型，拟合后得到的线宽 $0.04cm^{-1}$，因此，

实验中的光谱分辨率约为 0.02cm^{-1}，谱线的增宽主要来源于热运动造成的多普勒增宽。对因 Λ-双分裂太小引起谱线重叠的光谱，采用线型拟合的办法准确确定谱线的中心位置。Λ-双分裂大小顺序是 $^3\Pi_0>^3\Pi_1>^3\Pi_2$，实验中 $^3\Pi_0$ 的分裂可以完全分辨，并首次观测到 $J>14$ 时 $^3\Pi_1$ 态 Λ-双分裂，而对 $^3\Pi_2$ 由于多普勒增宽而不能分辨，对不能分辨谱线在光谱拟合时看作一条谱线。

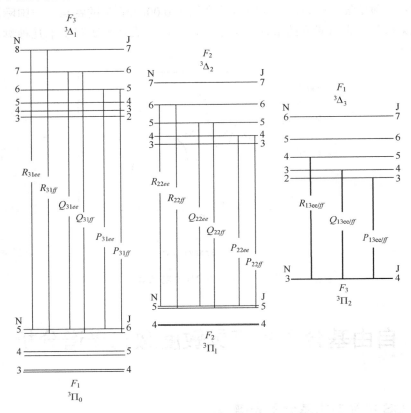

图 3.10 $d^3\Delta$–$a^3\Pi$ 的跃迁能级

3.2.2 CS$^+$分子离子光谱

与 He$_2$ 分子的光谱标识相比，CS$^+$ $A^2\Pi_{1/2}$–$X^2\Sigma^+$(2,1)带光谱的标识较为复杂，因为 He$_2$ 的转动常数比较大，谱线分布比较稀疏，而 CS$^+$ $A^2\Pi_{1/2}$–$X^2\Sigma^+$(2,1)带的光谱分布非常密集（见图 3.11），并且 CS$^+$ $A^2\Pi_{1/2}$–$X^2\Sigma^+$(2,1)带同 $A^2\Pi_{1/2}$–$X^2\Sigma^+$(1,0)带及 CS $d^3\Delta$–$a^3\Pi$ 的光谱跃迁重合，导致它的光谱标识将非常复杂[14]。

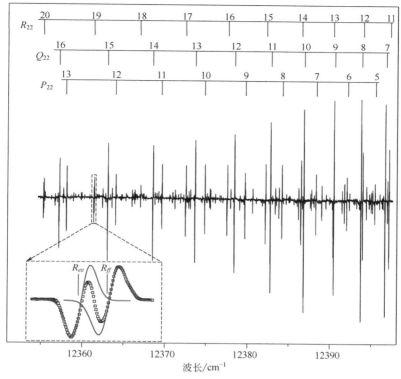

图 3.11　$^3\Delta_2-{}^3\Pi_1(6,0)$带的一段测量谱线及对 $R(19)$ 的线型拟合

在测量 CS^+ 的光谱时采用 OH-VMS 光谱技术，但是实验中发现，中性 CS 的光谱信号远远强于 CS^+ 的信号，有些很强的 CS 谱线不能完全抑制，如果这些不能抑制的谱线恰好与 CS^+ 光谱线重合，就会造成难以识别，增加了光谱标识的难度。为此我们采用两台锁相放大器分别对 OH-VMS 光谱（$1f$ 解调，对离子信号敏感）和对 OH-CMS 光谱（$2f$ 解调，对中性分子敏感）同时解调，即同时测量速度调制光谱和浓度调制光谱。通过对两类光谱的比对和线型拟合还原 CS^+ 的频率位置和线型，从而排除中性 CS 光谱的干扰。OH-VMS 技术不能完全抑制中性分子信号的主要原因可能是，一个放电周期中正负两个半周期放电产生的分子浓度不同，这样就会出现"$1f$-浓度调制"，即使采用 $1f$ 解调（速度调制光谱），仍然会出现中性分子光谱。

图 3.12 是所测量的一段 CS^+ 光谱。在 OH-CMS 测量中，与 CS 的光谱强度相比，CS^+ 的光谱几乎可以忽略，这样可以准确地定出 CS 的位置；在 OH-VMS 测量中，CS 的光谱虽然得到了很大的抑制，但是有些谱线仍然非常强，并且在有些地方与 CS^+ 的光谱重叠。根据前面的讨论，浓度调制不改变光谱的线型，"$1f$-浓度调制"的线型应该为高斯一次微分线型，因此，不论是 $1f$ 还是 $2f$ 解调，在光外

差检测中中性分子的信号都是一次微分线型，所以，光谱线型是区分中性分子和离子分子光谱的一个重要判据。对于重叠的谱线可以用高斯二次微分线型（离子光谱线型）和高斯一次微分线型（中性分子光谱线型）拟合还原出真实的中性分子和离子分子的跃迁谱线，如图3.13（b）所示。

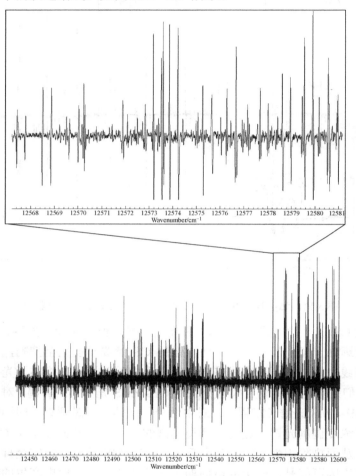

图 3.12　用 OH-VMS 光谱技术记录的一段 CS^+ 光谱图

确定了 CS^+ 离子分子信号后，就要通过强度规律和二次逐差规律辅助寻找同一支带的光谱。在光谱标识中借助吴玲等人[15]开发的 Branch-Picker 软件来辅助标识，图 3.14 所示为软件找出支带的 Loomis-Wood 图，当然运用此软件时人工干预是必需的。

在使用并合差公式确定支带和谱线的量子态归属时，先要了解能级结构图。$CS^+A^2\Pi_{1/2}$-$X^2\Sigma^+$ 的能级结构如图 3.15 所示。表 3.1 给出了如何使用并合差关系确定支带和谱线对应的转动能级量子数。

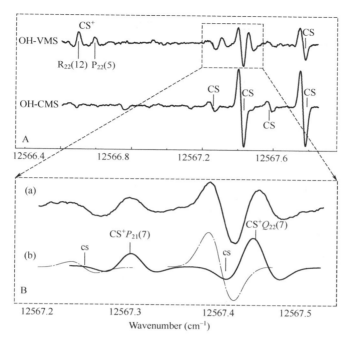

图3.13　（a）光外差速度和光外差浓度调制下记录的 CS_2 放电光谱；
（b）对重叠谱线线型拟合后得到的真实 CS^+ 和 CS 的跃迁谱线及其线型和位置

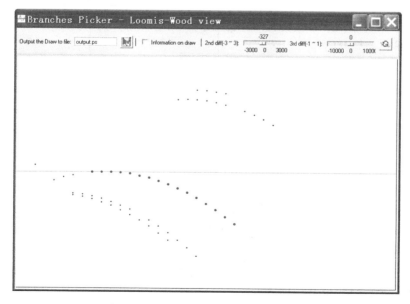

图3.14　$CS^+ A^2\Pi_{1/2} - X^2\Sigma^+$（2,1）带其中一支带的 Loomis-Wood 图

表 3.1　用并和差公式定出谱线的支带归属和谱线对应跃迁的转动量子数

X（R_{21}）	Y（P_{21}）	$\Delta X_1(J) = R(J) - P(J)$	$\Delta X_2(J)$ $= \dfrac{\Delta X_1(J+1) - \Delta X_1(J)}{4}$ $\approx B'$	$\Delta X_3(J)$ $= \dfrac{\Delta X_1(J)}{\Delta X_1(J+1) - \Delta X_1(J)}$ $\approx J + \dfrac{1}{2}$
12585.5129				
12586.9939				
12588.1764	12576.9219	11.2545	0.703825	3.99762
12589.047	12574.9772	14.0698	0.705875	4.983106
12589.614	12572.7207	16.8933	0.705525	5.986074
12589.8726	12570.1572	19.7154	0.701975	7.021404
12589.8275	12567.3042	22.5233	0.703	8.009708
12589.4756	12564.1403	25.3353	0.7055	8.977782
12588.8152	12560.6579	28.1573	0.701675	10.03217
12587.8495	12556.8855（M）	30.964	0.7043	10.99105
12586.5753	12552.7941	33.7812	0.705025	11.97872
12585.0009	12548.3996	36.6013	0.70255	13.02445
12583.1112	12543.6997	39.4115	0.702575	14.02395
12580.9197	12538.6979	42.2218	0.703675	15.00046
12578.4213	12533.3848	45.0365	0.702575	16.02551
12575.6144	12527.7676	47.8468	0.6999	17.09058
12572.4932	12521.8468	50.6464		

注：（M）—谱线同分子跃迁谱线严重重叠。

　　在使用并合差公式确定下态所对应的转动量子态时需要注意，相减的两支带必须对应相同的量子态和宇称[16]，在图 3.15 中可以很明显地看到 R_{21}（J）和 P_{21}（J）对应高能态的 e 能级，而 R_{22}（J）和 P_{22}（J）对应 f 能级。还有通过并合差公式确定的量子能态是 J，而下态 $X^2\Sigma^+$ 属于 Hund 情形（b），用 N 量子数表示转动能级，在光谱标识中要根据能级图上的关系将 J 转换成 N。最终标识的 182 条 $CS^+A^2\Pi_{1/2}\text{-}X^2\Sigma^+(2,1)$带谱线列入表 3.2 中。

表 3.2　标识的 CS^+ $A^2\Pi$-$X^2\Sigma^+$(2,1)带转动谱带

(cm^{-1})

N	P_{22}	P_{21}	Q_{22}	Q_{21}	R_{22}	R_{21}
0						12585.5189 (60)
1				12582.0548 (−54)		12586.9999 (85)
2		12576.9279 (8)		12582.1449 (−22)		12588.1924 (37)
3		12574.9832 (−13)	12577.0013 (−35)	12581.9314 (−10)		12589.0530 (49)
4		12572.7267 (28)	12575.0650 (57)	12581.4160 (−38)		12589.6200 (38)
5	12566.5907 (−84) ①	12570.1632 (83)	12572.8351 (29)	12580.5934 (−53)		12589.8786 (50)
6	M②	12567.3102 (−22)	12570.2950 (48)	12579.4597 (−16)		12589.8335 (38)
7	12558.4250 (−47)	12564.1463 (−75)	12567.4503 (56)	12578.0123 (98)	12578.1738 (−37)	12589.4816 (32)
8	12553.8835 (−25)	12560.6639 (1)	12564.3046 (1)	12576.3835 (−26)	12576.4509 (−33)	12588.8212 (46)
9	12549.0419 (−57)	M	12560.8574 (−60)	M	12574.4212 (−22)	12587.8555 (49)
10	12543.8916 (60)	12552.8001 (−30)	12557.0915 (9)	12571.8604 (164)	12572.0879 (−39)	12586.5813 (70)
11	12538.4362 (−64)	12548.4056 (5)	12553.0236 (4)	12569.2182 (−26)	12569.4500 (−75)	12585.0069 (25)
12	M	12543.7057 (14)	12548.6558 (−41)	12566.2485 (7)	12566.4996 (−51)	12583.1172 (65)
13	12526.6062 (−54)	12538.7039 (7)	12543.9742 (−7)	12562.9755 (−21)	12563.2474 (−77)	12580.9257 (51)
14	12520.2300 (−32)	12533.3908 (25)	M		12559.6832 (−51)	12578.4373 (34)
15	12513.5437 (51)	12527.7736 (37)	12533.6977 (14)	12555.5104 (−68)	12555.8156 (−61)	12575.6204 (27)
16	12506.5572 (−68)	12521.8528 (22)	12528.1005 (23)	12551.3077 (4)	12551.6312 (24)	12572.4992 (88)
17	125499.2722 (10)	12515.6302 (−38)	12522.1981 (22)	12546.8012 (40)	12547.1564 (−59)	
18	12491.6775 (−11)	12509.0940 (−27)	12515.9888 (26)	12541.9929 (19)	12542.3631 (−32)	
19	12483.7804 (71)	12502.2543 (−46)	12509.4776 (−16)	12536.8743 (25)	M	
20	12475.5802 (762)		12502.6612 (−72)	12531.4395 (113)	12531.8464 (−95)	
21			M	12525.7038 (129)	12536.1436 (18)	

续表

N	P_{22}	P_{21}	Q_{22}	Q_{21}	R_{22}	R_{21}
22			12488.1056 (−156)	12519.6646 (97)	12520.1166 (−29)	
23			12480.3547 (−72)	12513.3136 (98)	M	
24			12472.3080 (−101)	12506.6606 (32)	12507.1443 (−48)	
25				12499.6908 (44)	12500.2012 (−6)	
26				12492.4247 (−74)		
1		12276.2317 (−45)		12279.6708 (−31)		
2		12274.5789 (−26)	12276.2728 (37)	12279.7351 (−30)	12279.5523 (−1)	
3		M	12274.6406 (48)	12279.4843 (−12)		
4	12267.7992 (−48)	12270.3393 (−49)	M	12278.9186 (22)	12279.0053 (−43)	
5	12264.1384 (−33)	12267.7425 (9)	M	12278.0430 (19)	12278.1497 (38)	
6	12260.1606 (20)	M	12267.8759 (−43)	12276.8538 (18)	12276.9839 (1)	12287.1546 (2)
7	12255.8753 (18)	12261.6176 (33)	12264.9856 (13)	12275.3511 (17)	12275.4962 (45)	12287.3661 (−3)
8	M	12258.0930 (−26)	12261.7884 (2)	12273.5349 (14)	12273.7016 (24)	12287.2577 (51)
9	12246.3706 (−38)	12254.2492 (−49)	12258.2782 (14)	12271.4034 (28)	12271.5918 (18)	12286.8424 (32)
10	12241.1436 (−15)	M	12254.4560 (−46)	M	12269.1685 (10)	12286.1136 (5)
11	12235.6048 (4)	12245.6167 (−38)	12250.3133 (−9)	12266.1998 (49)	12266.4266 (50)	12285.0662 (20)
12		12240.8268 (−2)	12245.8652 (−56)	12263.1260 (71)	12263.3778 (20)	12283.7086 (−8)
13		12235.7299 (−35)	12241.0953 (−24)	12259.7420 (56)	12260.0072 (67)	12282.0374 (−48)
14			12236.0184 (−60)	12256.0481 (−2)	12256.3283 (57)	12280.0517 (−92)
15				12252.0295 (46)	M	12277.7511 (−138)
16				12247.6982 (78)	12248.0284 (31)	12275.1326 (−156)
17				12243.0600 (34)	12243.4019 (68)	12272.1926 (−114)
18				12238.1032 (−16)	12238.4651 (62)	

① 括号中数字表示 $(\nu_{calc}-\nu_{obs})\times10^4\mathrm{cm}^{-1}$。

② M 表示该谱线与非常强的 CS 谱线重合。

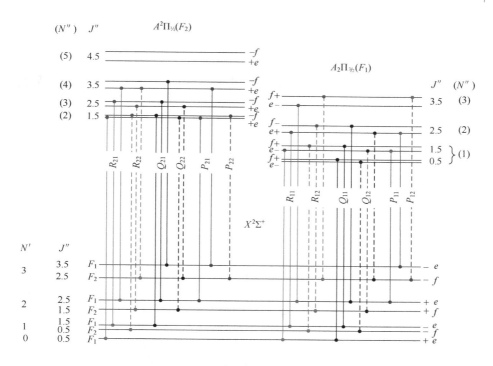

图 3.15　CS$^+$ $A^2\Pi_{1/2}$-$X^2\Sigma^+$ 的跃迁能级结构示意图

光谱拟合和讨论

$X^2\Sigma^+$ 态属于 Hund 情形（b），它的哈密顿量为

$$\hat{H}(^2\Sigma^+) = T_{ev} + B\hat{N}^2 - D\hat{N}^4 + \gamma(r)\hat{S} \cdot \hat{N} \tag{3-3}$$

式中，T_{ev} 是电子振动能量之和，在特定电子态下的特定振动态中 T_{ev} 为常数。选择基矢$|JNS>$，进行基矢幺正变换和哈密顿量对角化后得到对角化的哈密顿量矩阵元

$$F_1(N) = T_{ev} + BN(N+1) - D[N(N+1)]^2 + \frac{1}{2}\gamma_v N \tag{3-4}$$

$$F_2(N) = T_{ev} + BN(N+1) - D[N(N+1)]^2 + \frac{1}{2}\gamma_v N \tag{3-5}$$

式中，F_1 和 F_2 分别代表 e 和 f 能级，编写程序时为了方便，把 N 变换成 J，上面的式子变成

$$E_e(^2\Sigma^+) = T_{ev} + Bx(x-1) - D[x(x-1)]^2 + \frac{1}{2}\gamma_v x \tag{3-6}$$

$$E_f(^2\Sigma^+) = T_{ev} + Bx(x+1) - D[x(x+1)]^2 - \frac{1}{2}\gamma_v x \tag{3-7}$$

式中，$x = J + 0.5$。

$A^2\Pi$ 态属于 Hund 情形（a），哈密顿量矩阵元的推导已经给出，这里只给出拟合程序中使用的矩阵元

$$\left\langle {}^1\Pi_{1/2}, J, e/f \left| H \right| {}^2\Pi_{1/2}, J, e/f \right\rangle \tag{3-8}$$
$$= T_{ev} - \frac{1}{2}A + \left(B - \frac{1}{2}A_D - D\right)x^2 - Dx^4 \mp \frac{1}{2}[p_v + p_{vJ}(x^2+1) + 2q_v]x$$

$$\left\langle {}^1\Pi_{3/2}, J, e/f \left| H \right| {}^2\Pi_{3/2}, J, e/f \right\rangle \tag{3-9}$$
$$= T_{ev} - \frac{1}{2}A - 3D + \left(B + \frac{1}{2}A_D - 3D\right)(x^2-2) - Dx^4$$

$$\left\langle {}^2\Pi_{1/2}, J, e/f \left| H \right| {}^2\Pi_{3/2}, J, e/f \right\rangle \tag{3-10}$$
$$= -[B - 2D(x^2-1) - Dx^4 \mp \frac{1}{2}q_v]x\sqrt{x^2-1}$$

式中，$x = J + 0.5$，矩阵元的上下运算符分别对应 e 和 f 能级。

文献[17]通过全局拟合（Global Fitting，即包括微波和射频谱）获得了精确 $X^2\Sigma^+(v=1)$ 的态常数。在拟合中采用此文献得到的下态 $X^2\Sigma^+(v=1)$ 的光谱常数；由于 P_{vJ} 非常小，拟合中予以忽略将其设为 0。最终拟合得到的常数见表 3.3，为了便于同文献[18]和文献[19]进行比较，文献中的常数也列在表 3.3 中。通过比较可以看出，除了带源（T）和自旋轨道相互作用常数（A）外，我们得到的常数和文献中给出的常数基本一致，且我们得到的常数精度有近一个量级的提高。为了进一步评价我们得到的结果，采用文献[18]和文献[19]的常数计算出来的谱线的理论位置同我们得到的实验数据做比较，发现文献[18]计算的 $A^2\Pi_{3/2}-X^2\Sigma^+$ 谱线位置同实验测量符合得非常好，而 $A^2\Pi_{1/2}-X^2\Sigma^+$ 的谱线却有 -0.9cm^{-1} 系统偏差，正是此偏差导致了带源和自旋轨道相互作用常数的差别。因为文献[18]的常数来源于 $(2,0)$ 带，而（2,0）带的发射光谱非常弱，特别是 $A^2\Pi_{1/2}-X^2\Sigma^+$ 子带，所以，常数的差别可能是由于测量中光谱强度变弱增加了系统的测量误差引起的。当用文献[19]的常数计算时，发现所有的实验测量值和理论值都有一个 0.7cm^{-1} 的偏移，同时文献[19]给出的 $A^2\Pi-X^2\Sigma^+(1,0)$ 带和刘煜炎等人的常数也有同样的偏差，此偏差可能源于光谱的校正。

采用高灵敏和高分辨的 OH-VMS 光谱技术在 $12235 \sim 12600\text{cm}^{-1}$ 范围内测量了 $CS^+A^2\Pi-X^2\Sigma^+$ 的光谱，指认 $(2,1)$ 带的 182 条谱线，采用标准的 $^2\Pi-^2\Sigma^+$ 哈密顿量矩阵元模型，通过非线性最小二乘法获得了 $CS^+A^2\Pi(v=2)$ 的精确分子光谱常数。

总体的拟合误差为 RMS=0.0052cm^{-1}，小于实验的不确定度，从而说明了谱线标识和获得分子常数的可靠性。

表 3.3　CS$^+$ $A^2\Pi$（v=2）的光谱常数　　　　　（cm^{-1}）

	This work	Ref.[18]	Ref.[19]
$T^{①}$	13790.25394（15）^{②}	13792.73（1）	13791.571（2）
B	0.7029211（14）	0.70263（3）	0.70284（1）
$D\times10^6$	1.7038（28）	1.42（4）	1.506（10）
p_v	0.021336（52）	0.0166（3）	0.0164（3）
$q_v\times10^4$	−9.24（14）		
A	−300.94480（26）	−301.85（2）	−301.001（4）
$A_D\times10^4$	−5.939（15）	−4.7（3）	−5.03（10）
σ	0.0052	0.032	0.024

① 设 $X^2\Sigma^+$ v=0 的能量为 0。

② 括号中的数字是常数的拟合偏差。

说明：Ref.[18] & Ref.[19]的常数来自 $A^2\Pi$−$X^2\Sigma^+$（2,0）带。

3.2.3　He$_2$ 准分子（范德瓦尔斯分子）光谱

He$_2$ 是人类发现的第一种准分子，它是最简单和最重要的准分子研究对象之一，在化学成键动力学[20~22]、低温等离子放电过程[23,24]、超流纳米滴的量子体系[25,26]的研究等领域都起着非常重要的作用。氦气是等离子放电中最常用的载气之一。由于氦的亚稳态能量比较高（19.8eV），原子质量较轻，与大多数惰性气体相比，它的能级结构比较简单，相应的跃迁谱线较少，光谱测量时不会带来太多的"杂质谱线"，所以，我们先前的瞬态分子光谱研究中，一直采用氦气作为载气。在 NIST 给出的原子数据库中显示我们研究的波段 12000~13300cm^{-1} 范围内没有氦原子的跃迁谱线，但是我们在研究不同瞬态分子光谱时发现有些跃迁线在不同的样品气体放电中都能观测到，由此判断此类跃迁光谱与载气有关。为了排除这些谱线的干扰，采用纯氦气体放电，把这些与氦气有关的谱线测量完整并对这些谱线进行标识指认和进一步分析。

近一个世纪以来，人们已经采用了多种光谱技术对 He$_2$ 的光谱进行研究，指认了 He$_2$ 的 60 多个电子态，其中对 $C^1\Sigma_u^+$−$A^1\Sigma_g^+$ 和 $c^3\Sigma_g^+$−$a^3\Sigma_u^+$ 态的跃迁研究得最为广泛。早在 1929 年，Dieke 等人[27]就观测到了 $c^3\Sigma_g^+$−$a^3\Sigma_u^+$ 态的跃迁。1965

年，Ginter 等人[28]采用传统的光栅摄谱的方法测量了 He_2 在的 $^{1,3}\Sigma_u^+ - ^{1,3}\Sigma_g^+$ 跃迁谱线获取了分子的振-转光谱常数。20世纪70年代，Vierima 和他的合作者[29,30]采用磁共振微波谱研究了 $a^3\Sigma_u^+$ 的自旋-自旋和自旋-轨道相互作用，并得到了 $v=0$，$N=1$、3 的自旋-自旋和自旋-轨道相互作用常数。后来，Bjerre 等人[31~33]采用激光结合射频的双共振光谱的方法研究了 $a^3\Sigma_u^+$ 态精细结构获得了 γ 等常数，并详细研究了 $c^3\Sigma_g^+ - a^3\Sigma_u^+$ 跃迁谱线和 $c^3\Sigma_g^+$ 势垒隧道效应。Focsa 等人[34]采用傅里叶光谱技术结合微波谱的光谱数据进行全局拟合重新研究了 $c^3\Sigma_g^+ - a^3\Sigma_u^+$ 和 $C^1\Sigma_g^+ - A^1\Sigma_u^+$ 的跃迁，并获取了更为准确的低振动态光谱常数。在理论方面，Vrinceanu 和 Sadeghpour[35]计算了低温下 $c^3\Sigma_g^+ - a^3\Sigma_u^+$ 的辐射跃迁光谱常数及碰撞相互作用。

实验在 12090～13300cm^{-1} 范围内观测到 70 多条 He_2 的高分辨吸收光谱，其中有近 60 条谱线属于 $c^3\Sigma_g^+ - a^3\Sigma_u^+$ 电子态的(1,0)、(3,1)、(4,2)和(2,0)带跃迁。如图 3.16 所示，He_2 的线型近似为对称的一次微分线型，可以通过高斯一次微分线型拟合准确获得谱线中心频率。测量光谱具有很高的信噪比，跃迁较强的(1,0)带，信噪比可达到 300:1。非常出乎意料的是，虽然实验中 He 纯度为 99.995%，但测量中发现了 Ar 的原子谱线。在 Focsa 等人[34]的测量中同样发现了 Ar 的原子谱线，从这一点也说明了光谱测量灵敏度非常高。

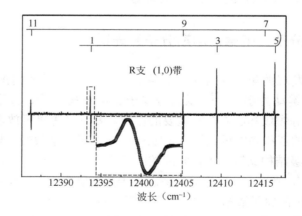

图 3.16　He_2 $c^3\Sigma_g^+ - a^3\Sigma_u^+$(1,0)带的部分光谱图和标识，以及对谱线的拟合

因为 ^{4}He 原子的核自旋为 0，根据前面所讲的宇称法则，$a^3\Sigma_u^+$ 的转动能级的偶能级和 $c^3\Sigma_g^+$ 转动能级的奇能级缺失。$c^3\Sigma_g^+ - a^3\Sigma_u^+$ 的跃迁包括 6 个主支和 6 个辅支。由于 $^3\Sigma^+$ 的三重态分裂很小，测量中不能分辨，因此，实际测量到的谱线是由 5 条精细结构不能分辨的谱线组成的。由于上下电子态都为 $^3\Sigma$，采用 Hund 情形（b）模型，其电子态的有效哈密顿量包含如下几项：

$$\hat{H} = B_v \hat{R}^2 - D_v \hat{R}^4 + H_v \hat{R}^6 + L_v \hat{R}^8 + \varepsilon_v(3S_z^2 - S^2) + \gamma_v \hat{S}\hat{N} \qquad (3\text{-}11)$$

式中，R 是转动量子数，S 是电子自旋角动量，N 除了自旋外的总角动量，L 是总的电子轨道角动量，J 是包含电子自旋的总角动量，B_v 为转动常数，D_v、H_v、L_v 分别为四阶、六阶和八阶离心畸变项，γ_v 为自旋－转动相互作用常数，ε_v 为自旋-自旋相互作用常数，可以表示为

$$\lambda_v = (3/2)\varepsilon_v \qquad (3\text{-}12)$$

利用 PGOPHER[36]程序进行谱线的拟合获得分子常数。由于 Focsa 等人已经通过傅里叶光谱的方法结合 Bjerre 等人微波谱数据得到 $a^3\Sigma_u^+$ v=0、1、2 精确的常数，我们在拟合中应用文献[34]得到的下态光谱常数，获得 $c^3\Sigma_g^+$ 态 v =1、3、4 的光谱常数。由于(2,0)带只有 7 条谱线，所以，最终没有对(2,0)带进行拟合。我们获得的常数与文献符合较好，并在精度上有了明显的提高，而且一些主要常数精度提高近一个量级。

3.3　CS 的微扰动力学研究

3.3.1　微扰光谱的分析

通过二次逐差进行光谱标识寻找同一支带谱线时，发现有些支带在理论上应该出现谱线的位置上并没有出现，即"谱带断裂"。标识过程中，先不考虑微扰，把断裂点两端的谱线标识出来，按照微扰光谱结构把同一支带的谱线合起来，再通过能级移动的方法来验证谱线的标识。因为只要发生能级移动，R、Q 和 P 支对应的谱线的移动就是相同的[37]。

用标识谱线获得分子光谱常数和微扰常数前要清楚微扰能级的量子态，进而确定微扰矩阵元。图 3.17 所示为使用 RKR 程序[38,39]计算的 CS 低激发态的势能曲线图，从图 3.17（a）中可以看出它的能级图非常复杂。在图 3.17（b）中给出了 $d^3\Delta$（v=6）附近的势能曲线[40]，从图中可以看出 $d^3\Delta$（v=6）同 $a^3\Pi$（v=12）和 $A^1\Pi$（v=1）靠得非常近。微扰理论可知，当两个能级靠近时就会有排斥效应，导致能级偏移。根据前面的介绍可知，微扰的两个能级的波函数会混合，导致原本看不到泛频跃迁可以观测到。

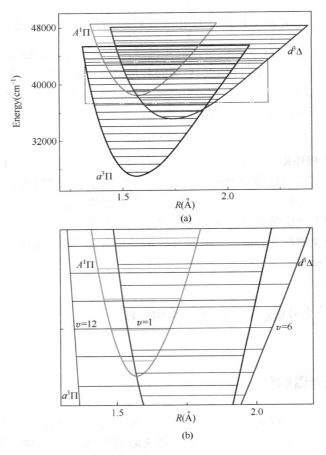

图 3.17 （a）CS 低激发态的势能曲线，势能计算的分子常数见文献[38]

（b）$d^3\Delta$（v=6）附近的势能曲线

3.3.2 微扰光谱的哈密顿量

通过反复不断的分析和指认，341 条 $d^3\Delta - a^3\Pi$（6,0）谱线和 9 条 $a^3\Pi$ 态（12,0）泛频跃迁的谱线被指认。由于微扰的引入，拟合的哈密顿量矩阵变成 7×7，结合 Bergeman 和 Momona 等人[38, 41]研究微扰时使用的哈密顿量矩阵元，我们采用如下哈密顿量的矩阵元：

$$\left\langle {}^3\Delta_1 \middle| H \middle| {}^3\Delta_1 \right\rangle = T_1 + xB_\Delta + (x^2 + 2x - 4)D_\Delta - 2A_\Delta - 2xA_{\Delta D} \qquad （3\text{-}13）$$

$$\left\langle {}^3\Delta_2 \middle| H \middle| {}^3\Delta_2 \right\rangle = T_2 + (x - 2)B_\Delta + (x^2 - 12)D_\Delta \qquad （3\text{-}14）$$

$$\left\langle {}^3\Delta_3 \middle| H \middle| {}^3\Delta_3 \right\rangle = T_3 + (x-8)B_\Delta + (x^2 - 14x + 52)D_\Delta + 2A_\Delta + 2(x-8)A_{\Delta D} \quad (3\text{-}15)$$

$$\left\langle {}^3\Delta_1 \middle| H \middle| {}^3\Delta_2 \right\rangle = \sqrt{2(x-2)}[B_\Delta - 2(x-1)D_\Delta - A_{\Delta D}] \quad\quad (3\text{-}16)$$

$$\left\langle {}^3\Delta_2 \middle| H \middle| {}^3\Delta_3 \right\rangle = \sqrt{2(x-6)}[B_\Delta - 2(x-5)D_\Delta + A_{\Delta D}] \quad\quad (3\text{-}17)$$

$$\left\langle {}^3\Delta_1 \middle| H \middle| {}^3\Delta_3 \right\rangle = -\sqrt{(x-2)(x-6)}D_\Delta \quad\quad (3\text{-}18)$$

$$\left\langle {}^3\Pi_0 \middle| H_{e/f} \middle| {}^3\Pi_0 \right\rangle$$
$$= T_4 + (x+1)B_\Pi - (x^2 + 4x + 1)D_\Pi - A_\Pi - (x+1)A_{\Pi D} + \quad (3\text{-}19)$$
$$\frac{1}{4}xq_\Pi + \frac{1}{2}(1 \mp 1)(p_\Pi + q_\Pi) \pm \alpha_\Pi$$

$$\left\langle {}^3\Pi_1 \middle| H_{e/f} \middle| {}^3\Pi_1 \right\rangle$$
$$= T_5 + (x+1)B_\Pi - (x^2 + 6x - 3)D_\Pi + \frac{1}{2}(p_\Pi + q_\Pi) + \frac{1}{4}(1 \mp 1)xq_\Pi \quad (3\text{-}20)$$

$$\left\langle {}^3\Pi_3 \middle| H_{e/f} \middle| {}^3\Pi_3 \right\rangle$$
$$= T_6 + (x-3)B_\Pi - (x^2 - 4x + 5)D_\Pi + A_\Pi + (x-3)A_{\Pi D} + \frac{1}{4}(x-2)q_\Pi \quad (3\text{-}21)$$

$$\left\langle {}^3\Pi_0 \middle| H_{e/f} \middle| {}^3\Pi_1 \right\rangle$$
$$= \sqrt{2x}\left[B_\Pi - 2(x+1)D_\Pi - \frac{1}{2}A_{\Pi D} - \frac{1}{4}q_\Pi - \frac{1}{8}p_\Pi + \frac{1}{2}(1 \mp 1)\left(q_\Pi - \frac{1}{2}p_\Pi \right) \right] \quad (3\text{-}22)$$

$$\left\langle {}^3\Pi_0 \middle| H_{e/f} \middle| {}^3\Pi_2 \right\rangle = \sqrt{x(x-2)}\left(-2D_\Pi \mp \frac{1}{4}q_\Pi \right) \quad\quad (3\text{-}23)$$

$$\left\langle {}^3\Pi_1 \middle| H_{e/f} \middle| {}^3\Pi_2 \right\rangle = \sqrt{2(x-2)}\left[B_\Pi - 2(x-1)D_\Pi - \frac{1}{2}A_{\Pi D} + \frac{1}{4}q_\Pi + \frac{1}{8}p_\Pi \right) \quad (3\text{-}24)$$

$$\left\langle {}^1\Pi_1 \middle| H_{e/f} \middle| {}^1\Pi_1 \right\rangle = T_7 + (x+1)B_{{}^1\Pi} - (x-1)^2 D_{{}^1\Pi} \quad\quad (3\text{-}25)$$

$$\left\langle {}^3\Pi_0 \middle| H_{e/f} \middle| {}^3\Delta_1 \right\rangle = \sqrt{x}\beta_{12}(1 + x\alpha_J) \quad\quad (3\text{-}26)$$

$$\left\langle {}^3\Pi_1 \middle| H_{e/f} \middle| {}^3\Delta_1 \right\rangle = \sqrt{2}(\alpha_{12} + \beta_{12})(1 + x\alpha_J) \quad\quad (3\text{-}27)$$

$$\left\langle {}^3\Pi_1 \middle| H_{e/f} \middle| {}^3\Delta_2 \right\rangle = \sqrt{(x-2)}\beta_{12}(1 + x\alpha_J) \quad\quad (3\text{-}28)$$

$$\left\langle {}^{3}\Pi_{2} \middle| H_{e/f} \middle| {}^{3}\Delta_{2} \right\rangle = \sqrt{2}(\alpha_{12} + \beta_{12})(1 + x\alpha_{J}) \tag{3-29}$$

$$\left\langle {}^{3}\Pi_{2} \middle| H_{e/f} \middle| {}^{3}\Delta_{3} \right\rangle = \sqrt{(x-6)}\beta_{12}(1 + x\alpha_{J}) \tag{3-30}$$

$$\left\langle {}^{1}\Pi_{1} \middle| H_{e/f} \middle| {}^{3}\Delta_{1} \right\rangle = A_{1} \tag{3-31}$$

式中，$x=J(J+1)$、α_{12}、β_{12} 和 A_{1} 是微扰常数，α_{J} 是 α_{12} 的高阶修正项，矩阵元的上下运算符分别对应 e 和 f 能级。

通过上面的哈密顿量模型，利用非线性最小二乘拟合获得 $a^{3}\Pi$（$v=0$）和 $d^{3}\Delta$（$v=6$）的分子常数，以及 $d^{3}\Delta$（$v=6$）与 $a^{3}\Pi$（$v=12$）和 $A^{1}\Pi$（$v=1$）的常数。由于拟合中不能确定 $A^{1}\Pi$（$v=1$）和 $a^{3}\Pi$（$v=12$）的常数，应用文献[38]得到的这两种态的光谱常数。最终拟合的标准方差（RMS）为 0.0067cm^{-1}，基本上等于实验测量的不确定性，从而可以证明实验测量和光谱标识及分子常数的可靠性。通过比较文献中的分子常数和微扰常数可以看出我们得到的 $d^{3}\Delta$（$v=6$）微扰常数的精度更高，这主要得益于采用了更高分辨率和更高精度的光谱测量技术。

利用得到的分子常数计算的 $d^{3}\Delta$（$v=6$）、$A^{1}\Pi$（$v=1$）和 $a^{3}\Pi$（$v=12$）的转动能级的简化谱项图。简化谱项图真实还原它们的能级结构，可以清晰地看出在两个能级的交点处两能级会避免相交而产生排斥作用，导致能级偏移[42]。

在进行有效哈密顿量对角化过程中，各个态上本征矢的投影也同时计算出来了。对 $d^{3}\Delta_{\Omega}$（$\Omega=1,2,3$）态的每个转动能级表示成[43]

$$\begin{aligned} \left| {}^{3}\Delta_{\Omega} \right\rangle = c_{\Omega 1}\left| {}^{3}\Delta_{1} \right\rangle^{0} + c_{\Omega 2}\left| {}^{3}\Delta_{2} \right\rangle^{0} + c_{\Omega 3}\left| {}^{3}\Delta_{3} \right\rangle^{0} + c_{\Omega 4}\left| {}^{3}\Pi_{0} \right\rangle^{0} + \\ c_{\Omega 5}\left| {}^{3}\Pi_{1} \right\rangle^{0} + c_{\Omega 6}\left| {}^{3}\Pi_{2} \right\rangle^{0} + c_{\Omega 7}\left| {}^{1}\Pi_{1} \right\rangle^{0} \end{aligned} \tag{3-32}$$

上标 0 表示此态的零阶（纯）基矢，$c_{\Omega i}$ 是每个态的混合系数。定义 $\rho_{\Omega i}=|c_{\Omega i}|^{2}$ 为各个态的混合比率，总的混合比率 $\sum_{i=1}^{7}\rho_{\Omega i}=1$。如果量子态受到其他态微扰，它占的混合比率将下降，所以，通过计算混合比率可以获得微扰相互作用的信息。由于混合系数 $c_{\Omega i}$ 存在相位信息（+/-），混合比率是非负数，为了不丢这一重要物理量在混合比率的图中标出（+）或（−）符号以表示相位。

3.3.3 $d^{3}\Delta$ 态的微扰动力学

1. $d^{3}\Delta_{1}$（$v=6$）的微扰分析

如图 3.18 所示，$d^{3}\Delta_{1}$-$a^{3}\Pi_{0}$（6，0）带跃迁线在 $J=15$ 和 16 时偏离了"正常位

置"，呈现 Z 形。从图 3.18 中可以看出 $d^3\Delta_1$ 和 $a^3\Pi_2$ 态在 $J=15$ 附近相交，说明此处存在微扰作用，而前面给出的 $d^3\Delta-a^3\Pi$ 微扰哈密度量矩阵元中 $\langle^3\Delta_1|\mathbf{H}|^3\Pi_2\rangle$ 为 0，并且这两个态在微扰选择定则中是禁戒的，与实验观测相违背[44]。

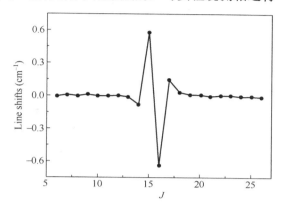

图 3.18 $d^3\Delta_1-a^3\Pi_0$（6,0）带跃迁线在 $J=15$ 附近的频移

如何解释此处的微扰机制呢？按照一阶非简并微扰理论[45]，$\left|^3\Delta_1\right\rangle$ 和 $\left|^3\Pi_2\right\rangle$ 可表示成

$$\left|^3\Delta_1\right\rangle = \left|^3\Delta_1\right\rangle^0 + [-(B_\Delta/A_\Delta)][(x-2)/2]^{1/2}\left|^3\Delta_2\right\rangle^0 \tag{3-33}$$

$$\left|^3\Pi_2\right\rangle = \left|^3\Pi_2\right\rangle^0 + [(B_\Pi/A_\Pi)][2(x-2)]^{1/2}\left|^3\Pi_1\right\rangle^0 \tag{3-34}$$

式中，x、B_Δ、B_Π、A_Π 和 A_Δ 分别表示 $J(J+1)$、$d^3\Delta$ 和 $a^3\Pi$ 态的转动和自旋-轨道相互作用常数。由式（3-33）可以看出，随着 x 增大，自旋脱耦（S-uncoupling）作用增强，即在 $\left|^3\Delta_1\right\rangle$ 态中 $\left|^3\Delta_2\right\rangle^0$ 分量变大。$^3\Delta_2$ 和 $^3\Pi_2$ 的哈密顿量矩阵元由式（3-29）表示，其中 α_{12} 和 β_{12} 是振动和电子相互作用两部分组成[46]

$$\alpha_{12} = {}^0\langle\upsilon,{}^3\Pi|(A/2)L_+|\upsilon',{}^3\Delta\rangle^0 = \langle\upsilon_6|\upsilon'_{12}\rangle^0\langle^3\Delta|(A/2)L_+|^3\Pi_1\rangle^0 \tag{3-35}$$

$$\beta_{12} = \langle\upsilon_6|\mathrm{B}(r)|\upsilon'_{12}\rangle^0\langle^3\Delta|BL_+|^3\Pi_1\rangle^0 \tag{3-36}$$

它们的电子部分分别来源于自旋轨道相互作用和轨道脱耦（L-uncoupling）相互作用。因为 $|\alpha_{12}|>>|\beta_{12}|$ 且 $\alpha_J\approx10^{-4}$，则

$$\left\langle^3\Delta_1\left|\hat{H}\right|^3\Pi_2\right\rangle \approx \left\langle^3\Delta_1\left|\hat{H}^{so}\right|^3\Pi_2\right\rangle$$
$$\approx (2^{1/2}\alpha_{12})(x-2)^{1/2}\left[2^{1/2}(B_\Pi/A_\Pi)-2^{-1/2}(B_\Delta/A_\Delta)\right] \tag{3-37}$$

所以，$d^3\Delta_1$ 的 $a^3\Pi_2$ 微扰作用主要来自二阶的自旋轨道相互作用。图 3.19 所示为各个微扰转动能态在 $d^3\Delta_1$ 的基矢下各个态的混合比率计算结果。在 $J=16$ 时，$d^3\Delta_1$ 自身的混合比率为 80%，其余的 20%来自 $a^3\Pi_2$，相当于 $d^3\Delta_1$ 态 20%跃迁强度"借给"了 $a^3\Pi_2$ 态，这就可以观测到原本禁戒的 $a^3\Pi_2$-$a^3\Pi_0$(12,0)泛频跃迁。

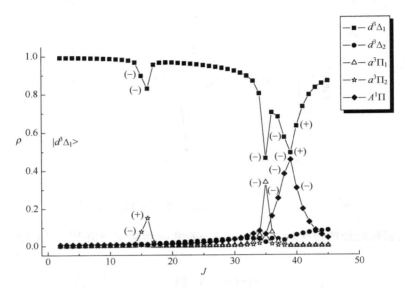

图 3.19   各转动能态在 $d^3\Delta_1$ 态基矢中的混合比率

$d^3\Delta_1$ 态同 $a^3\Pi_1$ 和 $A^1\Pi$ 的微扰符合微扰选择定则，它们作用矩阵元在前面已给出。从图 3.19 中可以看出，在 $J=35$ 和 39 时 $a^3\Pi_1$ 和 $A^1\Pi$ 态的混合比率分别达到了 50%，这说明由于微扰才能观测到的"额外谱线"（Extra Lines）的强度和主谱线（Main Lines）的强度非常接近，意味着微扰作用非常强。因微扰产生的频移达到了 30cm^{-1}，但是由于我们采用低温等离子放电法产生 CS 瞬态分子，相应的转动温度较低（约为 500K），转动能级很高的跃迁谱线强度很弱，所以，无法观测到这些受到强微扰的谱线。

2. $d^3\Delta_2$（$v=6$）的微扰分析

图 3.20 所示为各转动能态在 $d^3\Delta_2$ 态基矢中的混合比率。

在图 3.20 中可以很清晰地看到 $d^3\Delta_2$、$a^3\Pi_0$ 和 $A^1\Pi$ 三个能态都同时相交在 $J=29$ 附近。根据上面的讨论，$\left|^3\Delta_2\right\rangle$ 和 $\left|^3\Pi_0\right\rangle$ 态的本征函数可以写成

$$\left|^3\Delta_2\right\rangle = \left|^3\Delta_2\right\rangle^0 + [(B_\Delta / A_\Delta)](x-2)^{1/2}\left|^3\Delta_1\right\rangle^0 \qquad (3\text{-}38)$$

$$\left|{}^3\Pi_0\right\rangle = \left|{}^3\Pi_0\right\rangle^0 + [-(B_\Pi / A_\Pi)](2x)^{1/2}\left|{}^3\Pi_1\right\rangle^0 \qquad (3\text{-}39)$$

则$\left|{}^3\Delta_2\right\rangle$和$\left|{}^3\Pi_0\right\rangle$态的二阶自旋轨道相互作用矩阵元为

$$\left\langle{}^3\Delta_2\left|\hat{H}^{so}\right|{}^3\Pi_0\right\rangle = -\alpha_{12}[2x(x-2)]^{1/2}(B_\Delta / A_\Delta)(B_\Pi / A_\Pi) \qquad (3\text{-}40)$$

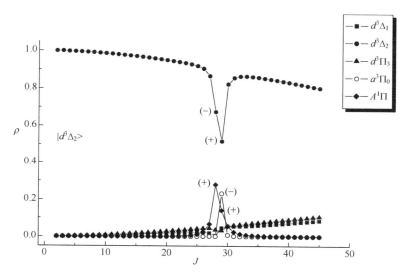

图 3.20 各转动能态在 $d^3\Delta_2$ 态基矢中的混合比率

此外，$\left|{}^3\Delta_2\right\rangle$和$\left|{}^3\Pi_0\right\rangle$的相互作用还有一条通道，通过两步的 S-uncoupling，$\left|{}^3\Pi_0\right\rangle$本征函数混有$\left|{}^3\Pi_2\right\rangle^0$，$\left|{}^3\Pi_2\right\rangle^0$同$\left|{}^3\Delta_2\right\rangle$有相互作用。这两条微扰通道相互竞争，但是主要作用的还是第一条微扰通道，下面将做详细讨论。

$d^3\Delta_2$-$A^1\Pi$ 态的相互作用矩阵元同样为 0，它们之间的微扰作用也是由二阶微扰引起的。由于 S-uncoupling $d^3\Delta_2$ 态含有 $d^3\Delta_1$ 的成分，$d^3\Delta_1$ 态同 $A^1\Pi$ 态有自旋轨道的相互作用，所以，最终导致 $d^3\Delta_2$ 态和 $A^1\Pi$ 态的微扰。

从图 3.20 中可以看出 $A^1\Pi$（$J=28$）能级和 $a^3\Pi_0$（$J=29$）能级的混合比率基本相当，大概在 30%，略大于 $a^3\Pi_2$（$J=16$），这说明 S-uncoupling 作用随着转动能级升高而增强。然而，与直接相互作用微扰（一阶微扰）相比，二阶微扰强度较弱。

3. $d^3\Delta_3$（$v=6$）的微扰分析

在标识 $d^3\Delta_3$-$a^3\Pi_2(6,0)$带跃迁光谱时发现在 $J=16$ 处存在非常微小的能级移动，如图 3.21 所示。图中显示谱线移动仅有 0.04cm^{-1}，差不多为谱线的线宽

（FMHM）。从图 3.17 中看出，在 $J=16$ 处 $d^3\Delta_3$ 态和 $A^1\Pi$ 态相交，所以，微扰应该来自 $A^1\Pi$ 态。由于 S-uncoupling 作用 $d^3\Delta_3$ 态含有了 $d^3\Delta_2$ 态的组分，二阶 S-uncoupling 作用 $d^3\Delta_2$ 态含有了 $d^3\Delta_1$ 态的波函数，而 $A^1\Pi$ 态同 $d^3\Delta_1$ 态有微扰相互作用，最终导致了 $d^3\Delta_3$ 态和 $A^1\Pi$ 态的相互作用。从图 3.22 中可以看出，$A^1\Pi$ 态的混合比率很少，这与很小频率移动相吻合。

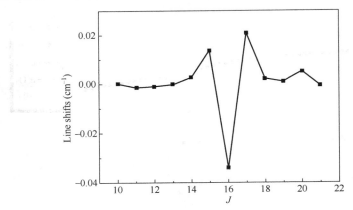

图 3.21　$d^3\Delta_3$-$a^3\Pi_2(6,0)$ 带跃迁线在 $J=16$ 附近的频移

$A^1\Pi$ 态同 $d^3\Delta_1$ 态的微扰机理与 $a^3\Pi_0(v=12)$ 态通过两次 S-uncoupling 相互作用同 $d^3\Delta_2(v=6)$ 的微扰机制相同。但 $a^3\Pi_0(v=12)$ 同 $d^3\Delta_2(v=6)$ 的微扰更弱，因为 $d^3\Delta_1$ 同 $A^1\Pi$ 的相互作用常数 A_1 几乎要比 $d^3\Delta_2$ 同 $a^3\Pi_2$ 的微扰相互作用常数 α_{12} 大一个量级。由此估计，由于二次 S-uncoupling 相互作用引起的 $d^3\Delta_2(v=6, J=29)$ 的位移为 0.005cm^{-1} 左右。

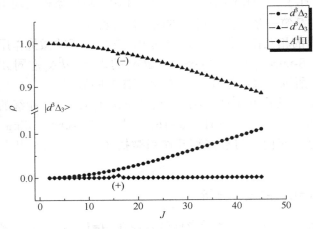

图 3.22　各转动能态 $d^3\Delta_3$ 态基矢中的混合比率

3.4　He$_2$分子光谱与预解离动力学研究

3.4.1　He$_2$分子研究背景

　　预解离过程在化学反应动力学和分子光谱学等方面起着非常重要的作用，一直以来都是物理学家、化学家及光谱学家关注的热点。但是，关于氦分子的预解离研究并不是很多，主要是因为先前的研究大都采用发射光谱的方法，预解离能级寿命只有几皮秒，因此，上能态的粒子布局数很小，荧光效率很低。1986年，Jordan 等人[47]采用交叉分子束散射实验获取了 He$_2$ $a^3\Sigma_u^+$ 和 $c^3\Sigma_g^+$ 态解离区域势能曲线信息，并发现了这两个态的势垒。Bjerre 等人[33]采用高分辨激光双共振的吸收光谱技术在实验上首次观测到了 He$_2$ $c^3\Sigma_g^+$-$a^3\Sigma_u^+$ 跃迁的谱线增宽，并且结合 Yarkony 等人[48]的理论计算和先前的散射实验进一步验证了 He$_2$ 的 $c^3\Sigma_g^+$ 态预解离来自势垒隧穿效应，还获得了谱线增宽的转动能级依赖关系[49]。

3.4.2　He$_2$分子光谱结果和讨论

　　纯 He 气放电光谱中，除了分析的 He$_2$ $c^3\Sigma_g^+$-$a^3\Sigma_u^+$ 态的跃迁谱线外，还观测到一些线宽较宽的谱线，这些谱线的线宽为 0.1～1.5cm^{-1}。根据前面的测量，正常的 He$_2$ 分子光谱的多普勒线宽为 0.07cm^{-1}，并且排除功率增宽和压强增宽，可以判断这些谱线来自预解离。测量得到的预解离谱线向红端发散，并且向红端方向谱线逐渐变窄。由于谱线增宽，导致信噪比降低，谱线中心位置的不确定性增加，实验测量中预解离谱线中心频率的不确定性约为 0.05cm^{-1}。

　　根据光谱标识，这些预解离谱线来自 He$_2$ $b^3\Pi_g$-$a^3\Sigma_u^+$(9,3)带，谱线标识列入表 3.4 中。根据 3.3 节的分析 ^{4}He 核自旋为 0，$a^3\Sigma_u^+$ 的转动能级的偶能级和 $c^3\Sigma_g^+$ 转动能级的奇能级缺失。由于 $^3\Sigma^+$ 的三重态分裂很小，测量中不能分辨[50]，实际测量到的谱线是由 5 条精细结构不能分辨的谱线组成的，所以，观测到的谱线简化为单重态-单重态的跃迁。

表 3.4　He$_2$ $b^3\Pi_g$-$a^3\Sigma_u^+$(9,3)带的转动跃迁谱线

上态能级（Upper level N）	跃迁标识（Transitions）	频率位置（cm^{-1}）
2	P（3）	12 366.29（0.29）
4	P（5）	12 317.29（-0.39）

续表

上态能级（Upper level N）	跃迁标识（Transitions）	频率位置（cm^{-1}）
6	P（7）	12 258.16（0.07）
8	P（9）	12 185.94（0.11）
10	P（11）	12 096.51（−0.04）
8	R（7）	12 395.89（−0.14）
12	R（11）	12 301.11（−0.09）
16	R（15）	12 161.74（0.04）
18	R（17）	12 076.85（−0.73）

注：括号里的数字代表（$\nu_{obs}-\nu_{cal}$）。

利用 Level 8.0 程序[51]计算了 $c^3\Sigma_g^+-a^3\Sigma_u^+$ 态和 $b^3\Pi_g-a^3\Sigma_u^+$ 态的 F-C 因子，除了 $b^3\Pi_g(v=0,1,2)-a^3\Sigma_u^+$ $b^3\Pi_g$ 态到 $a^3\Sigma_u^+$ 态跃迁的 F-C 因子都非常小，其中 $b^3\Pi_g-a^3\Sigma_u^+$ 态(9,3)带的 F-C 因子只有 1.9×10^{-5}，所以，通常情况下 $b^3\Pi_g-a^3\Sigma_u^+$ 的跃迁很难观测到。而 $c^3\Sigma_g^+-a^3\Sigma_u^+$ 态(6,3)带则为 4.6×10^{-2}，如图 3.23 所示，$b^3\Pi_g(v=9)$能级在 $c^3\Sigma_g^+(v=5)$ 能级上面，根据外推计算基本上同 $c^3\Sigma_g^+(v=6)$能级重合（由于此能级处于离解限附近，图中没有标出），所以，实验中观测到 $b^3\Pi_g-a^3\Sigma_u^+$ 的跃迁是由于 $b^3\Pi_g(v=9)$ "借" 了 $c^3\Sigma_g^+(v=6)$能级的跃迁强度。

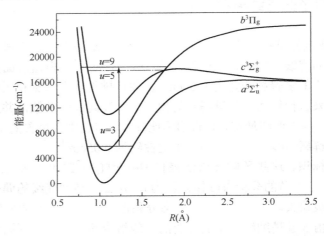

图 3.23　He$_2$ $a^3\Sigma_u^+$、$b^3\Pi_g$ 和 $c^3\Sigma_g^+$ 态的势能曲线，以及预解离跃迁示意图，数据见文献[48]

赫兹堡[13]指出如果束缚的Π态与连续的Σ态耦合时，Q 支谱线将不会产生预解离。根据预解离的选择：$\Delta N=0$、$+\leftrightarrow+$、$-\leftrightarrow-$、$a\leftrightarrow a$ 和 $s\leftrightarrow s$，图 3.24 给出了 $b^3\Pi_g$ 同 $c^3\Sigma_g^+$ 态相互作用图，从图中可以看出 $b^3\Pi_g$ 奇数转动能级与 $c^3\Sigma_g^+$ 态相互作用是禁戒的，所以，$b^3\Pi_g$ 态的奇数能级不能 "借" 来跃迁偶极矩，这也正是没观测

到 $b^3\Pi_g - a^3\Sigma_u^+$ 态的(9,3)带 Q 支谱线的原因。

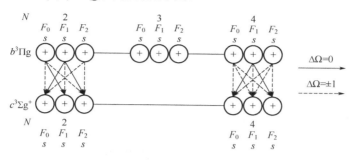

图 3.24　He$_2$ $b^3\Pi_g$ 与 $c^3\Sigma_g^+$ 态预解离相互作用示意图

　　预解离本质上是微扰，由于 $v=6$（$c^3\Sigma_g^+$）的分子常数未知，如果采用同微扰一样增添微扰作用矩阵元的处理方法是不可能的。我们在通过标识谱线拟合分子常数时未考虑微扰引起的能级移动，最终得到 $b^3\Pi_g$ $v=9$ 和 $a^3\Sigma_u^+$ $v=3$ 的常数如下：$T_{带源}=12\,416(2)$cm^{-1}、$B'=5.163(67)$cm^{-1}、$D'=0.0067(7)$cm^{-1}、$H'=0.000019(2)$cm^{-1}、$B''=6.845(80)$cm^{-1}、$D''=0.0072(8)$cm^{-1} 和 $H''=0.000024(3)$cm^{-1}。拟合方差 0.4cm^{-1} 大于实验的不确定性（0.05cm^{-1}），但得到的主要分子常数同理论外推还是基本一致，只是高阶修正常数的可靠性有所降低。

　　图 3.25 所示为观测的 P 支线宽同转动量子数的关系图，从图中可以看出谱线线型不对称，这主要是由预解离引起的[52,53]。实验中观测到的谱线应该是 Fano 线型和由多普勒增宽引起的高斯线型的卷积（Voigt 线型），可以以此理论模型对实测光谱线型进行拟合。由于实验测量是采用 OH-CMS 技术，因此获得一次微分光谱线型。通过拟合可以得到谱线的线宽，拟合中设定多普勒线宽为 0.07cm^{-1}，图 3.25 给出了 $P(5)$ 的拟合谱线和残差。

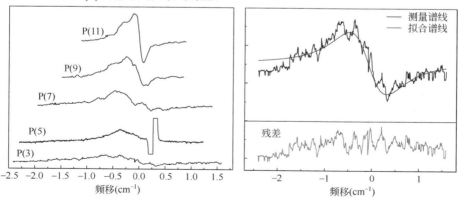

图 3.25　He$_2$ $b^3\Pi_g-a^3\Sigma_u^+$(9,3)带 P 支谱线线宽和转动能级的关系及 $P(3)$ 的拟合谱线和残差，其中 $P(5)$ 与 $c^3\Sigma_g^+-a^3\Sigma_u^+$(1,0)带的 $P(3)$ 重合

预解离线宽（同预解离率成正比）同分立能级与解离能级的波函数相互耦合的大小有关。一般来说，在两个势能曲线的交点上耦合相互作用最强，远离交点的能级耦合逐渐减弱[13,54~56]。从图 3.23 中看出 $v=9(b^3\Pi_g)$，在 $b^3\Pi_g$ 态和 $c^3\Sigma_g^+$ 态交点的上面，因此，$v=9(b^3\Pi_g)$ 转动能级的预解离率随着转动能级的升高而变小，对应的线宽变窄，与图 3.25 一致。

3.4.3　He$_2$ 分子预解离理论分析

Femi-Golden Rule 是近似计算预解离线宽增宽的主要理论。主要考虑初态（分离态）和终态（连续态）势能函数的重叠，以及电子态之间耦合的相互作用，计算态的预解离率。这里的预解离是由于 $b^3\Pi_g$ 态和 $c^3\Sigma_g^+$ 态的相互作用，为电子轨道耦合（L-coupling），哈密顿量为[45]

$$H_{v,J;E,J} = \left\langle \psi_{v,J} \left| -\frac{1}{2\mu R^2} J^{\pm} L^{\mp} \right| \psi_{E,J} \right\rangle$$

$$\approx -\left\langle v \left| \frac{1}{2\mu R^2} \right| E \right\rangle \left\langle {}^3\Pi \left| \sum_i l_i^{\mp} \right| {}^3\Sigma \right\rangle \sqrt{J(J+1)} \tag{3-41}$$

$\langle \Psi_{v,J} |$、$\langle v |$，$\langle {}^3\Pi |$ 分别是束缚态的总波函数、振动波函数和电子波函数，而 $|\Psi_{E,J}\rangle$、$|E\rangle$、$|{}^3\Sigma\rangle$ 分别是连续态的总波函数、振动波函数和电子波函数。这里哈密顿量处理采用类似于计算 Li$_2$ 的 $2^3\Sigma_g^+$ 态预解离的方法[57]。其中，$\langle v|1/2\mu R^2|E\rangle$ 可以由 BCONT 程序计算[58]，另外，

$$\left\langle {}^3\Pi \left| \sum_i l_i^{\mp} \right| {}^3\Sigma \right\rangle \approx \sqrt{l(l+1)} = \sqrt{2} \tag{3-42}$$

按照 Femi-Golden Rule 预解离线宽和上面哈密顿量有如下关系：

$$\Gamma = \frac{1}{\hbar c} \left| H_{v,J;E,J} \right|^2 \tag{3-43}$$

从图 3.24 中可以看出，$c^3\Sigma_g^+$ 态不是纯粹的排斥态，它的势能曲线函数由分段函数来表示[47]。$b^3\Pi_g(v=9)$ 态同 $c^3\Sigma_g^+$ 态的相互作用区域要高于 $c^3\Sigma_g^+$ 态势垒，所以，$b^3\Pi_g(v=9)$ 态预解离主要是由于 $c^3\Sigma_g^+$ 态解离部分的势能曲线（右侧势能曲线）引起的。因为解离部分的势能曲线没有实验数据，目前只有 *ab initio* 计算的势能曲线可用，所以，只能采用理论计算的势能曲线作为 BCONT 计算的输入部分。

图 3.26 是理论计算的 $b^3\Pi_g(v=9)$ 态转动能级线宽，理论计算结果和实验测量基本符合。随着转动能级的升高，能级远离了两个态的耦合交叉点，理论值和实

验值的偏差增大，这主要是由于计算中输入的势能曲线精度降低引起的。因为 $b^3\Pi_g$ 态的势能曲线来自 RKR 势外推计算，目前已知 $b^3\Pi_g$ 态的转动能级只有 $v=0$ 和 1，当外推到 $v=9$ 时精度会降低，随着能级的增加，外推精度随之下降，并且 $c^3\Sigma_g^+$ 态解离部分的输入来自 $ab\ initio$ 计算的势能曲线，当转动能级升高时计算精度也会下降，导致在高转动能级理论计算的预解离线宽同实验测量有所偏差[59]。

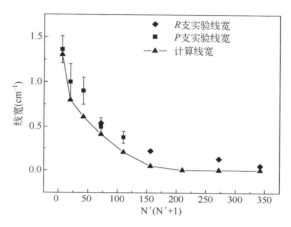

图 3.26　实验和理论的 He $b^3\Pi_g(v=9)$态预解离线宽同转动能级的关系

采用 OH-CMS 光谱技术研究 He_2 $c^3\Sigma_g^+ - a^3\Sigma_u^+$ 的(1,0)、(3,1)、(4,2)和(2,0)带的近红外光谱，通过得到的 59 条谱线拟合获取了较为精确的 $c^3\Sigma_g^+$ 电子态 $v=1$、3 和 4 的分子常数，为以后研究瞬态分子光谱去除 He_2 分子谱干扰提供了可靠的数据支持。首次发现和指认了 $b^3\Pi_g$ $(v=9)$ 态的预解离，通过对实验数据的分析我们获取谱线的位置、线宽及谱线的转动依赖关系。根据 Femi-Golden Rule 理论，利用 LeRoy 的 BCONT 程序计算了 $b^3\Pi_g$ 的预解离率，计算结果同实验结果基本一致。

参考文献

[1] A. Pluvinel，F. Baldet. The spectrum of diatomic ion CO^+ in the comet-tail [J]. Comput Rend，1909，148：759-762.

[2] J. Tennyson. Astronomical spectroscopy：an introduction to the atomic and molecular physics of astronomical spectra. World Scientific，2011.

[3] R. Ferlet，E. Roueff，J. Czarny，et al. Observational upper limits for the CS^+ molecular ion in diffuse interstellar clouds. Astronomy and Astrophysics，1986，168：259-261.

[4] S. Bailleux，A. Walters，E. Grigorova，et al. The Submillimeter-Wave Spectrum of the CS^+ Radical Ion [J]. The Astrophysical Journal，2008，679：920.

［5］王霞敏，杨赛丹，陈扬骎等. CH 分子束的强度与 CH_4/He 混合配比的关系及 CH $A^2\Delta$ 振转温度的计算［J］. 光学学报，2006，26：12.

［6］C. S. Gudeman, R. J. Saykally. Velocity modulation infrared laser spectroscopy of molecular ions［J］. Annual Review of Physical Chemistry，1984，35：387-418.

［7］S. K. Stephenson，R. J. Saykally. Velocity modulation spectroscopy of ions［J］. Chemical reviews，2005，105：3220-3234.

［8］P. B. Davies. Infrared laser and microwave spectroscopy of electric discharges［J］. Chemical Society Reviews，1995，24：151-157.

［9］G. E. Hall，S. W. North. Transient laser frequency modulation spectroscopy［J］. Annual Review of Physical Chemistry，2000，51：243-274.

［10］G. C. Bjorklund，M. D. Levenson，W. Lenth，et al. Frequency modulation（FM）spectroscopy［J］. Applied Physics B：Lasers and Optics，1983，32：145-152.

［11］R. Wang，Y. Chen，P. Cai，et al，Optical heterodyne velocity modulation spectroscopy enhanced by a magnetic rotation effect［J］. Chemical physics letters，1999，307：339-342.

［12］C. L. Li，L. H. Deng，Y. Zhang，et al. Absorption Spectroscopy of(8,1)Band in $d^3\Delta$-$a^3\Pi$ System of CS Radical［J］. Chinese Journal of Chemical Physics，2012，25：513.

［13］G. Herzberg. Molecular spectra and molecular structure［M］. 2nd ed. Vol. 1：Spectra of diatomic molecules. New York：Van Nostrand Reinhold，1950.

［14］C. Li，L. Deng，Y. Zhang，et al. Absorption spectrum of the(2,1)band in the $A^2\Pi_i$–$X^2\Sigma^+$ system of CS^+ cation［J］. Journal of Molecular Spectroscopy，2010，264：75-77.

［15］L. Wu，L. J. Zheng，X. H. Yang，et al. Computer assisted assignments of rotationally resolved molecular spectra［J］. Chinese Journal of Chemical Physics，2006，19：39.

［16］L. H. Deng，C. L. Li，W. Y. He，et al. Rotational analysis and isotopic effects in the $A^2\Pi_u$–$X^2\Pi_g$ system for the cation［J］. Journal of Quantitative Spectroscopy and Radiative Transfer，2012，113：1547-1552.

［17］M. Horani，M. Vervloet. Improved determination of the ground state molecular constants of the CS^+ cation to aid possible astrophysical detection［J］. Astronomy and Astrophysics，1992，256：683-685.

［18］D. Gauyacq，M. Horani. The electronic spectrum of the CS^+ molecular ion：rotational analysis and perturbation effects in the $A^2\Pi_i$–$X^2\Sigma^+$ transition［J］. Canadian Journal of Physics，1978，56：587-600.

［19］D. Cossart，M. Horani，M. Vervloet. The $A^2\Pi_1$–$X^2\Sigma^+$ and $B^2\Sigma^+$–$A^2\Pi_1$ electronic transitions of CS^+ by high resolution Fourier transform spectroscopy［J］. AIP Conference Proceedings，1994，312：367-372.

［20］H. L. Williams，T. Korona，R. Bukowski，et al. Helium dimer potential from symmetry-adapted perturbation theory [J]. Chemical physics letters, 1996, 262: 431-436.

[21] R. A. Aziz, A. R. Janzen, M. R. Moldover. Ab initio calculations for helium: a standard for transport property measurements [J]. Physical Review Letters, 1995, 74: 1586.

[22] T. Yasuike, K. Someda. He–He chemical bonding in high-frequency intense laser fields [J]. Journal of Physics B: Atomic, Molecular and Optical Physics, 2004, 37: 3149.

[23] Y. A. Tolmachev, Y. A. Piotrovskii, O. V. Zhigalov. On the mechanism of formation of helium molecules in a low-temperature plasma [J]. Optics and spectroscopy, 2005, 98: 170-174.

[24] R. Deloche, P. Monchicourt, M. Cheret, et al. High-pressure helium afterglow at room temperature [J]. Physical Review A, 1976, 13: 1140.

[25] J. Jortner. The superfluid transition in helium clusters [J]. The Journal of Chemical Physics, 2003, 119: 11335-11341.

[26] S. Yurgenson, C. C. Hu, C. Kim, J. et al. Detachment of metastable helium molecules from helium nanodroplets [J]. The European Physical Journal D-Atomic, Molecular, Optical and Plasma Physics, 1999, 9: 153-157.

[27] G. H. Dieke, S. Imanishi, T. Takamine. Neue Gesetzmäßigkeiten im Bandenspektrum des Heliums. III [J]. Zeitschrift für Physik A Hadrons and Nuclei, 1929, 57: 305-325.

[28] M. L. Ginter. Spectrum and Structure of the He$_2$ Molecule. I. Characterization of the States Associated with the UAO's $3p\sigma$ and $2s$ [J]. The Journal of Chemical Physics, 1965, 42: 561-568.

[29] T. L. Vierima. Determination of the sign of the spin–spin interaction in He$_2$ ($a^3\Sigma_u^+$) [J]. The Journal of Chemical Physics, 1975, 62: 2925-2926.

[30] W. Lichten, M. V. McCusker, T. L. Vierima. Fine structure of the metastable $a^3\Sigma_u^+$ state of the helium molecule [J]. The Journal of Chemical Physics, 1974, 61: 2200-2212.

[31] D. C. Lorents, S. K. S, N. Bjerre. Barrier tunneling in the He$_2$ $c^3\Sigma_g^+$ state [J]. The Journal of Chemical Physics, 1989, 90: 3096-3101.

[32] M. Kristensen, N. Bjerre. Fine structure of the lowest triplet states in He$_2$ [J]. The Journal of Chemical Physics, 1990, 93: 983-990.

[33] I. Hazell, A. Norregaard, N. Bjerre. Highly Excited Rotational and Vibrational Levels of the Lowest Triplet States of He$_2$: Level Positions and Fine Structure [J]. Journal of Molecular Spectroscopy, 1995, 172: 135-152.

[34] C. Focsa, P. F. Bernath, R. Colin. The low-lying states of He$_2$ [J]. Journal of Molecular Spectroscopy, 1998, 191: 209-214.

[35] D. Vrinceanu, H. R. Sadeghpour. He (1^1S) –He (2^3S) collision and radiative transition at low temperatures [J]. Physical Review A, 2002, 65: 062712.

[36] PGOPHER. a Program for Simulating Rotational Structure. C. M. Western, University of Bristol, http://pgopher.chm.dris.ac.uk.

[37] F. Zhang, L. Xu, J. Chen, et al. Chemical compositions and extinction coefficients of PM2.5 in peri-urban of Xiamen, China, during June 2009–May 2010 [J]. Atmospheric Research, 2012, 106: 150-158.

[38] T. Bergeman, D. Cossart. The lower excited states of CS: a study of extensive spin-orbit perturbations [J]. Journal of Molecular Spectroscopy, 1981, 87: 119-195.

[39] R. J. LeRoy. RKR12.0: A computer program implementing the first-order RKR method for determining diatomic molecule potential energy curve [J]. University of Waterloo Chemical Physics Research Report CP-657R, 2004.

[40] C. Li, L. Deng, Y. Zhang, et al. Perturbation Analysis of the $v=6$ Level in the $d^3\Delta$ State of CS Based on Its Near-Infrared Absorption Spectrum. The Journal of Physical Chemistry A, 2011, 115: 2978-2984.

[41] M. Momona, H. Kanamori, K. Sakurai. High-resolution study of the perturbation in the CO triplet band [J]. Journal of Molecular Spectroscopy, 1993, 159: 1-16.

[42] C. L. Li, L. H. Deng, J. Zhang, et al. Deperturbation of the rotational spectrum of the $d^3\Delta$–$a^3\Pi$(7,1)band of CS radical [J]. Journal of Molecular Spectroscopy, 2013, 284: 29-32.

[43] J. W. Ben, L. Li, L. J. Zheng et al. Perturbation of the $a^3\Pi$ ($v=9$) and $d^3\Delta$ ($v=2$) states of CO [J]. Chemical physics letters, 2007, 335: 109-114.

[44] L. H. Deng, Y. Y. Zhu, C. L. Li, et al. High-resolution observation and analysis of the I_2^+ $A^2\Pi_{3/2,u}$–$X^2\Pi_{3/2,g}$ system. The Journal of Chemical Physics, 2012, 137: 054308.

[45] H. Lefebvre-Brion, R. W. Field. The Spectra and Dynamics of Diatomic Molecules [M]. Amsterdam: Elsevier, 2004.

[46] R. W. Field, G. Tilford, R. A. Howard, et al. Fine structure and perturbation analysis of the $a^3\Pi$ state of CO. Journal of Molecular Spectroscopy, 1972, 44: 347-382.

[47] R. M. Jordan, H. R. Siddiqui, P. E. Siska. Potential energy curves for the $a^3\Sigma_u^+$ and $c^3\Sigma_g^+$ states of He$_2$ consistent with differential scattering, ab initio theory, and low-temperature exchange rates [J]. The Journal of Chemical Physics, 1998, 84: 6712.

[48] D. R. Yarkony. On the quenching of helium 2^3S: Potential energy curves for, and nonadiabatic, relativistic, and radiative couplings between, the $a^3\Sigma_u^+$, $A^1\Sigma_u^+$, $b^3\Pi_g$, $B^1\Pi_g$, $c^3\Sigma_g^+$, and $C^1\Sigma_g^+$ states of He$_2$ [J]. The Journal of Chemical Physics, 1989, 90: 7164-7175.

[49] C. Li, L. Deng, J. Zhang, et al. Predissociation of the $b^3\Pi_g$ ($v=9$) State of He$_2$ Excimer [J]. Chinese Journal of Chemical Physics, 2011, 24: 125.

[50] C. L. Li, L. H. Deng, J. L. Zhang, et al. The absorption spectrum of the(1,0), (3,1) and (4,2)bands in the $c^3\Sigma_g^+$–$a^3\Sigma_u^+$ system of He$_2$ eximer [J]. Journal of Molecular Spectroscopy

260：85-87（2010）.

[51] R. J. LeRoy. 2007 LEVEL 8.0：A Computer Program for Solving the Radial Schrö dinger Equation for Bound and Quasibound Levels. University of Waterloo Chemical Physics Research Report CP-663，2007.

[52] U. Fano. Effects of configuration interaction on intensities and phase shifts [J]. Physical Review，1961，124：1866.

[53] S. Antonova，G. Lazarov，K. Urbanski，et al. Predissociation of the F（4）$^1\Sigma_g^+$ state of Li_2 [J]. The Journal of Chemical Physics，2000，112：7080-7088.

[54] M. D. Wheeler，A. J. Orr-Ewing，M. N. R. Ashfold. Predissociation dynamics of the $A^2\Sigma^+$ state of SH and SD [J]. The Journal of Chemical Physics，1997，107：7591-7600.

[55] E. L. Derro，I. B. Pollack，L. P. Dempsey，et al. Fluorescence-dip infrared spectroscopy and predissociation dynamics of OH $A^2\Sigma^+$（v=4）radicals [J]. The Journal of Chemical Physics，2005，122：244313.

[56] M. Glass-Maujean，J. Breton，P. M. Guyon. A fano-profile study of the predissociation of the $3p\pi\ D^1\Pi_u^+$ state of H_2 [J]. Chemical physics letters，1979，63：591-595.

[57] X. Dai，E. A. Torres，E. W. Lerch，et al. Preparation of a wave packet through a mixed level in Li_2：predissociation of one member of the superposition[J]. Chemical physics letters，2005，402：126-132.

[58] R. J. LeRoy. BCONT 2.2：computer program for calulating absorption coefficients，emission intensities or（golden rule）predissociation rates，University of Waterloo Chemical Physics Research Report CP-650R2，2004.

[59]C. Li, L. Shao, H. Wang, et al. Re-investigation of the (3,0) band in the $b^4\Sigma^--a^4\Pi$ system for nitric oxide by laser absorpition spectroscopy [J]. Journal of Molecular Spectroscopy.

第**4**章

瞬态双原子分子的高精度量化计算

由于实验测量经常受到条件限制，有些分子的光谱通常受到干扰，分析光谱数据可能会遇到障碍，另外，还有一些分子的光谱受限于实验室条件无法直接测量，因此，分子光谱的理论计算显得非常重要。而目前的激光分子测量的精度较高，所以，要求理论计算的精度要满足实验要求。目前，基于量化计算的分子光谱可以精确地计算分子电子态、振动-转动及跃迁等信息，有助于了解这些微观粒子的能级结构特点及能级之间的相互作用动力学过程，包括激光冷却分子。

4.1 双原子分子离子计算的基本原理

4.1.1 分子电子状态构造原理（Λ,S）、（J,J）耦合

在讨论原子电子状态时，分为（L,S）耦合和（j,j）耦合两种情况。而对应到线性双原子分子时，就分为（Λ,S）耦合与（J,J）耦合。原来单个电子的总轨道角动量 L 在线性双原子分子体系中是绕两核之间的轴线旋进的，且在两核连线的投影 M_L 为运动常数，其值可以表示为

$$M_L = L,(L-1),\cdots,-(L-1),-L \tag{4-1}$$

当电子运动方向不同时，M_L 表现为 $-M_L$，但是其能量值的大小是不变的，因此，在描述分子的总轨道角动量时，习惯上定义

$$\Lambda = \left|\sum M_L\right| \tag{4-2}$$

为分子体系中的运动常数。在表达形式上，随 Λ 值的变化，分别用不同的符号表

示，当 $\Lambda=0,1,2,3,\cdots$ 时，分别表示为 $\Sigma,\Pi,\Delta,\Phi,\cdots$。很明显，当 $\Lambda\neq 0$ 时，能量值是一样的。

(J_rJ) 耦合的情况如下：当原子单电子的总轨道角动量 L_i 和电子的总自旋角动量 S_i 耦合很强时，两者耦合可以得到单电子的总角动量 J_i。同样与上述类似的定义

$$\Omega = \left| \sum M_L \right| \tag{4-3}$$

这里还要指出，同核双原子分子还存在宇称奇偶的不同，需要用脚标 u 和 g 表示。

分子自旋多重性用两个原子自旋 S_A 和 S_B 来表示总自旋：

$$S = S_A + S_B, S_A + S_B - 1, \cdots, \left| S_A - S_B \right| \tag{4-4}$$

不难看出，当两个原子的自旋为 $2S_A+1$ 和 $2S_B+1$ 时，总自旋为 $2S+1$。表 4.1 列出了量化计算中常用的自旋多重性的具体数值。

表 4.1 由原子多重性得到的分子电子状态的多重性

原子	分子
单重+单重	单重
单重+双重	双重
单重+三重	三重
双重+双重	单重，三重
双重+三重	双重，四重
双重+四重	三重，五重
三重+三重	单重，三重，五重
三重+四重	双重，四重，六重
四重+四重	单重，三重，五重，七重

4.1.2 双原子分子的电子态

量化计算中，获得不同的分子电子状态常用的方法是分离原子的方法。两个不同的原子 A 和 B，组合成一个双原子分子 AB。按照群不可约表示规律即可得到属 $C_{\infty v}$ 群和 $D_{\infty h}$ 群双原子分子可能存在的电子状态。表 4.2 给出了 $C_{\infty v}$ 双原子分子可能的电子状态。表 4.3 给出了 $D_{\infty h}$ 双原子分子可能的电子状态。

表 4.2　分离原子法得到的 $C_{\infty v}$ 双原子分子的电子状态

分离原子态	分子态
S_g+S_g 或 S_u+S_u	Σ^+
S_g+S_u	Σ^-
S_g+P_g 或 S_u+P_u	Σ^-, Π
S_g+P_u 或 S_u+P_g	Σ^+, Π
S_g+D_g 或 S_u+D_u	Σ^+, Π, Δ
S_g+D_u 或 S_u+D_g	Σ^-, Π, Δ
S_g+F_g 或 S_u+F_u	Σ^-, Π, Δ, Φ
S_g+F_u 或 S_u+F_g	Σ^+, Π, Δ, Φ
P_g+P_g 或 P_u+P_u	$\Sigma^+(2)$, Σ^-, $\Pi(2)$, Δ
P_g+P_u	Σ^+, $\Sigma^-(2)$, $\Pi(2)$, Δ
P_g+D_g 或 P_u+D_u	Σ^+, $\Sigma^-(2)$, $\Pi(3)$, $\Delta(2)$, Φ
P_g+D_u 或 P_u+D_g	$\Sigma^+(2)$, Σ^-, $\Pi(3)$, $\Delta(2)$, Φ
P_g+F_g 或 P_u+F_u	$\Sigma^+(2)$, Σ^-, $\Pi(3)$, $\Delta(3)$, $\Phi(2)$, Γ
P_g+F_u 或 P_u+F_g	Σ^+, $\Sigma^-(2)$, $\Pi(3)$, $\Delta(3)$, $\Phi(2)$, Γ
D_g+D_g 或 D_u+D_u	$\Sigma^+(3)$, $\Sigma^-(2)$, $\Pi(4)$, $\Delta(3)$, $\Phi(2)$, Γ
D_g+D_u	$\Sigma^+(2)$, $\Sigma^-(3)$, $\Pi(4)$, $\Delta(3)$, $\Phi(2)$, Γ
D_g+F_g 或 D_u+F_u	$\Sigma^+(2)$, $\Sigma^-(3)$, $\Pi(5)$, $\Delta(4)$, $\Phi(3)$, $\Gamma(2)$, H
D_g+F_u 或 D_u+F_g	$\Sigma^+(3)$, $\Sigma^-(2)$, $\Pi(5)$, $\Delta(4)$, $\Phi(3)$, $\Gamma(2)$, H

表 4.3　分离原子法得到的 $D_{\infty h}$ 双原子分子的电子状态

分离原子态	分子态
$^1S+^1S$	$^1\Sigma_g^+$
$^2S+^2S$	$^1\Sigma_g^+$, $^3\Sigma_u^+$
$^3S+^3S$	$^1\Sigma_g^+$, $^3\Sigma_u^+$, $^5\Sigma_g^+$
$^4S+^4S$	$^1\Sigma_g^+$, $^3\Sigma_u^+$, $^5\Sigma_g^+$, $^7\Sigma_u^+$
$^1P+^1P$	$^1\Sigma_g^+(2)$, $^1\Sigma_u^-$, $^1\Pi_g$, $^1\Pi_u$, $^1\Delta_g$
$^2P+^2P$	$^1\Sigma_g^+(2)$, $^1\Sigma_u^-$, $^1\Pi_g$, $^1\Pi_u$, $^1\Delta_g$, $^3\Sigma_g^+(2)$, $^3\Sigma_u^-$, $^3\Pi_g$, $^3\Pi_u$, $^3\Delta_u$
$^3P+^3P$	单重态与三重态与 $^2P+^2P$ 一致, 且增加 $^5\Sigma_g^+(2)$, $^5\Sigma_u^-$, $^5\Pi_g$, $^5\Pi_u$, $^5\Delta_g$
$^1D+^1D$	$^1\Sigma_g^+(3)$, $^1\Sigma_u^-(2)$, $^1\Pi_g(2)$, $^1\Pi_u(2)$, $^1\Delta_g(2)$, $^1\Delta_u(2)$, $^1\Phi_g$, $^1\Phi_u$, $^1\Gamma_g$
$^2D+^2D$	单重态与 $^1D+^1D$ 一致, 且增加 $^3\Sigma_u^-(3)$, $^3\Sigma_g^-(2)$, $^3\Pi_u(2)$, $^3\Pi_g(2)$, $^3\Delta_u(2)$, $^3\Delta_g(2)$, $^3\Phi_u$, $^3\Phi_g$, $^3\Gamma_u$
$^3D+^3D$	单重态与 $^1D+^1D$ 一致, 三重态与 $^2D+^2D$ 一致, 五重态与单重态一致

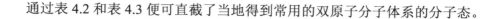

通过表 4.2 和表 4.3 便可直截了当地得到常用的双原子分子体系的分子态。

4.1.3 从头计算方法简介

求解分子体系的 Schrödinger 方程时，Hartree-Fock 自洽场（HF）方法是量化计算领域中常用的，也是最基本的方法。通过对相关参数信息，包括坐标、元素、电子数、基组及电子态的信息等相关参数的设置，利用变分方法做相关的矩阵变换处理，将原来非线性微积分方程形式用一系列有限数量的代数方程代替。这样，只需求解得到分子轨道的组合系数，即可求解得到单电子的波函数。对于多原子构成的分子体系，这种计算方法计算的能量不仅所用时间较短，而且也是非常精确的，对整个体系结构优化有至关重要的作用。

然而，HF 方法仅仅考虑了 Fermi 相关及平均 Coulomb 相关效应的影响，在双原子分子体系中，尤其是计算离子和激发态时，整个体系相关效应的影响相对来说是比较大的，虽然整个相关能的比重只占不到 1%，但是在激发或者解离过程中，这部分能量的作用是不能忽略的。

完全活性空间自洽场（CASSCF）方法则充分考虑到了这个问题，利用这种方法，可以很好地求得反应过程中相关能的相对改变。一般情况下，将占据数分别记为 0、1、2，并且分别代表空占据轨道，一个电子占据轨道和两个电子占据轨道（也即满占据轨道）。将占据较高的轨道和空轨道设置为 CASSCF 方法的活化空间。这些轨道上的电子作用对反应过程有很重要的作用，基本确定了整个方法的态平均的最终结果。这种方法可以对双自由基、激发态等情况做充足的计算，对于较少的电子数目的分子体系来说，是可以进行计算的。但是如果考虑设置的分子体系的电子数目特别多或者考虑的轨道特别多时，计算量则是非常大的，自然耗时很长，因此，一般要慎重考虑对活化空间的设置，以达到最佳计算量。

然而，在 CASSCF 方法中，活性空间中若包含全部的电子，而非活性空间中没有电子，会导致计算不准确；若活性空间只包含价层电子的话，结果会有所改善，但这又不是大多数情况。一种广泛的、最常用的方法是多参考组态相互作用（MRCI）方法。选择 CASSCF 方法激发电子产生的组态而相互作用，即经过态平均处理后的波函数作为整个分子体系的电子结构，单参考组态的数目和参考组态的数目的乘积作为总的参考组态数量，其计算精度是非常高的。我们用到的计算方法为：选择 HF 方法对整个双原子分子体系的基态进行结构优化，从而得到基态的波函数，然后用 CASSCF 方法进行态平均的计算，最后通过高精度的 MRCI 方法并选择合适的基组进行计算。为了进一步提高精确度，在计算中还考虑了核价相关、标量相对论及 Davidson 修正[1]。整个计算流程如图 4.1 所示。

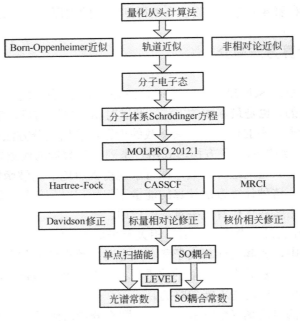

图 4.1　计算流程

　　在 MOLPRO 程序中输入分子结构时，特别要注意的是，由于程序本身的限制，只能使用阿贝尔点群对称性。线性分子这样的具有简并对称性的分子，则需要使用阿贝尔子群 C_{2v} 群或者 D_{2h} 群。而且对于每个点群的不可约表示序号 1 至 8 也是特别重要的。同样，由于 MOLPRO 程序包的限制，在量化计算程序 MOLPRO 中，$C_{\infty v}$ 对称点群替代 C_{2v} 对称点群，相关的对应情况在表 4.4 中列出；$D_{\infty h}$ 对称点群替代 D_{2h} 对称点群，相关的对应情况在表 4.5 中列出。两个表中，括号中的数字为其不可约表示序号。

表 4.4　$C_{\infty v}$对称点群在 C_{2v}对称点群的替代表示方法

$C_{\infty v}$	C_{2v}
Σ^+	$A_1(1)$
Σ^-	$A_2(4)$
Π	$B_1(2)+B_2(3)$
Δ	$A_1(1)+A_2(4)$
Φ	$B_1(2)+B_2(3)$
Γ	$A_1(1)+A_2(4)$

表 4.5 $D_{\infty h}$ 对称点群在 C_{2h} 对称点群的替代表示方法

$D_{\infty h}$	D_{2h}
Σ_g^+	$A_g(1)$
Σ_u^+	$B_{1u}(5)$
Σ_g^-	$B_{1g}(4)$
Σ_u^-	$A_u(8)$
Π_g	$B_{2g}(6)+B_{3g}(7)$
Π_u	$B_{2u}(3)+B_{3u}(2)$
Δ_g	$A_g(1)+B_{1g}(4)$
Δ_u	$A_u(8)+B_{1u}(5)$
Φ_g	$B_{2g}(6)+B_{3g}(7)$
Φ_u	$B_{2u}(3)+B_{3u}(2)$
Γ_g	$A_g(1)+B_{1g}(4)$
Γ_u	$A_u(8)+B_{1u}(5)$

4.2 C_2^- 的高精度光谱计算

4.2.1 C_2^- 的从头计算过程

在已经报道的理论和实验研究中，C_2^- 负离子主要是二重态的光谱特性。关于四重态的研究只有极少量文献提到，并且其光谱数据在数量级上是很不精确的。此外，自旋-轨道耦合效应在双原子分子的光谱中起着重要的作用，这在以前相关 C_2^- 负离子的理论研究中是没有报道的。研究 C_2^- 负离子低的电子态时，我们采用 MRCI 方法并选择大量相关一致性基组。基于 6 个态（$X^2\Sigma_g^+$、$A^2\Pi_u$、$B^2\Sigma_u^+$、$^4\Sigma_g^+$、$^4\Pi_u$ 和 $^4\Sigma_u^+$ 态）的单点扫描能量得到了相应的振动和转动常数。我们还计算了 $A^2\Pi_u$–$X^2\Sigma_g^+$ 态和 $B^2\Sigma_u^+$–$X^2\Sigma_g^+$ 态的 F-C 因子和从头计算的 TDMs，并由此得到了 $A^2\Pi_u$ 和 $B^2\Sigma_u^+$ 态的辐射寿命。此外，利用 Breit-Pauli 算符计算了 $A^2\Pi_u$ 态的 SO 耦合常数。

C_2^- 负离子是一种同核双原子阴离子并属于 $D_{\infty h}$ 点群。C 原子的基态 ^3P_g 和 C^- 离子的电子态的 ^4S_u 组合得到 C_2^- 负离子的低激发态（$^{2,4,6}\Sigma_g^+$、$^{2,4,6}\Sigma_u^+$、$^{2,4,6}\Pi_g$ 和 $^{2,4,6}\Pi_u$ 态）。由于 MOLPRO 程序包的限制，所有计算由 D_{2h} 对称点群替代 $D_{\infty h}$ 对称点群。在 D_{2h} 点群中有 8 种不可约表示：A_g、B_{3u}、B_{2u}、B_{1g}、B_{1u}、B_{2g}、B_{3g} 和 A_u。与 $D_{\infty h}$ 对称点群相对应的对称性分别为 $\Sigma_g^+ \rightarrow A_g$、$\Sigma_g^- \rightarrow B_{1g}$、$\Pi_g \rightarrow B_{2g}+B_{3g}$、$\Delta_g \rightarrow A_g+B_{1g}$、

$\Sigma_u^+ \to B_{1u}$、$\Sigma_u^- \to A_u$、$\Pi_u \to B_{2u}+B_{3u}$ 和 $\Delta_u \to A_u+B_{1u}$[2]。在计算中，8 个分子轨道放入活性空间，其中包括两个 a_g、一个 b_{3u}、一个 b_{2u}、两个 b_{1u}、一个 b_{2g}、一个 b_{3g}，恰好对应 C 原子的 2s2p 壳层与 C 原子的 2s2p 壳层。C 原子与 C 原子的 1s 壳层放入闭空间，但不进行"冻结"。势能曲线的计算范围为 0.8～5.0Å，步长为 0.05Å，为保证得到高精度的势能曲线，在平衡位置附近处的步长设置为 0.02Å。

价电子的波函数在利用 Hartree-Fock 方法计算后，由态平均完全活性自洽场 CASSCF 方法进行优化。随后，经 CASSCF 方法优化过的波函数用内收缩 MRCI 方法及相关一致性基组 AV5Z 进行计算。为了提高势能曲线的准确性，我们还考虑核价层的修正与标量相对论的修正，进而使用 aug-cc-pcv5z 基组和 Douglas-Kroll 哈密顿近似修正[3~5]。考虑到更高的激发态的影响，还加入了 Davidson 修正。利用上述方法（MRCI/aug-cc-pcV5Z-dk），还计算了 $A^2\Pi_u - X^2\Sigma_g^+$ 态和 $B^2\Sigma_u^+ - X^2\Sigma_g^+$ 态的从头计算 TDMs。此外需注意，$A^2\Pi_u$ 态的 SO 分裂是在 AV5Z 基组基础上考虑核价和标量相对论的基础上计算的。

利用上述理论方法得到势能曲线后，通过 LEVEL 8.0 程序[6]包用 Numerov 方法求解核运动径向 Schrödinger 方程，从而得到 $A^2\Pi_u-X^2\Sigma_g^+$ 态和 $B^2\Sigma_u^+-X^2\Sigma_g^+$ 态的振转能级和 F-C 因子。然后，通过非线性最小二乘法拟合确定振动及转动参数。

总辐射跃迁概率由总爱因斯坦系数 $A_{v'v''}$ 计算得到，爱因斯坦系数公式为[7]

$$A_{v'v''} = \frac{64\pi^4 \left| a_0 \cdot e \cdot \overline{TDM}_{v'v''} \right|^2 \sum_{v''} q_{v'v''} \left(\Delta E_{v'v''}\right)^3}{3h}$$

$$= \frac{\left| TDM_{v'v''} \right| \sum_{v'} q_{v'v''} \left(\Delta E_{v'v''}\right)^3}{4.936 \times 10^5} \tag{4-5}$$

式中，v' 和 v'' 分别表示高振动态和低振动态，$\Delta E_{v'v''}$ 表示跃迁能量（单位为 cm^{-1}），$\left| TDM_{v'v''} \right|$ 表示跃迁偶极矩矩阵（单位为 a.u.），$q_{v'v''}$ 表示能级 v' 和 v'' 之间的 F-C 因子。若考虑简并因子，则爱因斯坦系数表示为[8]

$$A_{v'v''}\left(S^{-1}\right) = \left(2.1419 \times 10^{10}\right) g \left| R_{v'v''} \right|^2 \left| \Delta E_{v'v''}(a.u.) \right|^3 \tag{4-6}$$

式中，g 为简并因子，$R_{v'v''}$ 表示振动平均跃迁偶极矩：

$$R_{v'v''}\left(a.u.\right) = \int \left(\varphi_{v'} R_e \varphi_{v''}\right) dr \tag{4-7}$$

辐射寿命的公式为

$$\tau_{v'} = \left(\sum_{v''} A_{v'v''}\right)^{-1} \tag{4-8}$$

在电子光谱学中的描述中，振子强度 $f_{v'v''}$ 通常用来描述分子能级之间吸收或辐射的概率[9,10]。其计算公式为[8]

$$f_{v'v''} = \frac{2}{3} g \left| R_{v'v''} \right|^2 \left| \Delta E_{v'v''} (\text{a.u.}) \right|$$ （4-9）

4.2.2　C_2^-的计算结果与讨论

图 4.2 给出了二重态和四重态第一解离极限的势能曲线[11]。可以看出，这些态的平衡位置在 1.3 Å 附近，C_2^- 负离子 6 个态（$X^2\Sigma_g^+$、$A^2\Pi_u$、$B^2\Sigma_u^+$、$^4\Sigma_g^+$、$^4\Pi_u$ 和 $^4\Sigma_u^+$ 态）的光谱常数已列在表 4.6 中，其中对应这些态的平衡核间距附近的主要电子组分也列在表中。

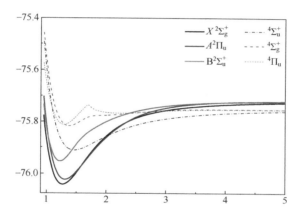

图 4.2　C_2^- 负离子 $X^2\Sigma_g^+$、$A^2\Pi_u$、$B^2\Sigma_u^+$、$^4\Sigma_g^+$、$^4\Sigma_u^+$ 和 $^4\Pi_u$ 态 6 个态的势能曲线

表 4.6　C_2^- 负离子 $X^2\Sigma_g^+$、$A^2\Pi_u$、$B^2\Sigma_u^+$、$^4\Sigma_g^+$、$^4\Sigma_u^+$ 和 $^4\Pi_u$ 态 6 个态的光谱常数的
计算值与实验值

参数	T_e (cm^{-1})	R_e (Å)	B_e (cm^{-1})	α_e (cm^{-1})	ω_e (cm^{-1})	$\omega_e\chi_e$ (cm^{-1})	$\omega_e\gamma_e$ (cm^{-1})	R_e 处的主要组分（%）
$X^2\Sigma_g^+$	0*	1.2689	1.7438	0.0161	1781.56748	11.5247	0.00972	$1\sigma_g^2 1\sigma_u^2 2\sigma_g^2 2\sigma_u^2 1\pi_u^4 3\sigma_g^1$ （89）
实验值[12]	0	1.2684	1.74649 (16)	0.016557 (76)	1781.202 (20)	11.6716 (48)	0.00998 (28)	
实验值[13]	0	1.26831 (13)	1.74666 (32)	0.01651 (46)	1781.189 (18)	11.6717 (48)	0.009813	
计算值[14]	0	1.2685	1.7464	0.01651	1787.4	11.56		
计算值[15]	0	1.318			1680			

参数	T_e (cm^{-1})	R_e (Å)	B_e (cm^{-1})	α_e (cm^{-1})	ω_e (cm^{-1})	$\omega_e\chi_e$ (cm^{-1})	$\omega_e\gamma_e$ (cm^{-1})	R_e 处的主要组分（%）
计算值[16]	0	1.277535						
计算值[10]	0	1.276	1.726	0.016	1780	12		
计算值[17]		1.284306						
计算值[18]	0	1.34			1690			
计算值[19]	0	1.267			1799			
计算值[20]	0	1.2704		0.0165	1776.5			
$A^2\Pi_u$	4004.91162	1.3075	1.64241	0.01573	1668.72707	10.79763	0.02015	$1\sigma_g^2 1\sigma_u^2 2\sigma_g^2 2\sigma_u^2 1\pi_u^3 3\sigma_g^2$ （93）
实验值[12]	4064（91）	1.313	1.630(5)	0.0152	1656（10）	10.80 （26）		
实验值[13]	3985.83 （50）	1.30768 （13）	1.64305 （334）		1666.4(10)	10.80 （26）		
计算值[14]	4050.6	1.3066	1.6458	0.0159	1679.04	11.61		
计算值[15]	4800	1.32			1700			
计算值[16]	3250	1.31721						
计算值[10]	3548.8375	1.318	1.619	0.016	1646	11		
计算值[18]	10485.2018	1.41			1510			
计算值[19]	4463	1.307			1676			
实验值[21]	3928.660 （17）	1.30767 （20）	1.64307 （51）	0.01625 （72）				
计算值[20]	3887.5902	1.309		0.0161	1664.5			
$B^2\Sigma_u^+$	18981.3074	1.2238	1.87477	0.01764	1976.17619	14.75376	0.07515	$1\sigma_g^2 1\sigma_u^2 2\sigma_g^2 2\sigma_u^2 1\pi_u^4 3\sigma_g^2$ （85）
实验值[12]	18390.723 （35）	1.2234	1.87718 （27）	0.01887 （28）	1969.542 （84）	15.100 （57）	0.135 （16）	

续表

参数	T_e (cm^{-1})	R_e (Å)	B_e (cm^{-1})	α_e (cm^{-1})	ω_e (cm^{-1})	$\omega_e\chi_e$ (cm^{-1})	$\omega_e\gamma_e$ (cm^{-1})	R_e 处的主要组分（%）
计算值[14]	18763.9	1.2234	1.8713	0.0129	1964.72	10.28		
计算值[15]	24630	1.265			1910			
计算值[16]	18830	1.22199						
计算值[10]	18954.0186	1.231	1.855	0.017	1983	16		
计算值[17]		1.235268						
计算值[18]	26616.2815	1.33			1330			
计算值[21]	19783	1.222			2013			
计算值[20]	18728.1836	1.2256		0.018	1963.6			
$^4\Sigma_u^+$	33226.969	1.4641	1.30975	0.01814	1128.97168	11.26472	0.04326	$1\sigma_g^2 1\sigma_u^2 2\sigma_g^2 2\sigma_u^2 1\pi_u^3 3\sigma_g^1 1\pi_g^1$ （83）
计算值[15]	22900	≈1.52			900			
计算值[16]	29910	≈1.47062						
计算值[18]	28229.3895	1.57			1070			
$^4\Sigma_g^+$	54173.8414	1.3768	1.40281	0.09125	1744.7585	88.32409	1.06646	$1\sigma_g^2 1\sigma_u^2 2\sigma_g^2 2\sigma_u^1 1\pi_u^3 3\sigma_g^2 1\pi_g^1$ （77）
计算值[18]	54845.6711	1.82			710			
$^4\Pi_u$	55238.1851	1.4641	1.68356	0.01502	1638.8344	11.6269	0.04598	$1\sigma_g^2 1\sigma_u^2 2\sigma_g^2 2\sigma_u^1 1\pi_u^4 3\sigma_g^1 1\pi_g^1$ （85）

*基态平衡位置的总能量为−76.0407a.u.。

基态在平衡位置的总能量为−76.0407 a.u.，这个结果要比以前的计算结果都小[10,14~21]。$X^2\Sigma_g^+$ 态在平衡核间距的主要组分为 $1\sigma_g^2 1\sigma_u^2 2\sigma_g^2 2\sigma_u^2 1\pi_u^4 3\sigma_g^1$。当一个电子分别从 $1\pi_u$ 轨道和 $2\sigma_u$ 轨道激发到 $3\sigma_g$ 轨道时，产生第一和第二激发态。为了方便比较，表 4.6 收集了目前的光谱参数与已报道理论值[10,12~21]作对比。$X^2\Sigma_g^+$ 态的三个光谱参数 ω_e、$\omega_e\chi_e$ 和 B_e 的计算值，与理论值[10,14]和实验值[10~13]都非常接近。我们计算的 $A^2\Pi_u$ 态的 ω_e、$\omega_e\chi_e$ 和 B_e 值要比之前的理论计算更接近实验值，并且误差分别为 0.14%、0.002%和 0.039%。对第二激发态 $B^2\Sigma_u^+$，我们计算的 ω_e 的结果和实验值之间的误差是 6.6cm^{-1}（误差为 0.3%），但我们的常数值要比其他计算结果更加可靠[15~21]。

$^4\Sigma_g^+$ 态主要由组分 $1\sigma_g^2 1\sigma_u^2 2\sigma_g^2 2\sigma_u^2 1\pi_u^3 3\sigma_g^1 1\pi_g^1$ 的 3 个开壳层构成。$^4\Pi_u$ 和 $^4\Sigma_u^+$ 态对应的组分分别为 $1\sigma_g^2 1\sigma_u^2 2\sigma_g^2 2\sigma_u^1 1\pi_u^3 3\sigma_g^1 1\pi_g^1$ 和 $1\sigma_g^2 1\sigma_u^2 2\sigma_g^2 2\sigma_u^1 1\pi_u^4 3\sigma_g^1 1\pi_g^1$。然而，在已报道的文献中并没有关于 C_2 负离子的四重态的相关实验值的研究，只有 $^4\Sigma_u^+$ 态和 $^4\Sigma_g^+$ 态的 3 个理论值[15,16~18]。而对于 $^4\Pi_u$ 态，相关的理论研究也同样没有被报道。我们得到的 $^4\Sigma_u^+$ 态的 ω_e 值与之前的两个理论计算值的偏差分别为 228.9717cm^{-1} 和 58.9717cm^{-1}。在 $^4\Pi_u$ 态的平衡核间距偏右处明显产生一个势垒要高于解离极限的值，我们推测这可能是由于此处的振动能级较高而导致的。当然，也有可能是为避免与其他更高的具有相同对称性与自旋的态相互交叉而产生的。我们利用计算二重态的方法计算了四重态的相关光谱常数，从而保证了计算结果的可靠性。因此，有理由认为，我们得到的四重态数据对实验研究是有帮助的。

我们还利用 Breit-Pauli 算符计算了 $A^2\Pi_u$ 态的 SO 耦合效应。利用上述提到的基组去掉其高角动量部分。图 4.3 所示为 $A^2\Pi_u$ 态的 PECs 通过 SO 耦合作用而分裂成为 Ω =1/2 和 Ω=3/2 的两个态。从整个曲线范围来看，这样的分裂值是非常小的，因此，图中只显示在平衡位置处的分裂情况。显然，这种分裂在平衡核间距处最明显且最剧烈，所以，可以判断，SO 耦合常数的值在平衡核间距处也是最大的。

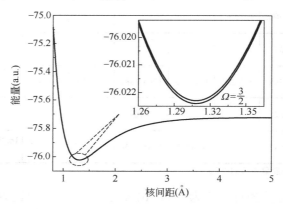

图 4.3　$A^2\Pi_{1/2}$ 态和 $A^2\Pi_{3/2}$ 态的势能曲线

相关的光谱参数列于表 4.7（a）中。可以看出，SO 耦合对于常数 R_e、B_e 和 α_e 几乎没有任何影响，对于常数 ω_e 和 $\omega_e\chi_e$，Ω =1/2 和 Ω=3/2 态的偏差分别只有 0.03696 cm^{-1} 和 0.00015 cm^{-1}。如表 4.7（b）所示，SO 耦合常数很接近实验值[12,13,21]，这种结果也证实了计算结果是可靠的。

表 4.7（a）$A^2\Pi_u$ 态考虑 SO 耦合后的光谱常数

参数	T_e（cm^{-1}）	R_e（Å）	B_e（cm^{-1}）	α_e（cm^{-1}）	ω_e（cm^{-1}）	$\omega_e\chi_e$（cm^{-1}）	$\omega_e\gamma_e$（cm^{-1}）
$\Omega=1/2$	4016.6184	1.3075	1.64238	0.01573	1668.7086	10.79755	0.02013
$\Omega=3/2$	3993.20484	1.3075	1.64244	0.01573	1668.7456	10.7977	0.02016

表 4.7（b）$A^2\Pi_u$ 态的旋-轨耦合常数与已报道的实验值比较

我们计算	Exp.[12]	Exp.[13]	Exp.[21]
241	24（1）	25.009（15）	24.989（62）

利用上述 MRCI/aug-cc-pcV5Z-dk 方法，我们还计算了 C_2^- 负离子二重态的 TDMs 和 F-C 因子。图 4.4 呈现了经绝对值处理后 $B^2\Sigma_u^+$-$X^2\Sigma_g^+$ 态和 $A^2\Pi_u$-$X^2\Sigma_g^+$ 态的 TDMs 曲线，并且选取了 10 个代表性的点列在表 4.8（a）中与已报道的单点能值进行比较[10]。很明显，在平衡位置处，$B^2\Sigma_u^+$-$X^2\Sigma_g^+$ 态的跃迁要大于 $A^2\Pi_u$-$X^2\Sigma_g^+$ 态的跃迁。TDMs 曲线在初始范围内呈现出类似线性递减的趋势，而此时由于势能曲线中与四重态的交叉而使 $B^2\Sigma_u^+$ 态的特性发生变化，导致 $B^2\Sigma_u^+$ - $X^2\Sigma_g^+$ 态的曲线在中间区域减小后又增加。对比后可以发现，我们的研究结果与以前的计算数据高度吻合[10, 14]。此外，利用 LEVEL 程序，还计算了 $B^2\Sigma_u^+$-$X^2\Sigma_g^+$ 态和 $A^2\Pi_u$-$X^2\Sigma_g^+$ 态的矩阵元素 $R_{v'v''}$，并列在表 4.8（b）中。我们得到的振动跃迁偶极矩值与文献中的值基本一致[14]。

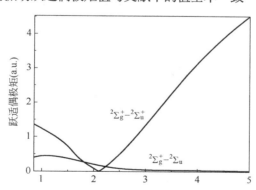

图 4.4　C_2^- 负离子二重态的跃迁偶极矩

表 4.8 （a）$A^2\Pi_u$ - $X^2\Sigma_g^+$ 态和 $B^2\Sigma_u^+$ - $X^2\Sigma_g^+$ 态的跃迁偶极矩　　　　（a.u.）

R_e（Å）	$A^2\Pi_u$-$X^2\Sigma_g^+$		$B^2\Sigma_u^+$-$X^2\Sigma_g^+$	
	我们计算	计算值[10]	我们计算	计算值[10]
0.900	0.41932	0.4192	1.31749	1.3777

R_e（Å）	$A^2\Pi_u - X^2\Sigma_g^+$		$B^2\Sigma_u^+ - X^2\Sigma_g^+$	
	我们计算	计算值[10]	我们计算	计算值[10]
1.028	0.44495	0.4437	1.21431	1.2801
1.120	0.44705	0.4479	1.13690	1.1833
1.220	0.43844	0.4380	1.04712	1.0824
1.320	0.42121	0.4176	0.94869	0.9725
1.420	0.39737	0.3886	0.83636	0.8440
1.600	0.34283	0.3350	0.56968	0.5687
1.850	0.25725	0.2335	0.23136	0.1583
2.100	0.17625	0.1411	−0.00120	−0.1479
2.650	0.07183	0.0498	−0.73153	−1.0164

表 4.8 （b）$A^2\Pi_u - X^2\Sigma_g^+$态和 $B^2\Sigma_u^+ - X^2\Sigma_g^+$态的振动平均跃迁偶极矩 $R_{v',v''}$ （a.u.）

v'	v'' （$B^2\Sigma_u^+ - X^2\Sigma_g^+$）①						
	0	1	2	3	4	5	6
0	8.581D-1	5.177D-1	2.473D-1	1.062D-1	4.300D-2	1.683D-2	6.456D-3
1	4.769D-1	5.613D-1	5.847D-1	3.636D-1	1.860D-1	8.593D-2	3.742D-2
2	1.582D-1	5.686D-1	3.213D-1	5.606D-1	4.323D-1	2.557D-1	1.322D-1
3	3.281D-2	2.457D-1	5.833D-1	1.317D-1	4.949D-1	4.645D-1	3.122D-1
4	3.150D-3	5.878D-2	3.110D-1	5.612D-1	1.383D-2	4.107D-1	4.687D-1
5	3.747D-4	5.382D-3	8.239D-2	3.588D-1	5.215D-1	1.215D-1	3.216D-1
6	1.660D-4	1.237D-3	6.363D-3	1.019D-1	3.926D-1	4.757D-1	1.972D-1
	v'' （$A^2\Pi_u - X^2\Sigma_g^+$）②						
0	3.800D-1	1.780D-1	4.546D-2				
1	1.834D-1	2.909D-1	2.273D-1	7.452D-2			
2	7.407D-2	2.225D-1	2.122D-1	2.503D-1	9.963D-2		
3	2.823D-2	1.142D-1	2.315D-1	1.433D-1	2.588D-1	1.215D-1	
4	1.058D-2	5.117D-2	1.429D-1	2.243D-1	8.349D-2	2.578D-1	1.403D-1
5	3.974D-3	2.169D-2	7.308D-2	1.625D-1	2.074D-1	3.205D-2	2.503D-1
6	1.510D-3	8.994D-3	3.434D-2	9.301D-2	1.741D-1	1.845D-1	1.164D-2

① 文献[14]中 $B^2\Sigma_u^+ - X^2\Sigma_g^+$态对角线前四个值：9.216D-1；7.659D-1；6.276D-1；5.065D-1；

② 文献[14]中 $A^2\Pi_u - X^2\Sigma_g^+$态对角线前四个值：4.083D-1；3.703D-1；3.331D-1；2.970D-1。

表 4.9 （a）中列举了 $0 \leq v \leq 6$ 范围内所有可能的 F-C 因子。$B^2\Sigma_u^+ - X^2\Sigma_g^+$ 态和

$A^2\Pi_u$-$X^2\Sigma_g^+$ 态的 v_{00} 值在各自态中都是最大的，并且分别为 0.7960 和 0.7121。可以看出，F-C 因子的变化与振动量子数明显相关。表 4.9（b）列出了应用量子化学从头算得到的 TDMs 值计算出的 $B^2\Sigma_u^+$-$X^2\Sigma_g^+$ 和 $A^2\Pi_u$-$X^2\Sigma_g^+$ 态的爱因斯坦系数。最后，我们还分别计算了 $A^2\Pi_u$ 和 $B^2\Sigma_u^+$ 态考虑和不考虑简并因子两种情况下的辐射寿命和振子强度，并将结果列在表 4.10 中。对 $B^2\Sigma_u^+$-$X^2\Sigma_g^+$ 态，计算得辐射寿命与文献中的值吻合得很好[9,10,22]。由表 4.10 可知，$B^2\Sigma_u^+$ 态在 $v \geqslant 4$ 时，辐射寿命迅速增大。这个现象可以用 Rosmus 和 Werner 详细讨论过的自动解离来解释[10]。对于考虑了简并因子的情况，其得到的振子强度的值与文献中的值吻合得很好[10]。反之，不考虑简并因子的情况下，得到的辐射寿命的值与文献中的值吻合得很好[10]。我们认为，这种情况可能是在计算 $A^2\Pi_u$-$X^2\Sigma_g^+$ 态辐射寿命时没有考虑简并因子所导致的。

表 4.9　（a）$B^2\Sigma_u^+$ 态和 $A^2\Pi_u$ 态分别跃迁到 $X^2\Sigma_g^+$ 态的 F-C 因子

v'	0	1	2	3	4	5	6
				v'' （$B^2\Sigma_u^+$-$X^2\Sigma_g^+$）			
0	7.960D-01	1.724D-01	2.708D-02	3.865D-03	5.412D-04	7.689D-05	1.127D-05
1	1.893D-01	4.745D-01	2.560D-01	6.463D-02	1.273D-02	2.276D-03	3.935D-04
2	1.426D-02	3.127D-01	2.584D-01	2.796D-01	1.018D-01	2.604D-02	5.712D-03
3	3.876D-04	3.887D-02	3.845D-01	1.219D-01	2.652D-01	1.323D-01	4.231D-02
4	2.944D-06	1.464D-03	7.052D-02	4.170D-01	4.407D-02	2.294D-01	1.528D-01
5	5.968D-10	1.388D-05	453D-03	1.064D-01	4.203D-01	7.979D-03	1.840D-01
6	4.298D-11	2.249D-09	3.915D-05	6.506D-03	1.444D-01	4.030D-01	1.973D-04
				v'' （$A^2\Pi_u$-$X^2\Sigma_g^+$）			
0	7.121D-01	2.525D-01	3.341D-02	1.921D-03	3.723D-05	1.274D-09	3.152D-08
1	2.303D-01	3.129D-01	3.673D-01	8.287D-02	6.469D-03	1.362D-04	1.546D-07
2	4.795D-02	2.981D-01	1.070D-01	3.965D-01	1.368D-01	1.343D-02	2.752D-04
3	8.172D-03	1.049D-01	2.783D-01	2.002D-02	3.779D-01	1.882D-01	2.195D-02
4	1.251D-04	2.536D-02	1.502D-01	2.204D-01	5.598D-06	3.377D-01	2.339D-01
5	1.801D-04	5.053D-03	4.851D-02	1.757D-01	1.544D-01	1.204D-02	2.926D-01
6	2.503D-05	9.001D-04	1.210D-02	7.316D-02	1.812D-01	9.647D-02	3.453D-03

表 4.9　（b）$B^2\Sigma_u^+$ 态和 $A^2\Pi_u$ 态分别跃迁到 $X^2\Sigma_g^+$ 态的爱因斯坦系数　　（s^{-1}）

v'	0	1	2	3	4	5	6
				v'' （$B^2\Sigma_u^+$-$X^2\Sigma_g^+$）			
0	1.038D+7	2.828D+6	4.703D+5	6.116D+4	6.799D+3	6.707D+2	5.933D+1
1	4.292D+6	3.741D+6	1.063D+6	1.982D+5	2.907D+4	3.609D+3	3.913D+2
2	6.135D+5	6.237D+6	1.541D+6	3.561D+6	1.568D+6	3.951D+5	7.344D+4

续表

v'	\multicolumn{7}{c}{v'' $(B^2\Sigma_u^+-X^2\Sigma_g^+)$}
	0	1	2	3	4	5	6
3	3.341D+4	1.504D+6	6.702D+6	2.659D+5	2.867D+6	1.886D+6	6.191D+5
4	3.822D+2	1.084D+5	2.445D+6	6.326D+6	3.005D+3	2.036D+6	1.994D+6
5	6.587D+0	1.122D+3	2.151D+5	3.297D+6	5.559D+6	2.371D+5	1.284D+6
6	1.550D+0	7.187D+1	1.576D+3	3.317D+5	3.991D+6	4.694D+6	6.370D+5

v'	\multicolumn{7}{c}{v'' $(A^2\Pi_u-X^2\Sigma_g^+)$}
0	3.622D+4	1.362D+3	5.240D-1				
1	2.396D+4	1.949D+4	1.965D+3	1.411D+0			
2	8.398D+3	3.284D+4	9.511D+3	2.102D+3	1.498D+0		
3	2.225D+3	1.869D+4	3.304D+4	3.970D+3	1.974D+3	1.201D+0	
4	5.123D+2	6.880D+3	2.743D+4	2.880D+0	1.231D+3	1.714D+3	7.493D-1
5	1.098D+2	2.031D+3	1.319D+4	3.314D+4	2.283D+4	1.654D+2	1.408D+3
6	2.279D+1	5.321D+2	4.803D+3	2.008D+4	3.555D+4	1.673D+4	1.988D+1

表 4.10 $A^2\Pi_u$ 态和 $B^2\Sigma_u^+$ 态的辐射寿命和振子强度

v'	\multicolumn{3}{c}{$A^2\Pi_u$}	\multicolumn{5}{c}{$B^2\Sigma_u^+$}
	我们计算①	我们计算②	计算值[10]	我们计算①	我们计算②	计算值[10]	实验值[9]	实验值[22]
\multicolumn{9}{c}{辐射寿命}
0	53.20 μs	26.61 μs	49.9 μs	72.70 ns	72.72 ns	76.5 ns	77±8 ns	270±130 ns
1	44.02	22.02	40.6	71.92	71.93	75.8	73±7	
2	37.83	18.92	34.6	71.40	71.42	75.3		
3	33.38	16.69	30.5	71.16	71.18	75.1		
4	30.04	15.02	27.4	71.22	71.24	75.3		
5	27.44	13.72	25.0	71.62	71.64	76.0		
6	25.72	12.86	23.2	72.41	72.43	77.3		
\multicolumn{9}{c}{振子强度 ($f_{00}\times10^{-2}$)}
	0.173	0.347	0.340	4.270	4.271	4.36	4.4±0.4	1.7±0.8

① 用式（4-5）计算；

② 用式（4-6）计算。

4.3 CF⁻的理论计算

4.3.1 CF⁻的研究背景

双原子氟碳化合物 CF 及其离子在天体物理学[23~25]、环境科学[26]、半导体工业[27~29]等领域发挥着非常重要的作用。其中，氟碳负离子（CF$^-$）一直以来都是气相反应研究的一大热门体系，在碰撞电离反应、里德堡态电子转移及电子捕获等方面扮演着重要的角色[30]，因而受到研究人员的广泛关注。

1970 年，Thynne 和 Macneil 采用电子轰击 C_2F_4 的方法得到了 CF$^-$[31]。1971 年，O'Hare 和 Wanl 首次使用 Roothaan 展开法在不同核间距范围内计算了 CF$^-$离子基态（$^3\Sigma^-$）的 Hartree-Fock（HF）自洽场波函数（SCF），并通过 Dunham 方法对其势能曲线拟合得到了 $^3\Sigma^-$态的光谱常数[32]。1991 年，Gutsev 基于密度泛函理论（DFT）对 CX（X=H,F,Cl,Br,I）及其正负离子的分子结构进行了研究[33]；次年，他们采用基于 DFT 的绝热局域密度近似和扩充的非局域交换修正计算了 CF$^-$→C+F$^-$解离极限的解离能 D_e[34]。1993 年，Rodriquez 和 Hopkinson 在 SCF/6-31++C(d,p) 级别上研究了 CX$^-$（X=H,F,Cl）的电子结构，并得到了 $^3\Sigma^-$态的平衡核间距 R_e 和谐振频率 ω_e[35]。1994 年，Xie 和 Henry 采用包含微扰三重激发修正的单、双激发耦合簇理论[CCSD（T）]对 CF 及 CF$^-$进行了研究，给出了它们的电子亲和能及 R_e[36]。1999 年，Ricca 基于 DFT 在 B3LYP/6-311+G（2df）理论水平上对 CF_n（n=1～4），CF_n^+（n=1～4）和 CF_n^-（n=1～3）进行研究，在 CCSD（T）下获得它们的 D_e[37]。相对于中性 CF 及 CF$^+$正离子的大量的理论实验研究[23]，前人对 CF$^-$负离子的研究较少。由于缺乏足够可靠的理论数据，相关的实验进行也受到了限制。而且，此前的理论研究计算采用的基函数都比较小，大都采用单参考组态方法，相关能的计算精度和解析势能函数拟合精度不足。另外，之前的理论研究仅仅涉及了 CF$^-$的基态 $X^3\Sigma^-$，对 $a^1\Delta$、$b^1\Sigma^+$、$A^3\Pi$ 和 $c^1\Pi$ 等激发态则未提及。然而，分子离子体系电子态之间的微扰相互作用在化学反应动力学中是不可忽略的[38,39]。此外，CF$^-$激发态与基态之间跃迁的 Franck-Condon（F-C）因子，以及其激发态的辐射寿命 τ 等均没有过报道。

4.3.2 CF$^-$的从头计算过程

在我们工作中[40]，利用高精度的内收缩多参考组态相互作用方法（icMRCI）[41] 计算了 CF$^-$ $X^3\Sigma^-$、$a^1\Delta$、$b^1\Sigma^+$、$A^3\Pi$ 和 $c^1\Pi$ 的 5 个 Λ-S 态的势能曲线，获得了对应电子态的振动和转动常数。讨论了 5 个 Λ-S 态的电偶极矩（Electric Dipole Moments，EDMs）与电子组态的关系。此外，计算了 $A^3\Pi$–$X^3\Sigma^-$的 F-C 因子、跃迁偶极矩（Transition Dipole Moments，TDMs）、辐射寿命 τ、振子强度 f_{00}，并研究了 $A^3\Pi$ 高振动态的预解离效应。

根据 Winger-Witmer 规则，通过联合分离原子法可以得到 CF$^-$离子的第一解离极限 C(^3P_g)+F$^-$(^1S_g)有 2 个三重态 $X^3\Sigma^-$、$A^3\Pi$；第二解离极限 C(^1D_u)+F$^-$(^1S_g)有 3 个单重态 $a^1\Delta$、$b^1\Sigma^+$和 $c^1\Pi$。我们利用 MOLPRO 2012 量化计算软件包[42]在 1.0～

7.0Å 的核间距范围内研究了这 5 个 Λ-S 态的光谱性质。

CF⁻是异核双原子离子，属于 $C_{\infty v}$ 点群。由于 MOLPRO 软件包自身的限制，计算只能在 $C_{\infty v}$ 的子群 C_{2v} 下进行。C_{2v} 点群包含 4 个不可约表示 A₁、B₁、B₂ 和 A₂。从 $C_{\infty v}$ 到 C_{2v} 点群的对应关系为 $\Sigma^+ \to A_1$、$\Pi \to B_1 + B_2$、$\Delta \to A_1 + A_2$、$\Sigma^- \to A_2$。计算过程中，首先采用 HF 方法计算了 CF⁻基态 $X^3\Sigma^-$ 的波函数作为初始波函数，然后利用完全活性空间自洽场方法（CASSCF）对价电子波函数作态平均来进行优化。在 CASSCF 及随后的 MRCI 计算中，将 9 个分子轨道（3σ-7σ 和 1π-2π）放入活性空间，包括 5 个 a1、2 个 b1、2 个 b2。C 原子的 2s2p 电子和 F⁻离子的 2s2p 电子处于这个活性空间中。最后，以 CASSCF 优化的波函数作为 MRCI 的参考波函，采用 MRCI 方法在 AV5Z 水平上计算了 5 个 Λ-S 态的势能曲线。为了提高势能曲线的计算精度，考虑了 Douglas-Kroll 哈密顿近似的相对论修正，最终选用了 aug-cc-pV5Z-dk 相关一致化基组[23]。同时，为了考虑高激发项的贡献，Davidson 修正也加入到计算中。另外，还计算了 5 个 Λ-S 态的 EDMs 及 $A^3\Pi$–$X^3\Sigma^-$ 态的 TDMs。基于上面的计算，用最小二乘法拟合得到了 R_e、ω_e、$\omega_e\chi_e$、B_e、α_e 等光谱常数。最后，通过 LEVEL 8.0 程序[43]求解核运动的径向薛定谔方程得到 5 个态的振-转能级、$A^3\Pi$–$X^3\Sigma^-$ 跃迁的 F-C 因子、振子强度 f_{00} 及 $A^3\Pi$ 态低振动能级的辐射寿命 τ。

通常情况下用爱因斯坦系数 $A_{v'v''}$ 来表征辐射跃迁概率，当 F-C 近似有效且不考虑空间简并时，它可以由下式给出[7]：

$$A_{v'v''} = \frac{\left|\overline{TDM_{v'v''}}\right|^2 \sum_{v''} q_{v'v''} \left(\Delta E_{v'v''}\right)^3}{4.936 \times 10^5} \quad (4\text{-}10)$$

式中，v' 和 v'' 分别代表上态和下态的振动能级，$\Delta E_{v'v''}$ 是指以 cm⁻¹ 为单位的上下态振动能级的能量差，$TDM_{v'v''}$ 是原子单位下的跃迁偶极矩，$q_{v'v''}$ 是指 F-C 因子。如果考虑态的简并，那么 $A_{v'v''}$ 可表示为[8]

$$A_{v'v''} = \left(2.1419 \times 10^{10}\right) g \left|R_{v'v''}\right|^2 \left(\Delta E_{v'v''}\right)^3 \quad (4\text{-}11)$$

式中，g 是简并因子，$R_{v'v''}$ 是平均跃迁偶极矩。激发态振动能级 v' 的辐射寿命 τ 可以表示为

$$\tau_{v'} = \left(\sum_{v''} A_{v'v''}\right)^{-1} \quad (4\text{-}12)$$

在电子光谱学里，振子强度 $f_{v'v''}$ 通常用来表示分子两个振动能级间的辐射跃迁概率[8,44]。它可以由下式给出：

$$f_{v'v''} = \frac{2}{3} \left|R_{v'v''}\right|^2 \left(\Delta E_{v'v''}\right) \quad (4\text{-}13)$$

势垒或双势阱结构在双原子分子中较为常见。当分子处于第一势阱的能级能

量 E_0 大于第二势阱平衡核间距处能量并小于其解离极限处能量时，有一定概率的分子将穿透势垒进入第二势阱中。当 E_0 高于该电子态的解离极限时，有一定概率的分子在隧穿势垒后将解离成两个原子，导致能级寿命变短[44]。隧穿概率 $\gamma=1/\tau_\mathrm{d}$，用来表征分子经历平均解离寿命 τ_d 后将以 γ 的概率发生无辐射分解，即预解离。τ_d 由以下公式给出：

$$\tau_\mathrm{d} = \frac{1}{2}\tau_0 \exp\left[(4\pi/h)\int \sqrt{2m(U-E)}\,\mathrm{d}r\right] \qquad (4\text{-}14)$$

式中，τ_0 是分子所处能级的振动周期，m 是分子的质量，h 是普朗克常数，r 为核间距，$\int \sqrt{2m(U-E)}\,\mathrm{d}r$ 表述的是势能曲线 U 中势垒被能级 E 所割分出的面积。根据海森堡测不准关系，τ_d 与能级宽度 Γ（单位 cm^{-1}）的关系为：

$$\tau_\mathrm{d} = \frac{1}{2\pi c \Gamma} \qquad (4\text{-}15)$$

式中，c 是光速。

4.3.3　CF⁻ 的计算结果与分析

CF⁻ 的第一解离极限 $C(^3P_g)+F^-(^1S_g)$ 包含 2 个三重态 $X^3\Sigma^-$、$A^3\Pi$；第二解离极限 $C(^1D_u)+F^-(^1S_g)$ 包含 3 个单重态 $a^1\Delta$、$b^1\Sigma^+$ 和 $c^1\Pi$。势能曲线的计算结果如图 4.5 所示[40]。图 4.5 中以基态 $X^3\Sigma^-$ 平衡核间距处作为势能零点，图 4.5 的右下角插图为 $A^3\Pi$ 和 $c^1\Pi$ 态平衡核间距处的放大图。

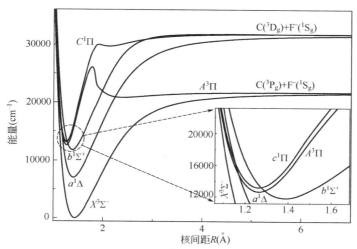

图 4.5　CF⁻ 离子的 5 个 Λ-S 态的势能曲线

将 CF⁻的 5 个电子态在 R_e 处的主要分子轨道（Molecular Orbital，MO）组态列于表 4.11。CF⁻ 基态 $X^3\Sigma^-$ 在 R_e 附近的 MO 组态是 $(1\sigma)^{\alpha\beta}(2\sigma)^{\alpha\beta}(3\sigma)^{\alpha\beta}(4\sigma)^{\alpha\beta}$ $(1\pi)^{\alpha\beta\alpha\beta}(5\sigma)^{\alpha\beta}(2\pi)^{\alpha0\alpha0}$，所占比重为 89.59%。对于第一激发态 $a^1\Delta$ 和第二激发态 $b^1\Sigma^+$，在 R_e 附近的主要 MO 组态均为 $(1\sigma)^{\alpha\beta}(2\sigma)^{\alpha\beta}(3\sigma)^{\alpha\beta}(4\sigma)^{\alpha\beta}$ $(1\pi)^{\alpha\beta\alpha\beta}(5\sigma)^{\alpha\beta}(2\pi)^{00\alpha0}$（44.75%）和 $(1\sigma)^{\alpha\beta}(2\sigma)^{\alpha\beta}(3\sigma)^{\alpha\beta}(4\sigma)^{\alpha\beta}(1\pi)^{\alpha\beta\alpha\beta}(5\sigma)^{\alpha\beta}(2\pi)^{\alpha\beta00}$（44.75%），呈现出明显的多组态特性。$A^3\Pi$ 态是由一个 2π 轨道电子激发到 6σ 轨道产生的，可以看到它有一个高于解离极限的势垒，它的两个势阱被一个大的势垒隔开。$c^1\Pi$ 态同样是由一个 2π 轨道电子激发到 6σ 轨道产生，与 $A^3\Pi$ 的差别是 6σ 轨道上电子的自旋方向相反。因此，$A^3\Pi$ 态第一势阱与 $c^1\Pi$ 态第一势阱的 R_e 非常接近，在 R_e 附近的能量也非常接近，这从图 4.5 右下角插图中可以看出。$c^1\Pi$ 态也存在双势阱结构，这可能是由于一个近简并的较高的 $^1\Pi$ 激发态存在且与之有强烈的相互作用而形成的。由于 $c^1\Pi$ 态第二势阱较浅，没有束缚振动能级，因此，我们没有给出其光谱常数。

表 4.11　CF⁻ 5 个 Λ-S 在 R_e 附近的主要电子组态

Λ-S 态	在 R_e 附近的主要电子组态	%
$X^3\Sigma^-$	$(1\sigma)^{\alpha\beta}(2\sigma)^{\alpha\beta}(3\sigma)^{\alpha\beta}(4\sigma)^{\alpha\beta}(1\pi)^{\alpha\beta\alpha\beta}(5\sigma)^{\alpha\beta}(2\pi)^{\alpha0\alpha0}$	89.59
$a^1\Delta$	$(1\sigma)^{\alpha\beta}(2\sigma)^{\alpha\beta}(3\sigma)^{\alpha\beta}(4\sigma)^{\alpha\beta}(1\pi)^{\alpha\beta\alpha\beta}(5\sigma)^{\alpha\beta}(2\pi)^{00\alpha\beta}$	44.75
	$(1\sigma)^{\alpha\beta}(2\sigma)^{\alpha\beta}(3\sigma)^{\alpha\beta}(4\sigma)^{\alpha\beta}(1\pi)^{\alpha\beta\alpha\beta}(5\sigma)^{\alpha\beta}(2\pi)^{\alpha\beta00}$	44.75
$b^1\Sigma^+$	$(1\sigma)^{\alpha\beta}(2\sigma)^{\alpha\beta}(3\sigma)^{\alpha\beta}(4\sigma)^{\alpha\beta}(1\pi)^{\alpha\beta\alpha\beta}(5\sigma)^{\alpha\beta}(2\pi)^{00\alpha\beta}$	43.12
	$(1\sigma)^{\alpha\beta}(2\sigma)^{\alpha\beta}(3\sigma)^{\alpha\beta}(4\sigma)^{\alpha\beta}(1\pi)^{\alpha\beta\alpha\beta}(5\sigma)^{\alpha\beta}(2\pi)^{\alpha\beta00}$	43.12
$A^3\Pi$ 第一势阱	$(1\sigma)^{\alpha\beta}(2\sigma)^{\alpha\beta}(3\sigma)^{\alpha\beta}(4\sigma)^{\alpha\beta}(1\pi)^{\alpha\beta\alpha\beta}(5\sigma)^{\alpha\beta}(6\sigma)^{\alpha0}(2\pi)^{\alpha000}$	89.14
$A^3\Pi$ 第二势阱	$(1\sigma)^{\alpha\beta}(2\sigma)^{\alpha\beta}(3\sigma)^{\alpha\beta}(4\sigma)^{\alpha\beta}(1\pi)^{\alpha\beta\alpha\beta}(5\sigma)^{\alpha\beta}(6\sigma)^{\alpha0}(2\pi)^{\alpha000}$	89.74
$c^1\Pi$ 第一势阱	$(1\sigma)^{\alpha\beta}(2\sigma)^{\alpha\beta}(3\sigma)^{\alpha\beta}(4\sigma)^{\alpha\beta}(1\pi)^{\alpha\beta\alpha\beta}(5\sigma)^{\alpha\beta}(6\sigma)^{\alpha0}(2\pi)^{0\beta00}$	88.89

据我们所知，目前还没有 CF⁻ 光谱实验数据的报道，理论计算也仅限其基态 $X^3\Sigma^-$。为了便于比较，在表 4.12 中列出了我们和前人的 $X^3\Sigma^-$ 态光谱常数[40]。我们获得 $X^3\Sigma^-$ 态的 D_e 为 2.7eV，与 Ricca 等人给出的 2.67eV 较为吻合[37]。我们得到的 $X^3\Sigma^-$ 态平衡核间距 R_e 为 1.431Å，这与 Xie 等人和 Ricca 等人计算获得的 1.434Å 的结果比较接近[36,37]，比先前的计算值都要小[32,33]。我们得到 $X^3\Sigma^-$ 态的 ω_e、$\omega_e\chi_e$、B_e、α_e 光谱常数与 Hare 等人报道的结果偏差在 10% 以内[32]。此外，我们计算的 $X^3\Sigma^-$ 在 R_e 处总能量为 -137.669857a.u.，这比此前已有报道 -137.21199a.u. 和 -137.58766a.u. 的计算结果都要低[32,35]，这是由于我们选取了更大的基函数和采用多参考组态方法，能有效地计算相关能[45,46]，确保计算结果更加可靠。另外，我们把计算获得的 $a^1\Delta$、$b^1\Sigma^+$、$A^3\Pi$ 第一势阱、$A^3\Pi$ 第二势阱、$c^1\Pi$ 第一势阱的光谱常数（T_e、R_e、ω_e、$\omega_e\chi_e$、B_e、α_e、D_e）也列于表 4.12。其中，$A^3\Pi$ 态有两个势阱，均有 12 个振

动能级。$c^1\Pi$ 也有两个势阱，第一势阱有 13 个振动能级，第二势阱较浅，没有束缚振动能级。

表 4.12 CF⁻ 5 个 Λ-S 的光谱常数

参数	T_e（cm⁻¹）	R_e（Å）	ω_e（cm⁻¹）	$\omega_e\chi_e$（cm⁻¹）	B_e（cm⁻¹）	α_e（cm⁻¹）	D_e（eV）
$X^3\Sigma^-$	0	1.431	804.5301	10.61413	1.11825	0.02451	2.7
Cal.[36]	0	1.434					
Cal.[32]	0	1.464	750	11.48	1.06	0.022	
Cal.[34]	0	1.454					3.12
Cal.[35]	0	1.472	761				
Cal.[37]	0	1.434					2.69
$a^1\Delta$	7050.18	1.397	875.00399	11.15547	1.17378	0.04388	3.74
$b^1\Sigma^+$	11811.91	1.384	942.39631	29.30346	1.19444	0.01407	2.48
$A^3\Pi$ 第一势阱	12636.03	1.268	1344.06012	8.49147	1.42438	0.00037	1.13
$A^3\Pi$ 第二势阱	20841.09	2.392	156.96956	8.70015	0.40024	0.02241	0.11
$c^1\Pi$ 第一势阱	13173.31	1.266	1340.80775	1.46847	1.42919	0.00657	1.62

我们计算了 CF⁻ 离子 $X^3\Sigma^-$、$a^1\Delta$、$b^1\Sigma^+$、$A^3\Pi$ 和 $c^1\Pi$ 态的 EDMs，并在图 4.6 中给出了这 5 个态的 EDMs 随核间距变化的曲线。图 4.6 右上角插图为 5 条曲线交汇处的放大图。

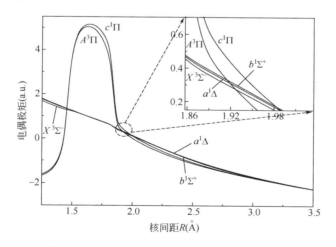

图 4.6　CF⁻ 离子的 5 个 Λ-S 态的电偶极矩曲线

从图 4.6 中可以得到，CF⁻ 离子 $X^3\Sigma^-$ 在 R_e 处的电偶极矩为 1.30 a.u.。EDMs 的变化能较好地反映出电子态电子结构的改变[47]。基态 $X^3\Sigma^-$、第一激发态 $a^1\Delta$ 和第

二激发态 $b^1\Sigma^+$ 这 3 个态的最外层分子轨道上均为 2 个 2π 电子，但 2π 轨道上的占据方式有所差异，故这 3 个态的 EDMs 曲线变化趋势基本相同。而对于 $a^1\Delta$ 和 $b^1\Sigma^+$ 这两个主要 MO 组态完全相同的电子态，它们的 EDMs 曲线几乎重合。另外，$A^3\Pi$ 和 $c^1\Pi$ 态的 EDMs 曲线也有着相同的变化趋势，均在 $R=1.64\text{Å}$ 附近存在一个峰值。这两个态的主要 MO 组态也基本相同，差别仅在 2π 电子的自旋方向相反，且这两个电子态均为双势阱结构，势能曲线走势也大致相同。这表明具有相同电子组态的电子态的 EDMs 变化规律相同。随着核间距的增大，这 5 个电子态的 EDMs 绝对值也一直增加，这也验证了 CF⁻ 离子的第一、第二解离极限的解离产物是非中性的，即 C 原子与 F⁻ 离子。

基于 aug-cc-pV5Z-dk 基组，我们采用 MRCI 计算了 $A^3\Pi$–$X^3\Sigma^-$ 跃迁的 TDMs，其随核间距变化的曲线在图 4.7 中给出。$A^3\Pi(v')$–$X^3\Sigma^-(v'')$ 跃迁的 F-C 因子及 $A^3\Pi$ 态 5 个最低振动能级的辐射寿命 τ 通过 LEVEL 8.0 程序求解核运动的径向薛定谔方程得到，并分别在表 4.13 和表 4.14 中列出。

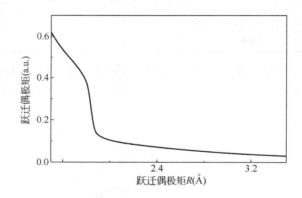

图 4.7　$A^3\Pi$–$X^3\Sigma^-$ 跃迁的跃迁偶极矩曲线

表 4.13　$A^3\Pi(v')$–$X^3\Sigma^-(v'')$ 跃迁的 F-C 因子

参数	$v'=0$	$v'=1$	$v'=2$	$v'=3$	$v'=4$
$v''=0$	3.58747D-02	1.34179D-01	2.34284D-01	2.53892D-01	1.90909D-01
$v''=1$	9.42197D-02	1.78842D-01	9.65407D-02	1.20096D-03	6.58001D-02
$v''=2$	1.45647D-01	1.13068D-01	2.67349D-04	7.92282D-02	1.02255D-01
$v''=3$	1.64684D-01	2.96992D-02	4.37626D-02	8.62496D-02	1.05117D-03
$v''=4$	1.55694D-01	1.51772D-06	8.78790D-02	1.46279D-02	4.52749D-02

表 4.14　$A^3\Pi$ 态 5 个最低的振动能级的辐射寿命 τ

$A^3\Pi$ 态振动能级	$v=0$	$v=1$	$v=2$	$v=3$	$v=4$
辐射寿命 τ（μs）	1.6	1.22	0.91	0.72	0.61

对于 $A^3\Pi$ 态，在核间距 1.78 Å 附近分割为两个势阱。其中，$A^3\Pi^{第一势阱}$平衡核间距 R_e 为 1.26 Å，存在 12 个振动能级。$A^3\Pi^{第二势阱}$ R_e 为 1.82Å，也有 12 个振动能级。而基态 $X^3\Sigma^-$ 的 R_e 为 1.43Å，与 $A^3\Pi^{第一势阱}$相差较大，故只有当 $A^3\Pi$ 态振动能级较高时，其对应于 $X^3\Sigma^-(v''=0)$ 的 F-C 因子才会较大。从表 4.13 中可以看出，$A^3\Pi(v')$–$X^3\Sigma^-(v'')$跃迁 F-C 因子对角线值并不大，而 F-C 因子最大的几个值分别为 $q_{20}(0.234)$、$q_{30}(0.254)$ 和 $q_{40}(0.191)$，正好印证了这一点。$X^3\Sigma^-$ 态与 $A^3\Pi^{第二势阱}$的 R_e 相差更大，它们的低振动态波函数未有重叠，因而它们之间的 F-C 因子为 0。由图 4.7 也可以看出，在 1.43Å 到 1.78Å 也就是 $X^3\Sigma^-$ 态 R_e 到 $A^3\Pi$ 态势垒这个范围内，$A^3\Pi$–$X^3\Sigma^-$ 的 TDM 值还比较高，但随 R 的减小大幅度减小；当 R 大于 1.78Å 时，$A^3\Pi$–$X^3\Sigma^-$ 的 TDM 值趋近于 0，也说明了 $X^3\Sigma^-$ 态与 $A^3\Pi^{第二势阱}$几乎无跃迁。根据 $A^3\Pi(v'=0)$–$X^3\Sigma^-(v''=0)$ 的 TDM 值，计算了 $A^3\Pi$–$X^3\Sigma^-$ 的振子强度 f_{00} 为 0.00346。另外，还得到了 $A^3\Pi$ 最低的 5 个振动能级的辐射寿命 τ，发现它们的辐射寿命均较长，达到微秒量级。

$A^3\Pi$ 态第一势阱和第二势阱各自平衡位置处的主要 MO 电子组分均为$(5\sigma)^{\alpha\beta}$ $(6\sigma)^{\alpha0}(2\pi)^{\alpha000}$。其双势阱结构是由一个较高的 $^3\Pi$ 激发态通过非绝热耦合产生非绝热效应与之避免交叉而形成[45,46]。图 4.8 展示了 $A^3\Pi$ 态 $v=0$、$v=6$、$v=19$ 及 $v=23$ 振动能级和它们的波函数，右下角插图为 $A^3\Pi$ 态第二势阱的能级放大图。从图 4.8 中可以看出，$A^3\Pi$ 态的第一势阱和第二势阱各有 12 个振动能级，且第二势阱的 12 个振动能级均位于第一势阱的第 7 能级（$v=6$）和第 8 能级（$v=19$）两个振动能级之间。由于两个势阱之间并无能级交叉，第一势阱的振动波函数无法越过势垒穿越到第二势阱中[48]。另外，$A^3\Pi$ 态的势垒位置要明显高于其解离极限，以至于 $v=19$ 以上的振动能级均比解离极限要高，因而处于这些高振动能级的 CF⁻将可以产生预解离。当分子处于 $A^3\Pi$ 第一势阱较高的振动能级（$v\geqslant19$）时，由于第一势阱的束缚，此时分子无法直接发生解离。但由于第一势阱的振动束缚态与外部势阱的振动连续态重叠，分子有一定概率穿过势垒，无辐射跃迁到外部势阱对应的电子态离解区域，产生预解离[48]。解离通道为 $A^3\Pi^{第一势阱}$-$A^3\Pi^{第二势阱}$，解离产物为 C(^3P_g)和 F⁻(^1S_g)两个碎片原子。图中也可以看出 $A^3\Pi$ 态高振动能级的波函数（如 $\Psi_{v=23}$）的振动频率比低振动能级的波函数（如 $\Psi_{v=19}$）高得多，相应的振动周期更小，并且高振动能级与势垒割分出的面积也越小，因此根据公式（4-14）可知其对应的 τ_d 将逐渐变小，其相应的解离率 γ 将变大。通过 LEVEL 8.0 程序计算出了 $A^3\Pi$ 态 $v=19$ 到 $v=23$ 振动能级的能级宽度 Γ，代入公式（4-15）中得到了这

5 个能级的 τ_d，列于表 4.15 中。从表 4.15 中可以看出，随着振动能级的增加，该振动能级的解离寿命急剧减小，到 $v=23$ 时 τ_d 已经小于皮秒量级，表明其解离率极高。

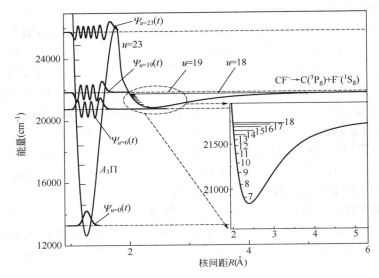

图 4.8　$A^3\Pi$ 态振动能级与波函数

表 4.15　$A^3\Pi$ 态 5 个预解离能级的解离寿命 τ_d

预解离能级	$v=19$	$v=20$	$v=21$	$v=22$	$v=23$
解离寿命 τ_d（s）	1.52×10^{-4}	4.83×10^{-8}	5.47×10^{-10}	1.06×10^{-11}	3.67×10^{-13}

4.4　BD⁺的激光冷却理论研究

4.4.1　BD⁺的激光冷却研究背景与意义

过去 30 年中激光冷却技术在原子领域中得到了飞速发展[49~51]，由于分子复杂的内部能级结构使得这项技术在分子中一直未能得到发展。然而，分子具有更高的运动自由度和内部相互作用，异核分子还具有永久电偶极矩，所以，激光冷却在分子领域中有着更广泛的应用，尤其是在量子计算[52]、超精细测量[53]、量子模拟[54]和化学反应动力学[55]等方面。2009 年美国耶鲁大学的 DeMille D。等人利用激光冷却技术首次实现 SrF 分子冷却后[56, 57]，此技术已成为国内外原子分子物理学界的研究热点之一。

到目前为止，实验上实现直接激光冷却的分子有 YO[58, 59]、KRb[60] 和 CaF[61]；实现光缔合冷却的分子有 RbCs 等碱金属分子[62]；另外，许多小组理论上研究了 RaF、AlH、AlF、BeF、MgF、BBr、BCl、LiBe、LiRb 和氢化物等分子的激光冷却。在分子离子激光冷却方面，2011 年 Nguyen 等人利用 MRCISD 和 FCI（3e$^-$）方法计算 BH$^+$ 和 AlH$^+$ 的势能曲面，提出了激光冷却方案并研究了粒子在冷却中的动力学过程[63]。但 Nguyen 的方案中没有考虑自旋轨道耦合常数和 $X^2\Sigma^+$ 态中振动能级 $v''=1-v''=0$ 之间的跃迁。BD$^+$ 作为 BH$^+$ 的同位素分子离子，目前还没有理论计算和实验方面的相关报告。而在激光冷却中 ^{15}BD$^+$ 和 ^{15}BH$^+$ 分别属于费米和玻色体系，此外，冷却后的 BD$^+$ 同位素分子可实现超精细分裂的测量，为研究原子核的电荷分布和低能情景下研究原子核的磁矩分布提供了合适的对象。

在本书中[64]，利用高精度的内收缩多参考组态相互作用方法（icMRCI）计算了 BD$^+$ 离子 $X^2\Sigma^+$、$A^2\Pi$、$B^2\Sigma^+$、$a^4\Pi$ 和 $b^4\Sigma^+$ 的 5 个 Λ-S 态的势能曲线，获得了对应电子态的振动和转动常数。此外，还计算了 $A^2\Pi$-$X^2\Sigma^+$ 的跃迁偶极矩（TDMs）、Franck-Condon（F-C）因子、自发辐射寿命 τ 和 $A^2\Pi$ 态的自旋轨道耦合，并根据 $A^2\Pi$ 和 $X^2\Sigma^+$ 态之间的跃迁特性，制订了详细的光学冷却方案；设计了激光冷却所需要的循环能级系统 $A^2\Pi_{1/2}(v'=0)$-$X^2\Sigma^+(v''=0,1)$，模拟了冷却过程中粒子数的变化和光子的散射情况。

4.4.2　BD$^+$ 的从头计算过程

我们利用 MOLPRO 2012 量化计算软件包[65]在 C_{2v} 点群下 0.6～8.0Å 的核间距范围内研究了 $X^2\Sigma^+$、$A^2\Pi$、$B^2\Sigma^+$、$a^4\Pi$ 和 $b^4\Sigma^+$ 这 5 个 Λ-S 态的光谱性质。计算过程中，首先采用 Hartree-Fock 方法计算了 BD$^+$ 离子基态 $X^2\Sigma^+$ 的波函数作为初始波函数，然后利用完全活性空间自洽场方法（CASSCF）对价电子波函数作态平均来进行优化。随后的 MRCI 计算中，将 6 个分子轨道放入活性空间，包括 4 个 a1、1 个 b1、1 个 b2。为了提高势能函数的计算精度，考虑了核-价相关修正和 Douglas-Kroll 哈密顿近似的相对论修正，最终选用了 aug-cc-pV5Z-dk 相关一致化基组。此外，计算了 $A^2\Pi$-$X^2\Sigma^+$ 的 TDMs，基于势能函数的计算，用最小二乘法拟合得到了 R_e、ω_e、$\omega_e\chi_e$、B_e、α_e 等光谱常数；通过 LEVEL 8.0[43]程序求解核运动的径向薛定谔方程得到了 5 个态的振-转能级、$A^2\Pi$-$X^2\Sigma^+$ 跃迁的 F-C 因子和 $A^2\Pi$ 态低振动能级的辐射寿命 τ。

爱因斯坦系数 $A_{v'v''}$ 一般用来表征辐射跃迁概率，当 Franck-Condon 近似有效且不考虑空间简并时，它可以由下面的公式给出[7]：

$$A_{v'v''} = \frac{\left|\overline{M_{v'v''}}\right|^2 \sum_{v''} q_{v'v''}(\Delta E_{v'v''})^3}{4.936 \times 10^5}$$ (4-16)

式中，v' 和 v'' 分别代表上态和下态的振动能级，$\Delta E_{v'v''}$ 是指上下态振动能级的能量差，单位是 cm^{-1}，$M_{v'v''}$ 是原子单位下的跃迁偶极矩，$q_{v'v''}$ 是指 F-C 因子。此外，系数 B 是由系数 A 计算得出：

$$B_{v'v''} = \frac{\pi^2 c^3}{\hbar \omega_{v'v''}^3} A_{v'v''}$$ (4-17)

式中，$\hbar$ 是普朗克常数，c 是光速，$\omega_{v'v''}$ 是跃迁频率，其中受激吸收系数 $B_{v'v''}$ 与受激辐射系数 $B_{v'v''}$ 相等。通过爱因斯坦系数和跃迁频率得出的速率方程中粒子数的变化可以很好地描述 BD$^+$ 粒子布居数[66]。关于所选态 i 的粒子数 P_i 由下式给出：

$$\frac{\mathrm{d}P_i}{\mathrm{d}t} = -\sum_{j=1}^{j=i-1} A_{ij}P_i - \sum_{j=1}^{j=i-1} B_{ij}\rho(\omega_{ij})P_i - \sum_{j=i+1}^{j=N} B_{ij}\rho(\omega_{ij})P_i +$$

$$\sum_{j=i+1}^{j=N} A_{ji}P_j + \sum_{j=1}^{j=i-1} B_{ji}\rho(\omega_{ji})P_j + \sum_{j=i+1}^{j=N} B_{ji}\rho(\omega_{ji})P_j$$ (4-18)

式中，P 代表在此模型中由 $N \times N$ 个振-转能级组成的粒子数矩阵向量，A_{ij}、B_{ij} 和 B_{ji} 分别对应爱因斯坦系数中的自发辐射、受激辐射和受激吸收过程，$\rho(\omega_{ij})$ 是频率为 ω_{ij} 的饱和光强谱能量密度。

4.4.3　BD$^+$的激光冷却研究过程模拟与结果

BD$^+$离子的第一解离极限 B$^+$(^{1}S$_g$)+D(^{2}S$_g$)包含 1 个二重态 $X^2\Sigma^+$，第二解离极限 B$^+$(^{3}P$_u$)+D(^{2}S$_g$)包含两个二重态（$A^2\Pi$、$B^2\Sigma^+$）和两个四重态（$a^4\Pi$、$b^4\Sigma^+$）。势能曲线的计算结果如图 4.9 所示。从图 4.9 中可以看到基态 $X^2\Sigma^+$ 的平衡核间距 R_e 在 1.2Å 附近，其主要的电子组态是$(1\sigma)^2(2\sigma)^2(3\sigma)^1$，所占比重为 94.1%。$A^2\Pi$态在 R_e 处的主要组分是$(1\sigma)^2(2\sigma)^2(1\pi)^1$，所占比重为 92.93%，它是由一个 3σ 轨道电子激发到 1π 轨道产生的。

对于光谱常数，目前还没有 BD$^+$离子相关的理论计算和实验信息，但由于 BD$^+$ 和 BH$^+$ 是同位素分子离子，具有相同的核外电子排布，所以，它们的势能函数相同。将基于图 4.9 拟合出的 BH$^+$的光谱常数在表 4.16 中列出，并给出 Ramsay D A 等人[67]在 1982 年报道的 BH$^+$的实验数据、Nguyen 等人和 Klein 等人[68]的计算数据与我们的结果的对比[64]。我们获得 $X^2\Sigma^+$态的 R_e 为 1.202798Å、B_e 为 12.6296cm^{-1}、D_e 为 1240cm^{-1}、D_0 为 1.94eV，这与实验结果 R_e=1.20292Å、B_e=12.6177cm^{-1}、D_e=1225cm^{-1}、D_0=1.95±0.09eV 非常吻合。对于 $A^2\Pi$态，R_e 为 1.24761Å、B_e 为

11.73865cm^{-1}、α_e 为 0.46cm^{-1} 与实验的 R_e=1.24397Å、B_e=11.7987cm^{-1}、α_e=0.4543cm^{-1} 较为接近，ω_e=2247.3cm^{-1}、D_0=3.36eV 也与 Nguyen 等计算获得 ω_e=2245cm^{-1}、D_0=3.35eV 比较接近，这也证明了我们计算数据的可靠性。表 4.17 中首次给出了 BD$^+$4 个 Λ-S 态的光谱常数，由于 $b^4\Sigma^+$ 态没有势阱，不存在束缚振动能级，所以，它的光谱常数没有给出。此外，还计算了 $A^2\Pi$ 态的 SO 常数 Ω=12.99cm^{-1}，与文献中给出的实验值比较吻合[69]。

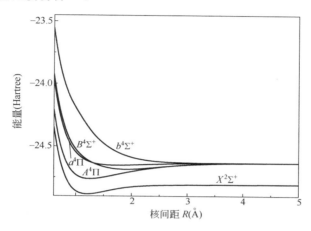

图 4.9　BD$^+$离子的 5 个 Λ-S 态的势能曲线

表 4.16　BH$^+$离子 $X^2\Sigma^+$ 和 $A^2\Pi$ 态的光谱常数

$X^2\Sigma^+$	R_e (Å)	B_e	D_e	α_e	ω_e	$\omega_e\chi_e$	D_0 (eV)
This work	1.202798	12.6296	1240	0.5967	2519.2	66.5	1.94
Exp.[67]	1.20292	12.6177	1225	0.4928	2526.8	61.98	1.95±0.09
Cal.[63]	1.20498	12.574	1250	0.47	2518.4	64.7	1.99
Cal.[68]	1.21	12.48		0.475	2492	64	1.78
$A^2\Pi$							
This work	1.24761	11.73865	1073	0.46	2247.3	53.5	3.36
Exp.[67]	1.24397	11.7987		0.4543			
Cal.[63]	1.2477	11.728	1280	0.46	2245	54	3.35
Cal.[68]	1.253	11.62		0.467	2212	52	3.2

表 4.17　BD$^+$离子 4 个 Λ-S 态的光谱常数

State	R_e（Å）	B_e	D_e	α_e	ω_e	$\omega_e\chi_e$	D_0（eV）	Ω
$X^2\Sigma^+$	1.2107	6.77	1240	0.15	1855.6	36.3	1.94	
$A^2\Pi$	1.254	6.31	1073	0.15	1683.7	34.5	3.36	12.99
$B^2\Sigma^+$	1.9171	2.7	637	0.02	959.2	24.5	1.31	
$a^4\Pi$	1.73	3.3		0.156	667.6	25		

1. 跃迁特性

基于 aug-cc-pV5Z-dk 基组，采用 MRCI 方法计算 $A^2\Pi - X^2\Sigma^+$ 跃迁的 TDMs，其随核间距变化的曲线在图 4.10 中给出。图 4.10 呈现了经绝对值处理后 $A^2\Pi - X^2\Sigma^+$ 态的 TDMs 曲线，很明显，在解离极限之前一直存在跃迁，在 3Å 处 TDM 逐渐趋向于 0，说明之后无跃迁发生。对应到势能曲线上，3Å 为 $A^2\Pi$ 和 $X^2\Sigma^+$ 态的势阱的边缘位置。

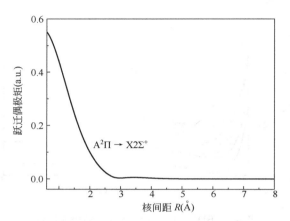

图 4.10　$A^2\Pi - X^2\Sigma^+$ 跃迁的跃迁偶极矩曲线

$A^2\Pi(v')-X^2\Sigma^+(v'')$ 跃迁的 F-C 因子在表 4.18 中列出，为了简化，v' 和 v'' 只取到 5。通常，我们更关心其对角线的值，F-C 因子越大（接近 1），对应的两个态振动能级间的跃迁概率越高。为了更形象地表现 F-C 因子的对角化分布，在图 4.11 中绘制出立体直方图。$A^2\Pi(v'=0)-X^2\Sigma^+(v''=0)$ 跃迁的 F-C 因子（f_{00}）等于 0.923，这是建立冷却方案的先决条件。$A^2\Pi(v')-X^2\Sigma^+(v'')$ 跃迁的自发辐射寿命在图 4.12 中给出，其中 $A^2\Pi(v'=0)-X^2\Sigma^+(v''=0)$ 的 τ 为 235ns，根据分子满足激光冷却的标准[70]。

表 4.18　$A^2\Pi\,(v')-X^2\Sigma^+\,(v'')$ 跃迁的 F-C 因子

	$v'=0$	$v'=1$	$v'=2$	$v'=3$	$v'=4$	$v'=5$
$v''=0$	9.23E-01	7.18E-02	5.00E-03	3.16E-04	1.89E-05	1.06E-06
$v''=1$	7.57E-02	7.80E-01	1.28E-01	1.46E-02	1.34E-03	1.11E-04
$v''=2$	1.44E-03	1.44E-01	6.58E-01	1.65E-01	2.71E-02	3.35E-03
$v''=3$	1.86E-07	3.58E-03	2.03E-01	5.64E-01	1.82E-01	4.04E-02
$v''=4$	6.17E-07	1.32E-05	5.25E-03	2.51E-01	5.01E-01	1.79E-01
$v''=5$	1.99E-09	48E-06	1.20E-04	5.13E-03	2.85E-01	4.74E-01

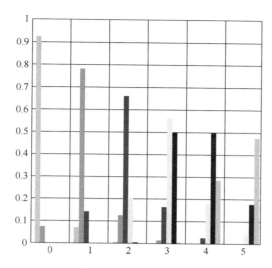

图 4.11　$A^2\Pi(v')$-$X^2\Sigma^+(v'')$跃迁的 F-C 因子

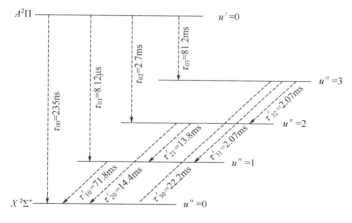

图 4.12　$A^2\Pi$ 和 $X^2\Sigma^+$ 态振动能级的辐射寿命

2．冷却方案

对分子实现激光冷却，必须根据各能级之间的跃迁特性，构成闭合的循环跃迁结构。图 4.13 为我们设计的 $A^2\Pi$ 态在 SO 耦合效应下 $A^2\Pi_{1/2}(v')$-$X^2\Sigma^+(v'')$跃迁的光学冷却方案，所涉及的能级主要是 $A^2\Pi_{1/2}$ 态的 $v'=0$ 和 $X^2\Sigma^+$ 态的 $v''=0$ 的振动能级，其中每个振动能级中包含转动能级。图中横线代表各转动能级，根据转动跃迁的选择定则：$\Delta J=0$, ±1，其中 0 代表 Q 支，1 代表 R 支，-1 代表 P 支，而图中实线箭头代表 Q 支的跃迁，虚线箭头代表 P 支的跃迁。双向箭头（阴影区域）是指激光激发受激跃迁能级（$v'=0$–$v''=0$），这过程中的粒子变化包括自发辐射，受激辐射和受激吸收。其中 4 个过程中激光器的参数分别为 λ_{00}=375.8nm，λ_{11}=376nm，λ_{12}=376nm，λ_{03}=376.4nm，入射光强为饱和光强时四束激光的谱能量密度 ρ 为 4×10^{-19}J/m^2。

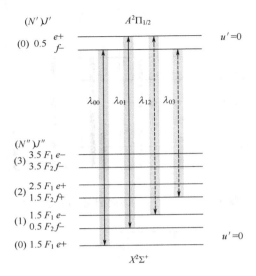

图 4.13 $A^2\Pi_{1/2}(v'=0)$-$X^2\Sigma^+(v''=0)$的能级跃迁示意图

由于振动态之间跃迁没有严格的选择定则，对于粒子从能级 v''=0 吸收光子跃迁到 v'=0 后，它除了可以跃迁到 v''=0 能级，还要考虑能量更高的 v''=1 能级，但根据前面的计算可知从 v'=0 到 $v''\geqslant2$ 的能级的跃迁概率极小（比 v'=0-v''=0 小约 4 个量级），因此，计算过程中不做考虑。此外，v''=1 上的粒子也会自发辐射到 v''=0 能级，这样就构成了光学的循环跃迁，为了提高冷却效率，在 v'=0-v''=1 上增加 4 束后泵浦激光：λ'_{00}=402.8nm，λ'_{11}=403nm，λ'_{12}=403nm，λ'_{03}=404nm，如图 4.14 所示。其中 v''=1 中主要用到 J''=0,1,2,3 这 4 个转动能级，v''=1-v''=0 的过程只包含自发辐射。图 4.14 中横线代表各转动能级，实线箭头代表 Q 支的跃迁，虚线箭头代表 P 支的跃迁，波浪线箭头代表 R 支的跃迁。

根据给出的冷却方案，λ_{00} 和 λ_{03} 作为主激光，λ_{11} 和 λ_{12} 是辅助激光，λ'_{00}、λ'_{11}、λ'_{12} 和 λ'_{03} 为再泵浦激光，假设只考虑 λ_{00} 和 λ_{03}，v''=0 中的 J''=1,2,4,5 都将成为暗态，图 4.14 中用绿色和橙色的横线表示；在考虑了 λ_{11} 和 λ_{12} 后，J''=1,2 能够参与跃迁，所以 v'=0 - v''=0 的 4 束激光是构成循环跃迁的必要条件。表 4.19 给出了计算中用到的爱因斯坦系数，为了方便识别，以 v''=0：J''=0,1,2,3,4,5；v'=0：J''=0,1；v''=1：J''=0,1,2,3 为序标识 1～12。求得各能级的粒子布居数，激发态粒子布居数求积分后乘以对应自发辐射系数（见表 4.19）可得到冷却过程中的光子散射

数。通常用于冷却的超声分子束的转动温度在 10K 左右，开始冷却时 $v'=0$ 振动能级上的 4 个转动能级从低到高的粒子数布局比例分别为 0.7、0.15、0.15 和 0。具体的模拟结果在图 4.15 中给出。Doppler 冷却中，对于相对分子质量大于 20 的分子，如果从室温环境冷却到~mK 量级的超冷温度，需要散射超过 10000 个光子。而对于 BD^+ 分子，相对分子质量为 12.825，不足 20，BD^+ 从 300K 冷却到毫开尔文量级温度时需要散射 8450 个光子。我们的模拟结果如图 4.15 所示，光子散射数随时间的增加呈指数增大，当 BD^+ 散射 8450 个光子时，需要的时间为 41ms。

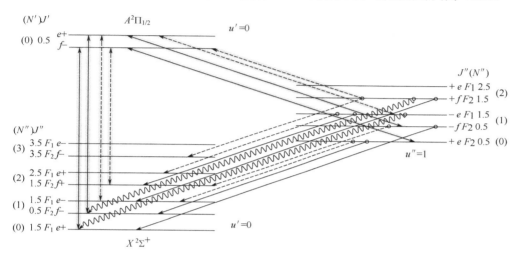

图 4.14　$A^2\Pi_{1/2}(v'=0)-X^2\Sigma^+(v''=0,1)$的能级跃迁示意图

表 4.19　模拟计算中所用的爱因斯坦系数

$A_{7\text{-}1}$	2767417	$A_{8\text{-}11}$	39079.94	$A_{11\text{-}1}$	4.852998
$A_{8\text{-}2}$	2763224	$A_{7\text{-}12}$	38956.7	$A_{11\text{-}4}$	0.906622
$A_{8\text{-}3}$	1381612	$A_{9\text{-}2}$	4.641204	$A_{11\text{-}5}$	8.1596
$A_{7\text{-}4}$	1377425	$A_{9\text{-}3}$	9.066222	$A_{12\text{-}2}$	4.956443
$A_{7\text{-}9}$	78283.31	$A_{10\text{-}1}$	4.852998	$A_{12\text{-}3}$	0.991289
$A_{8\text{-}10}$	78159.88	$A_{10\text{-}4}$	6.069705	$A_{12\text{-}6}$	7.96271

　　与 YO 分子相比，低温缓冲池中发射出的粒子初速度为 70m/s，温度为缓冲气体氦的温度 3.5K，从 YO 分子发射，减速到 10m/s，最终囚禁在磁光阱，需要经过 89cm 的冷却路径。若 BD^+ 初速度也为 70m/s，那么它减速到 10m/s 时捕获所经过的路程只有 13.6cm。对比 SrF 分子，从常温状态冷却到 5mK 需要散射 40000 个光子，SrF 的相对分子质量为 106.618，大于 20。所以，我们设计的系统优势在于 BD^+ 离子属于相对分子质量较小的粒子，冷却过程中不需要散射过多的光子，

这就导致冷却时间会缩短，冷却装置的尺寸也会减小。此外，图 4.14 给出的方案中，粒子在各能级跃迁时会在 $v''=0$ 中有 $J''=4,5$ 的暗态能级，此暗态会影响最终的冷却效率。但通过计算得出 BD$^+$散射 8450 个光子时的冷却效率为 92%，因此，在实现激光冷却至毫开尔文量级时冷却的过程中暗态的影响不是很大。

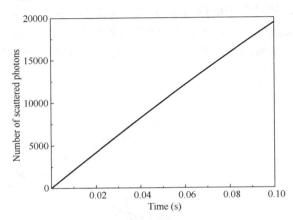

图 4.15　BD$^+$光子散射数随时间变化的模拟结果

3．小结

我们首次利用 MRCI/aug-cc-pV5Z-dk 研究了 BD$^+$离子的 $X^2\Sigma^+$、$A^2\Pi$、$B^2\Sigma^+$、$a^4\Pi$ 和 $b^4\Sigma^+$电子态。首次给出了 BD$^+$的 $X^2\Sigma^+$、$A^2\Pi$、$B^2\Sigma^+$和 $a^4\Pi$ 态的光谱常数。此外，计算了 $A^2\Pi$-$X^2\Sigma^+$的跃迁偶极矩 TDMs，并根据其结果给出了 F-C 因子、低振动能级的辐射寿命 τ 和 $X^2\Sigma^+$态内部能级寿命 τ'。最后，依据 $A^2\Pi$-$X^2\Sigma^+$的跃迁特性，提出了一个 BD$^+$离子的 Doppler 激光冷却方案，并根据粒子在循环跃迁中的动力学过程，计算了粒子布居数，给出了冷却过程中光子散射随时间变化的模拟结果：从 300K 冷却到几毫开温度时需要散射 8450 个光子，历时 41ms，冷却效率为 92%，这对实验上实现 BD$^+$的激光冷却提供了有价值的参考。

参考文献

[1] 李传亮，郑飞，周锐，等．CP$^+$正离子低激发态的从头计算研究［J］．量子光学学报，2017，23：241-245．

[2] D. Shi，X. Niu，J. Sun，et al. Potential Energy Curves, Spectroscopic Parameters, and Spin–Orbit Coupling: A Theoretical Study on 24 Λ-S and 54 Ω States of C$_2^+$ Cation ［J］. The Journal of Physical Chemistry A，2013，117：2020-2034．

[3] M. Reiher，A. Wolf. Exact decoupling of the Dirac Hamiltonian. I. General theory ［J］. The

Journal of Chemical Physics，2004，121：2037-2047.

［4］M. Reiher，A. Wolf. Exact decoupling of the Dirac Hamiltonian. II. The generalized Douglas-Kroll-Hess transformation up to arbitrary order ［J］. The Journal of Chemical Physics，2004，121：10945-10956.

［5］A. Wolf，M. Reiher，B. A. Hess. The generalized Douglas-Kroll transformation ［J］. The Journal of Chemical Physics，2002，117：9215-9226.

［6］R. J. LeRoy. LEVEL 8.0：A Computer Program for Solving the Radial Schrödinger Equation for Bound and Quasibound Levels，University of Waterloo Chemical Physics Research Report CP-663，The source code or manual for this program may be obtained from the www site <http://leroy.uwaterloo.ca/programs.html>，2007.

［7］W. Zou，W. Liu. Extensive theoretical studies on the low‐lying electronic states of indium monochloride cation，$InCl^+$ ［J］. Journal of computational chemistry，2005，26：106-113.

［8］C. F. Chabalowski，S. D. Peyerimhoff，R. J. Buenker. The Ballik-Ramsay，Mulliken，Deslandres-d'Azambuja and Phillips systems in C_2：a theoretical study of their electronic transition moments ［J］. Chemical physics，1983，81：57-72.

［9］S. Leutwyler，J. P. Maier，L. Misev. Lifetimes of C_2 in rotational levels of the $B^2\Sigma_u^+$ state in the gas phase ［J］. Chemical physics letters，1982，91：206-208.

［10］P. Rosmus，H. J. Werner. Multireference‐CI calculations of radiative transition probabilities in C_2^- ［J］. The Journal of Chemical Physics，1984，80：5085-5088.

［11］W. Shi，C. Lia，H. Meng，et al. Ab initio study of the low-lying electronic states of the anion. Computational and Theoretical Chemistry，2016，1079：57-63.

［12］R. D. Mead，U. Hefter，P. A. Schulz，et al. Ultrahigh resolution spectroscopy of C_2^-：The $A^2\Pi_u$ state characterized by deperturbation methods ［J］. The Journal of Chemical Physics，1985，82：1723-1731.

［13］B. D. Rehfuss，D. J. Liu，B. M. Dinelli，et al. Infrared spectroscopy of carbo‐ions. IV. The $A^2\Pi_u$–$X^2\Sigma_g^+$ electronic transition of C_2^- ［J］. The Journal of Chemical Physics，1988，89：129-137.

［14］T. Sedivcova，V. Spirko. Potential energy and transition dipole moment functions of C_2^- ［J］. Molecular physics，2006，104：1999-2005.

［15］J. Barsuhn. Nonempirical calculations on the electronic spectrum of the molecular ion C_2 ［J］. Journal of Physics B：Atomic and Molecular Physics，1974，7：155.

［16］M. Zeitz，S. D. Peyerimhoff，R. J. Buenker. A theoretical study of the bound electronic states of the C_2^- negative ion ［J］. Chemical physics letters，1979，64：243-249.

［17］J. A. Nichols，J. Simons. Theoretical study of C_2 and C_2^-：$X^1\Sigma_g^+$，$a^3\Pi_u$，$X^2\Sigma_g^+$，and $B^2\Sigma_u^+$ potentials ［J］. The Journal of Chemical Physics，1987，86：6972.

［18］ P. W. Thulstrup，E. W. Thulstrup. A theoretical investigation of the low-lying states of the C_2^- ion ［J］. Chemical physics letters，1974，26：144-148.

［19］ J. D. Watts，R. J. Bartlett. Coupled - cluster calculations on the C_2 molecule and the C_2^+ and C_2^- molecular ions ［J］. The Journal of Chemical Physics，1992，96：6073-6084.

［20］ P. Botschwina，S. Seeger，M. Mladenović，B. Schulz，M. Horn，S. Schmatz. Quantum-chemical investigations of small molecular anions ［J］. International Reviews in Physical Chemistry，1995，14：169-204.

［21］ T. Oka，R. Saykally. The spectroscopy of molecular ions-Infrared spectroscopy of carbo-ions ［J］. Philosophical Transactions of the Royal Society A，1988，324：81-95.

［22］W. S. Cathro，J. C. Mackie. Oscillator strength of the C_2^- $B^2\Sigma-X^2\Sigma$ transition：a shock-tube determination ［J］. Journal of the Chemical Society，Faraday Transactions 2：Molecular and Chemical Physics，1973，69：237-245.

［23］ I. Morino，K. M. T. Yamada，S. P. Belov，et al. The CF Radical：Terahertz Spectrum and Detectability in Space ［J］. The Astrophysical Journal，2000，532：377.

［24］ D. A. Neufeld，P. Schilke，K. M. Menten，et al. Discovery of interstellar CF^+ ［J］. Astronomy & Astrophysics，2006：454：L37-L40.

［25］ V. Guzmán，J. Pety，P. Gratier，et al. The IRAM-30m line survey of the Horsehead PDR-I. CF^+ as a tracer of C^+ and as a measure of the fluorine abundance ［J］. Astronomy & Astrophysics，2012，543：L1.

［26］ C. Reid. Cationic and anionic states of CF，CCl，SiF and SiCl. Some new information derived using translational energy spectroscopy ［J］. Chemical physics，1996，210：501-511.

［27］ J. W. Coburn. Plasma-assisted etching ［J］. Plasma Chemistry and Plasma Processing，1982，2：1-41.

［28］ J. P. Booth，G. Hancock，N. D. Perry. Laser induced fluorescence detection of CF and CF_2 radicals in a CF_4/O_2 plasma ［J］. Applied Physics Letters，1987，50：318-319.

［29］ K. T. Faber，K. J. Malloy. Semiconductors and semimetals ［M］. Academic Press，1992.

［30］ R. A. Morris. Gas - phase reactions of oxide and superoxide anions with CF_4，CF_3Cl，CF_3Br，CF_3I，and C_2F_4 at 298 and 500 K ［J］. The Journal of Chemical Physics，1992，97：2372-2381.

［31］ K. MacNeil，J. Thynne. The deconvolution of negative ion data ［J］. International Journal of Mass Spectrometry and Ion Physics，1969，3：35-46.

［32］ P. O'hare，A. C. Wahl. Molecular orbital investigation of CF and SiF and their positive and negative ions ［J］. The Journal of Chemical Physics，1971，55：666-676.

［33］ G. Gutsev，T. Ziegler. Theoretical study on neutral and anionic halocarbynes and halocarbenes ［J］. The Journal of Physical Chemistry，1991，95：7220-7228.

［34］G. Gutsev. A density functional investigation on the structure of the CFn compounds，$n=1\sim$ 5，and their singly charged anions ［J］. Chemical physics，1992，163：59-67.

［35］C. Rodriquez，A. Hopkinson. Effect of halogen substituents on the gas-phase acidities and electron affinities of methylenes and methylidynes：calculation of heats of formation［J］. The Journal of Physical Chemistry，1993，97：849-855.

［36］Y. Xie，H. F. Schaefer III. The electron affinity of CF1993）The Journal of Chemical Physics，1994，101：10191-10192.

［37］A. Ricca. Heats of Formation for CF_n（$n=1\sim4$），CF_n^+（$n=1\sim4$），and CF_n^-（$n=1\sim3$） ［J］. The Journal of Physical Chemistry A，1999，103：1876-1879.

［38］C. Li，L. Deng，Y. Zhang，et al. Perturbation Analysis of the $\upsilon=6$ Level in the $d^3\Delta$ State of CS Based on Its Near-Infrared Absorption Spectrum［J］. The Journal of Physical Chemistry A，2011，115：2978-2984.

［39］R. Li，C. Wei，Q. Sun，et al. Ab Initio MRCI+ Q Study on Low-Lying States of CS Including Spin–Orbit Coupling ［J］. The Journal of Physical Chemistry A，2013，117：2373-2382.

［40］周锐，李传亮，和小虎，等. 基于 ab initio 计算的 CF-离子低激发态光谱性质研究 ［J］. 物理学报，2016，66：（2）：103-110.

［41］S. R. Langhoff，E. R. Davidson. Configuration interaction calculations on the nitrogen molecule ［J］. International Journal of Quantum Chemistry，1974，8：61-72.

［42］H. Werner，P. Knowles，G. Knizia，et al. MOLPRO，version 2012.1，a package of ab initio programs，2012，see http://www.molpro.net.Search PubMed(2012).

［43］R. J. Le Roy. LEVEL：A computer program for solving the radial Schrödinger equation for bound and quasibound levels ［J］. Journal of Quantitative Spectroscopy and Radiative Transfer，2017，186：167-178.

［44］G. Herzberg. Molecular spectra and molecular structure. Vol. 1：Spectra of diatomic molecules ［M］. 2nd ed. New York：Van Nostrand Reinhold，1950.

［45］H. Lefebvre-Brion，R. W. Field. The Spectra and Dynamics of Diatomic Molecules：Revised and Enlarged Edition ［M］. Academic Press，2004.

［46］姚洪斌，郑雨军. NaI 分子的非绝热效应 ［J］. 物理学报，2011，60：128201-128201.

［47］刘晓军，苗凤娟，李瑞，等. GeO 分子激发态的电子结构和跃迁性质的组态相互作用方法研究 ［J］. 物理学报，2014，64：123101.

［48］S. Banerjee，J. A. Montgomery，J. N. Byrd，et al. Ab initio potential curves for the $X^2\Sigma_u^+$，$A^2\Pi_u$ and $B^2\Sigma_g^+$ states of Ca^{2+} ［J］. Chemical physics letters，2012，542：138-142.

［49］S. Chu. Nobel Lecture：The manipulation of neutral particles ［J］. Reviews of Modern Physics，1998，70：685.

[50] C. N. Cohen-Tannoudji. Nobel Lecture: Manipulating atoms with photons [J]. Reviews of Modern Physics, 1998, 70: 707.

[51] W. D. Phillips. Nobel Lecture: Laser cooling and trapping of neutral atoms [J]. Reviews of Modern Physics, 1998, 70: 721.

[52] D. DeMille. Quantum computation with trapped polar molecules [J]. Physical Review Letters, 2002, 88: 067901.

[53] V. Flambaum, M. Kozlov. Enhanced sensitivity to the time variation of the fine-structure constant and m p/m e in diatomic molecules [J]. Physical Review Letters, 2007, 99: 150801.

[54] G. Pupillo, A. Micheli, H. Büchler, et al. Cold molecules: Theory, experiment, applications [M]. RC Press, 2009.

[55] R. V. Krems. Cold controlled chemistry [J]. Physical Chemistry Chemical Physics, 2008, 10: 4079-4092.

[56] E. Shuman, J. Barry, D. Glenn, et al. Radiative force from optical cycling on a diatomic molecule [J]. Physical Review Letters, 2009, 103: 223001.

[57] J. Barry, E. Shuman, E. Norrgard, et al. Laser radiation pressure slowing of a molecular beam [J]. Physical Review Letters, 2012, 108: 103002.

[58] M. T. Hummon, M. Yeo, B. K. Stuhl, et al. 2D magneto-optical trapping of diatomic molecules [J]. Physical Review Letters, 2013, 110: 143001.

[59] M. Yeo, M. T. Hummon, A. L. Collopy, et al. Rotational state microwave mixing for laser cooling of complex diatomic molecules [J]. Physical Review Letters, 2015, 114: 223003.

[60] J. Kobayashi, K. Aikawa, K. Oasa, et al. Prospects for narrow-line cooling of KRb molecules in the rovibrational ground state [J]. Physical Review A, 2014, 89: 021401.

[61] V. Zhelyazkova, A. Cournol, T. E. Wall, et al. Laser cooling and slowing of CaF molecules. Physical Review A, 2014, 89: 053416.

[62] Z. Ji, H. Zhang, J. Wu, et al. Photoassociative formation of ultracold RbCs molecules in the $(2)^3\Pi$ state [J]. Physical Review A, 2012, 85: 013401.

[63] J. H. Nguyen, C. R. Viteri, E. G. Hohenstein, et al. Challenges of laser-cooling molecular ions [J]. New Journal of Physics, 2011, 13: 063023.

[64] 李亚超, 孟腾飞, 李传亮, 等. 基于 *ab initio* 的 BD^+ 离子激光冷却理论研究 [J]. 物理学报, 2017, 66: 163101.

[65] H. J. Werner, P. J. Knowles, G. Knizia, et al. Molpro: a general purpose quantum chemistry program package [J]. Wiley Interdisciplinary Reviews: Computational Molecular Science, 2012, 2: 242-253.

[66] I. Vogelius, L. Madsen, M. Drewsen. Rotational cooling of heteronuclear molecular ions with $^1\Sigma$, $^2\Sigma$, $^3\Sigma$, and $^2\Pi$ electronic ground states [J]. Physical Review A, 2004, 70: 053412.

［67］D. Ramsay，P. Sarre. High-resolution study of the $a^2\Pi$–$X^2\Sigma^+$ band system of BH^+ ［J］. Journal of the Chemical Society，Faraday Transactions 2：Molecular and Chemical Physics，1982，78：1331-1338.

［68］R. Klein，P. Rosmus，H. Werner. Ab initio calculations of low lying states of the BH^+ and AlH^+ ions ［J］. The Journal of Chemical Physics，1982，77：3559-3570.

［69］K.P. Huber. Molecular spectra and molecular structure：IV. Constants of diatomic molecules Springer Science & Business Media，2013.

［70］M. Di Rosa. Laser-cooling molecules ［J］. The European Physical Journal D-Atomic，Molecular，Optical and Plasma Physics，2004，31：395-402.

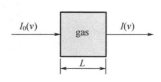

第**5**章

基于多光程技术的高灵敏 TDLAS 技术及其应用

5.1 TDLAS 技术基本原理

根据 Lambert-Beer 定律，及对气体吸收后的光进行光谱分析，可以准确测得各项气体的物理参数，如气体的种类、浓度、温度及压力等信息，其中气体的种类和浓度是最主要的测量参数。

5.1.1 Lambert-Beer 定律

当一束光穿过气体时，部分光会被气体吸收，吸收测量示意图如图 5.1 所示。根据 Lambert-Beer 定律，一束频率为 v 的单色光通过含有吸光气体的吸收池后，透射光的强度可以表示为

$$I = I_0 \exp[-N\sigma(v)L] = I_0 \exp[-\alpha(v)L] = I_0 \exp[-P_{\text{tot}}xS^*L\varphi(v)] \quad (5-1)$$

图 5.1 吸收测量示意图

式中，I_0 是没有气体吸收时的强度；N 是每立方厘米体积内吸收分子的分子个数，单位为 molecules/cm³；$\sigma(v)$ 是吸收物质的吸收横截面积，单位为 cm²/molecule；L 是通过吸收池内介质的有效吸收光路径，单位为 cm；$\alpha(v)$ 是吸收池内介质的吸收系数，单位为 cm⁻¹；P_{tot} 为吸收池的总压强，单位为 Torr；x 为吸收物质的摩尔体积分数，一般也等价于体积浓度；$\varphi(v)$ 为吸收谱线的线型函数，表示吸收谱线的形状，与温度、压强和吸收介质的种类有关。

$S[\text{cm}^{-1}/(\text{molecule}\cdot\text{cm}^2)]$ 为单位分子数密度的谱线吸收强度，它只与温度有

关，可以通过 HITRAN 数据库查表得到。由式（5-1）看出，如果吸收光程增大，光强变化越明显，探测灵敏度会变高。S^*（cm^{-2}/atm）为单位压强的谱线吸收强度，可以通过 S 变换得到：

$$S^* = SN_0 \frac{T_0}{T} = 7.34 \times 10^{21} \frac{S}{T} \tag{5-2}$$

式中，$N_0 = 2.6868 \times 10^{19}$ molecule/cm^3 （在 $T_0 = 273.15$ K 和 $P_0 = 760$ Torr 条件下）。谱线吸收强度，因为它只与温度有关，所以，对温度 T 的依赖关系可以表示为

$$S(T) = S_{ref}(T_{ref}) \frac{Q_{ref}(T_{ref})}{Q(T)} \exp\left[-\frac{hcE}{k}\left(\frac{1}{T} - \frac{1}{T_{ref}}\right)\right] \frac{1 - \exp(-hcv_0/kT)}{1 - \exp(-hcv_0/kT_{ref})} \tag{5-3}$$

式中，S_{ref}（T_{ref}）是指在参考温度 T_{ref} 下谱线的吸收强度，一般取 $T_{ref} = 296$K；Q 和 Q_{ref} 表示不同温度下的分子总分配函数；E 为低能态下能级能量；h、c、k 和 v_0 分别为 Plank 常数、光速、Boltzmann 常数和谱线跃迁频率。

5.1.2　分子吸收线型与线宽

在不同的温度和压强下，气体分子的吸收谱吸收线参数可以由不同的线型拟合得到。这些吸收谱线线型一般可以分为 3 种压力状态[1]。当压强小于 10Torr 时，多普勒展宽占优势，可以用 Gauss 线型来拟合吸收谱线；当压强大于 100Torr 时，碰撞展宽占优势，可以用 Lorenz 线型来拟合吸收谱线；当压强为 10～100Torr 时，前面两种展宽效应都存在，可以用 Gauss 线型和 Lorenz 线型的卷积 Voigt 线型来拟合吸收谱线。图 5.2 呈现了 Gauss 线型、Lorenz 线型和 Voigt 线型。

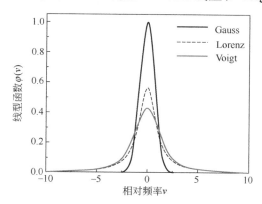

图 5.2　比较 Gauss 线型、Lorenz 线型和 Voigt 线型

$\varphi(v)$为线型函数，反映了光谱吸收谱线在吸收线中心频率左右的分布函数，

并且在吸收谱线中心最大值下降至最大值一半时对应的宽度，简称半高半宽（Half Width at Half Maximum intensity，HWHM）。

Gauss 线型函数来自非均匀增宽，如多普勒展宽，这是由吸收气体分子的无规则热运动引起的。处于热平衡中的气体分子的速率符合麦克斯韦分布。多普勒线型可以由经典 Gauss 曲线描述：

$$\varphi_D(v) = \frac{1}{r_D}\sqrt{\frac{\ln 2}{\pi}} \exp\left[-\ln 2\left(\frac{v-v_0}{r_D}\right)^2\right] \tag{5-4}$$

式中，r_D 表示多普勒半高半宽 HWHM，具体表达式为

$$r_D = \frac{v_0}{c}\sqrt{\frac{2kT\ln 2}{M}} = 3.58\times 10^{-7} v_0\sqrt{\frac{T}{M}} \tag{5-5}$$

式中，T 是温度，单位为 K；M 表示相对分子质量；k 是玻耳兹曼常数。由此表达式可见，气体的温度越高，分子运动就越激烈，因此，多普勒线宽就越大，而且可以通过线宽测量气体的温度。

随着压力的升高，碰撞展宽和自然展宽共同决定了谱线的线宽，而且线型可以用洛伦兹函数来描述：

$$\varphi_L(v) = \frac{1}{\pi}\frac{r_L}{(v-v_0)^2 + r_L^2} \tag{5-6}$$

式中，r_L 表示洛伦兹线型的半高半宽 HWHM，具体表达式为

$$r_L = r_{\text{self}}P_{\text{self}}\left(\frac{T_0}{T}\right)^n + r_{\text{foreign}}\left(P - P_{\text{self}}\right)\left(\frac{T_0}{T}\right)^n \tag{5-7}$$

式中，r_{self} 是自碰撞 HWHM；r_{foreign} 是其他外部气体碰撞 HWHM；P_{self} 是吸收物质的压强；P 是吸收池总压强；n 是依赖于温度的指数。

当压强为 10～100Torr 时，多普勒展宽效应和碰撞展宽效应都存在，最合适用 Gauss 线型与 Lorenz 线型的卷积 Voigt 线型来拟合吸收谱线。

$$\varphi_v(x,y) = A\frac{y}{\pi}\int_{-\infty}^{+\infty}\frac{\exp(-t^2)}{y^2 + (x-t^2)}\mathrm{d}t = A\mathrm{Re}[W(x,y)] \tag{5-8}$$

式中，$A = \frac{1}{r_D}\sqrt{\frac{\ln 2}{\pi}}$；$x = \frac{v-v_0}{r_D}\sqrt{\ln 2}$；$y = \frac{r_L}{r_D}\sqrt{\ln 2}$；$W(x,y) = \frac{\mathrm{i}}{\pi}\int_{-\infty}^{+\infty}\frac{\exp(-t^2)}{x + y\mathrm{i} - t}\mathrm{d}t$ 是复概率函数。

碰撞除了谱线增宽外，也会引起光谱变窄效应，这是由于 Phase Changing（相

变）效应[2]。碰撞（Dicke）变窄效应主要用于研究分子的转动能级间距，如 H_2O、HCN 和 HF 等分子[3,4]。碰撞变窄效应后的线型模型可以由软碰撞（Galatry）[3]和硬碰撞（Rautian and Sobel'man）[4]模型来描述。

碰撞缩小效应是使用软碰撞模型描述线型函数[4]：

$$G(x,y,z) = \frac{Re}{\sqrt{\pi}} \int_0^\infty \mathrm{d}t \exp\left\{-ixt - yt + \frac{1}{2z^2}[1 - zt - \exp(-zt)]\right\} \qquad (5\text{-}9)$$

式中，$x = \frac{v - v_0}{r_D}\sqrt{\ln 2}$；$y = \frac{r_L}{r_D}\sqrt{\ln 2}$；$z = \frac{P\beta}{r_D}\sqrt{\ln 2}$；$\beta$（$cm^{-1}$/atm）是碰撞变窄系数。$x$、$y$ 的定义与 Voigt 线型定义是一样的。

硬碰撞模型[4]描述光谱线型函数：

$$P(x,y,z) = Re\left[\frac{W(x,y+z)}{1 - \sqrt{\pi}zW(x,y+z)}\right] \qquad (5\text{-}10)$$

当 $z=0$ 时，软碰撞线型模型数学函数和硬碰撞线型模型数学函数都可以化简成 Voigt 线型函数。线型函数可以用由 Herber 提出的标准化形式表示，归一化的结果为如下表达式：

$$\int_{-\infty}^{\infty} G(x,y,z)\mathrm{d}x = \int_{-\infty}^{\infty} P(x,y,z)\mathrm{d}x = \int_{-\infty}^{\infty} V(x,y)\mathrm{d}x \equiv \sqrt{\pi} \qquad (5\text{-}11)$$

图 5.3 所示是当 $y=1$，$z=1$ 时，通过数值模拟比较 Voigt、Galatry 和 Rautian 线型函数，并且在每个线型拟合得到面积都等于 $\sqrt{\pi}$。从图 5.3 可知，Rautian 线型模型比 Galatry 线型模型要窄，这是由于每个硬碰撞破坏速度较完全而每个软碰撞改变速度比较小。虽然 Galatry 模型相对 Voigt 模型复杂，但是只有在这种情况下，Voigt 线型才能从观测数据看出它的显著差异。

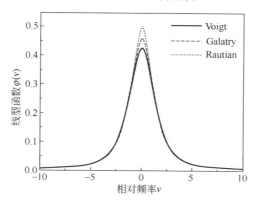

图 5.3　比较 Voigt，Galatry 和 Rautian，并且在每个线型拟合得到面积都等于 $\sqrt{\pi}$

5.1.3 TDLAS 测量技术

直接吸收光谱技术（Direct Absorption Spectroscopy，DAS）和波长调制光谱技术（Wavelength Modulation Spectroscopy，WMS）是 TDLAS 检测技术中最常见和使用最广泛的测量方法。直接吸收光谱技术是直接通过扫描波长实现对气体检测的。调制光谱技术在扫描信号基础上加上高频信号进行抑制高频背景噪声。调制光谱技术分为波长调制（WMS）和频率调制（Frequency Modulation Spectroscopy，FMS）两种技术。波长调制使用的频率一般为几千赫兹到几十千赫兹，远小于线宽；而频率调制使用的频率远大于线宽，一般为几百兆赫兹，相对于波长调制频率调制实验系统比较复杂。本节主要采用直接吸收和波长调制光谱技术对测量碳化物气体进行光谱分析。

直接吸收光谱技术是通过调谐激光频率对选择吸收谱线的透过率和谱线形状进行分析，并获取一些重要信息，如吸收谱线强度和增宽系数。从这些光谱测量得到的信息可以推断出气体温度、浓度、气流速度及压力等参数值。图 5.4 所示为典型直接吸收测量示意图，信号发生器发生锯齿波或三角波扫描信号给激光驱动器驱动 DFB 激光器,激光器输出激光通过待测气体,光电探测器接收到透射光,并通过对光强信号进行分析，从而测量得到气体浓度值。

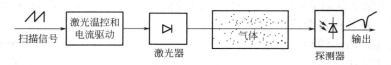

图 5.4　典型直接吸收测量示意图

对式（5-1）进行变换得到吸收度，其表示为

$$\ln(I_0 / I) = N\sigma(v)L \tag{5-12}$$

由于谱线形状函数的归一化接近 1，谱线强度 $S[\mathrm{cm}^{-1}/(\mathrm{molecules \cdot cm}^{-2})]$ 可以写成 $S = \int \sigma(v)\mathrm{d}v$。吸收谱线轮廓下的积分面积 A_I（cm^{-1}）能写成

$$A_I = \int \ln(I_0 / I)\mathrm{d}v = NL \int \sigma(v)\mathrm{d}v = NLS \tag{5-13}$$

因此，吸收物质的分子密度 N（$\mathrm{molecules/cm}^3$）能表达为

$$N = \frac{A_I}{LS} \tag{5-14}$$

基于理想气体方程，吸收池内所有物质的分子密度 N_{tot}（$\mathrm{molecules/cm}^3$）能

表达为

$$N_{\text{tot}} = \frac{P_{\text{tot}}T_0}{P_0T}N_0 \qquad (5\text{-}15)$$

式中，$N_0 = 2.6875\times10^{19}$ molecules/cm³ 在 T_0=273.15 K 和 $P_0 = 760$ Torr 条件下的分子数。吸收分子的浓度 C（ppm，one part per million）能写成

$$C = \frac{N}{N_{\text{tot}}}\times10^6 = \frac{A_I P_0 T}{N_0 P_{\text{tot}} T_0 LS}\times10^6 \qquad (5\text{-}16)$$

根据式（5-16），只要得到了气体温度值 T，有效光程 L，真空计测量压力 P_{tot}，在吸收谱线轮廓下积分面积 A_I，从 HITRAN 数据库得到谱线强度 S，就能计算出气体的浓度。

直接吸收光谱检测透射光容易受到背景噪声的干扰、激光器光强波动等因素的影响，为了减少噪声的干扰通常会使用高灵敏光谱技术，如采用波长调制技术对目标信号进行高频调制，实现抑制高频背景噪声，从而极大地提高探测灵敏度和精度。

图 5.5 所示为波长调制测量示意图，信号发生器发生锯齿波或三角波扫描信号叠加快速正弦频率 f 的调制信号给激光驱动器驱动 DFB 激光器，激光器输出调制光经过待测气体，光电探测器接收到吸收后光强，此时，将光信号转换成电信号输入到锁相放大器，放大器对信号进行解调输出波长调制的谐波信号，根据谐波信号的值计算得到此时气体的浓度值。

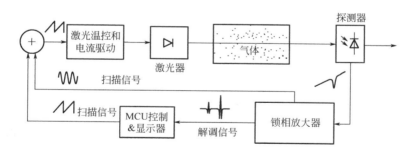

图 5.5　波长调制测量示意图

图 5.6 所示是气体直接吸收信号与经过锁相放大器后的各个次数的谐波信号，奇次谐波信号的吸收中心位置在 WMS-1f 的零点处，偶次谐波信号的吸收中心位置在峰值处。由于偶次谐波信号的吸收谱线中心位置在峰值处随着次数增加，偶次谐波信号呈现递减，所以二次谐波信号常作为测量信号。

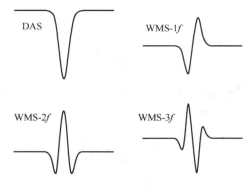

图 5.6　不同次数的谐波信号

波长调制光谱测量是通过缓慢三角波或锯齿波扫描信号叠加快速正弦频率 f 注入电流，同时对激光波长调制和强度调制，此时激光的瞬时频率和强度分别表示为

$$v(t) = \bar{v} + a\cos(2\pi ft) \tag{5-17}$$

$$I_0 = \overline{I_0}\left[1 + i_1\cos\left(2\pi ft + \psi_1\right) + i_2\cos\left(4\pi ft + \psi_2\right)\right] \tag{5-18}$$

式中，$\bar{v}$ 是中心频率，$\overline{I_0}$ 是平均光强值，i_1、i_2、ψ_1 和 ψ_2 是激光器特征参数。

当吸收度小于 5.0% 时，激光透过率 τ 可以用一阶泰勒公式表示为[5,6]

$$\tau \approx 1 - P_{\text{tot}}xS^*L\varphi(v) = 1 - P_{\text{tot}}xS^*L\sum_{k=0}^{\infty}H_k\cos(k \times 2\pi ft) \tag{5-19}$$

式中，$\varphi(v) = \sum_{k=0}^{\infty}H_k\cos\left(k \times 2\pi ft\right)$，$H_k$ 可以表示为

$$H_0 = \frac{1}{2\pi}\int_{-\pi}^{\pi}\varphi(v)\mathrm{d}\theta \tag{5-20}$$

$$H_k = \frac{1}{\pi}\int_{-\pi}^{\pi}\varphi(v)\cos(k\theta)\mathrm{d}\theta \qquad k = 1,2,3\cdots \tag{5-21}$$

一般情况下 $i_2 \ll 1$，在吸收线中心位置处的波长调制一次谐波和二次谐波信号可以简化为[6]

$$S_{1f} \approx \frac{G\overline{I_0}}{2}i_1 \tag{5-22}$$

$$S_{2f} \approx -\frac{G\overline{I_0}}{2}P_{\text{tot}}xS^*LH_2 \tag{5-23}$$

式中，G 是光电探测的增益系数。另外，由波长调制 $2f/1f$ 信号比值的高度便可得到光谱绝对强度的信息。

$$S = \frac{S_{2f}}{S_{1f}} = -\frac{\dfrac{G\overline{I_0}}{2}P_{tot}xS^*LH_2}{\dfrac{G\overline{I_0}}{2}i_1} = -\frac{P_{tot}xS^*LH_2}{i_1} \tag{5-24}$$

此方法也称为免标定波长调制光谱（Calibration-free Wavelength Modulation），通过测量一次谐波和二次谐波信号值，只要知道压强、光程 L 及 H_2、i_1 等参数，可以得到气体浓度值。此测量方法不需要复杂的校准和标定过程。

图 5.7 所示是模拟仿真二次谐波信号与调制系数的变化图。调制系数为调制幅度与二分之一碰撞线宽的比值。由图 5.7 可以看出，随着调制系数的增加，二次谐波信号呈现先增加后减小的趋势。当调制系数为 2.202 时，二次谐波信号峰值为 0.34315，此时为最大值。仿真结果与调制系数的最优值为 2.2 相符合。

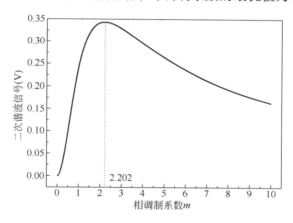

图 5.7　调制系数与二次谐波信号形峰值的曲线

除了波长调制（WM），为了提高探测灵敏度，通常还采用长光程池、数字信号处理（DSP）、光学差（OD）、频率调制（FM）、腔衰荡（CRD）和离轴-腔增强吸收（OA-ICO）、石英增强光声光谱技术和磁旋转（或称为法拉第旋转）等方法来改善吸收光谱灵敏度。

5.2　新型 Herroitt 多光程池的设计

20 世纪 70 年代，Herriott 提出由两块凹面反射镜构成多次反射的长光程反射池[7]，并计算出腔镜上的光斑分布，限于反射次数，此方案的等效光程较小。随后 Herriott 将装置做了进一步改进，在反射腔镜上放置一块小反射镜，通过旋转小反射镜来改变反射光方向，形成多周期镜面循环反射，这样可以大大增加反射次数，但小反射镜的角度不易控制，在实际应用中也不容易实现[8]。近年来，郝绿原等人采用一块平面镜代替凹面，这种结构的 Herriott 型多光程池容易调节，但在同等条件下此结构的 Herriott 池对光的反射次数比传统的 Herriott 型长程池要少。夏滑等人对装置进一步改进，将入射凹面反射镜分成上下两块[9]，通过调节上凹面反射镜面的角度可以改变腔镜上的光斑分布，从而实现了反射次数的成倍增加，此装置可等效于多个相同的 Herriott 池的组合叠加。此方案既继承了长程池的光学稳定性能，镜面面积又得到充分利用；但是此装置中镜片组的共调轴节困难，旋转角度不易控制，实现比较困难。

5.2.1 Herriott 型长光程池设计理论

用矩阵的形式表示光线传播和变换的方法称光线传播矩阵法[10]。光线在光学系统中传播，通过垂直于光轴给定参考面的近轴光线的特性可以用两个参数表示：光线距离轴线的距离和光线与轴线的夹角 Φ。当光线在轴线上方时 x 取正，否则为负；当光线的入射方向（出射方向）指向轴线上方时，夹角取正，否则为负。

光学元件的光学变化矩阵为

$$\begin{bmatrix} x_2 \\ \Phi_2 \end{bmatrix} = T \begin{bmatrix} x_1 \\ \Phi_1 \end{bmatrix} \tag{5-25}$$

曲率半径为 R_1 和 R_2 的两个球面反射镜 M_1 和 M_2 组成的共轴球面腔，腔长为 L_0。开始时光线从 M_1 面上出发，向 M_2 方向传播，在 M_2 镜面上反射后通过腔长为 L_0 的自由空间，再传播到 M_1 镜面上反射后完成一次往返。当凹面镜向着腔内时，R 取正值；当凸面镜向着腔内时，R 取负值。光线在腔中往返一次的坐标变换 T 为（此时假设 M_2 为平面反射镜，$R_2 = +\infty$）

$$T = \begin{bmatrix} A & B \\ C & D \end{bmatrix} = \begin{bmatrix} 1 & 0 \\ -\dfrac{2}{R_1} & 1 \end{bmatrix} \begin{bmatrix} 1 & L_0 \\ 0 & 1 \end{bmatrix} \begin{bmatrix} 1 & 0 \\ 0 & 1 \end{bmatrix} \begin{bmatrix} 1 & L_0 \\ 0 & 1 \end{bmatrix} \begin{bmatrix} 1 & 0 \\ -\dfrac{2}{R_1} & 1 \end{bmatrix}$$

$$= \begin{bmatrix} 1 - \dfrac{4L_0}{R_1} & 2L_0 \\ \dfrac{8L_0 - 4R_1}{R_1^2} & 1 - \dfrac{4L_0}{R_1} \end{bmatrix} \tag{5-26}$$

由式（5-26）可得

$$A = 1 - \frac{4L_0}{R_1}, \quad B = 2L_0, \quad C = \frac{8L_0 - 4R_1}{R_1^2}, \quad D = 1 - \frac{4L_0}{R_1} \qquad (5\text{-}27)$$

要保证光束在腔内往返任意多次而不横向逸出腔外，必须要求 n 次往返变换矩阵 $\boldsymbol{T}^n$ 各个元素 A_n、B_n、C_n、D_n 对任意 n 值均保持有限大小。设 $g_1 = 1 - \dfrac{L_0}{R_1}$，

$g_2 = 1 - \dfrac{L_0}{R_2}$，$g_1$、$g_2$ 应满足如下条件才能保证腔的稳定：

$$0 < g_1 g_2 < 1 \qquad (5\text{-}28)$$

在稳定的光学系统中，光束经过多次反射以后，光束被重复聚焦，此时镜面上的光斑尺寸应不大于入射光斑大小，才能保证入射光束在光学系统中来回反射而不从镜边沿射出。

通常的 Herriott 型多光程池是由两块球面反射镜组成的共轴稳定腔，光路调节方便，易于实现。然而，其入射孔径角小，这要求入射光束的发散角比较小。图 5.8 所示为 Herriott 型多光程池的光学结构，两块球面镜的曲率半径分别是 R_1、R_2，相距 L_0 平行放置。光线从 M_1 上小孔进入，多次反射以后从同一孔径出去。

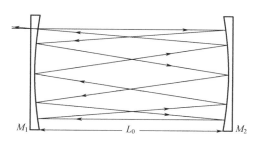

图 5.8　Herriott 型多光程池的原理

5.2.2　新型 Herriott 长光程模拟

为了尽可能增大有效光程，实现尽量多的反射次数，并且满足安装简单和控制容易的要求，我们提出了一种具有三镜光学结构的 Herriott 型多次反射装置，此装置由一片平面反射镜和两个尺寸相同的半圆形凹面反射镜组成，如图 5.9 所示。这样大大简化了腔镜共轴调节的麻烦，使得平行调节变得简便可行。

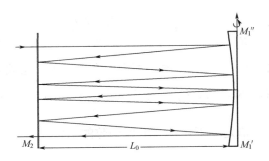

图 5.9　Herriott 型多光程池的原理

　　设计中将一块曲率半径为 R 的凹面反射镜从中间切成 M_1'、M_1'' 上下两半块凹面反射镜，M_2 是平面反射镜，三镜平行放置，共同构成平-凹稳定腔。M_1'、M_2 两镜固定不动，两块凹面的半圆形反射镜在切割线连接处重合，在平面镜上平行于凹面镜切割线两端开槽孔，使两槽孔平行于切割线，两槽孔的尺寸大于入射光斑和出射光斑，并且不影响相邻光斑的反射。激光束从平面镜上任一个槽孔水平入射，经过在腔内多次反射后最终从另外一个槽孔出射。通过调节 M_1'' 镜面的转动角度，凹面镜 M_1'' 在平面镜上曲率中心位置改变。此时图 5.9 可以等效为焦距为 $2L_0$ 的两块焦距相同的共轴 Herriott 型反射装置，如图 5.10 所示。

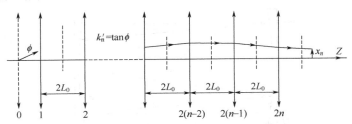

图 5.10　等效透镜原理

　　光束从 M_2 镜水平入射，凹面镜上第一次反射光斑的初始位置可以表示成 (x_0, y_0)，那么在第 $2n$ 次反射后 M_1' 和 M_1'' 凹面镜上的投影点坐标可以表示成 (x_{2n}, y_{2n})。由式（5-29）～式（5-31）得

$$x_{2n} = A\sin(2n\theta + \alpha) \tag{5-29}$$

$$y_{2n} = A\cos(2n\theta + \alpha) \tag{5-30}$$

$$\cos 2\theta = 1 - \frac{2L_0}{R}, \quad k_0 = \frac{\pi}{2\theta}, \quad 0 < \theta < \frac{\pi}{2} \tag{5-31}$$

式中，k_0 表示镜面上每一圈光斑数。

　　由式（5-29）～式（5-31）可以看出反射光斑在 M_1' 和 M_1'' 面上投影都是一个椭圆。

若调节 M_1'' 镜片，使其在水平面上旋转一小角度，那么 M_1' 的主光轴和 M_2 的主光轴不在同一条直线上，即 M_1'、M_1'' 的主光轴在平面镜 M_2 上产生位移偏量。此时在镜面上的反射光斑分布等效于多个相同的 Herriott 池的组合叠加。从图 5.11 中可以看出，与传统的 Herriott 池的光斑图样相比，改进装置腔镜上的光斑位置在水平方向上平行移动，竖直方向上保持不变。

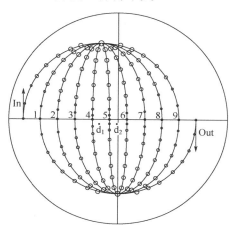

图 5.11　平面镜上的 5 圈光斑分布示意图

影响反射次数的因素与计算结果如下：

镜面上每一圈光斑的大小按正弦规律变化，并且在 $2n\theta + \varphi = \dfrac{\pi}{2}$ 或 $\dfrac{3\pi}{2}$ 时，光斑尺寸取最大，在 $2n\theta + \varphi = 0$ 或 π 时，光斑尺寸取最小，镜面上光斑尺寸呈现周期性变化。在图 5.11 中，d_1、d_2 为两半块凹面镜在平面镜上的曲率中心位置，数字 1~9 表示在平面镜水平轴线方向上入射孔与出射孔之间的光斑位置，若 M_1'' 转动特定角度 φ，M_1'、M_1'' 光轴在平面镜上的中心偏移量 $|d_1d_2| = d_0$，则平面镜水平轴线上两相邻光斑之间的距离 $d_{n,\,n-1}$ 与 d_0 相等，即

$$|d_{12}| = |d_{23}| = |d_{34}| = \cdots = |d_{89}| = |d_1d_2| = d_0 \tag{5-32}$$

设平面镜入射槽孔和出射槽孔在水平轴线上有 N 个光斑，则入射光线在光学系统中循环了（$N+1$）次。设每一个椭圆的光斑个数为 k_0，平面镜上光斑总数为 K。入射槽孔与出射槽孔之间的间距为 D，有

$$N+1 = \frac{D}{d_0} \tag{5-33}$$

$$K = (N+1)k_0 \tag{5-34}$$

由式（5-33）和式（5-34）可知，d_0 越小，则循环圈数越多，反射次数越多。若

光束正好从出射口出射，镜面上两孔间距 D 必须是光轴偏移位移 d_0 整数倍。由式（5-33）和式（5-34）可得等效总光程 L_{eff} 为

$$L_{\text{eff}} = \frac{D}{d_0} k_0 L_0 \tag{5-35}$$

由式（5-35）可以看出，镜片尺寸 D 是影响光斑数的重要指标，镜面尺寸 D 越大，镜片之间被约束的光束越多，光斑数目增大。两光轴偏移量 d_0 越小，得到的光斑圈数越多。

移动镜片 M_1'' 水平旋转角度 φ，两凹面镜在平面镜上曲率中心位置的偏移位移 d_0 为

$$d_0 = 2L_0 \tan \frac{\varphi}{2} \tag{5-36}$$

由式（5-34）和式（5-35）可得等效总光程 L_{eff} 为

$$L_{\text{eff}} = \frac{D}{2\tan \dfrac{\varphi}{2}} k_0 \tag{5-37}$$

由式（5-37）可以看出，主光轴的偏移量和凹面镜转动角度有关，然而 d_0 不可能无限制变小，也就是与出射槽孔相邻的光束不能从出射孔出射，即相邻的光斑间距应大于初始入射光斑尺寸。由从式（5-36）可以看出，在确定的光学系统中，凹面镜转动角度是调节有效光程的重要手段。

假设入射激光束光功率为 20mW，初始入射光束在凹面反射镜上的光斑直径为 5mm，要实现光束有效光程为 500m，若平面镜和凹面镜的间距 $L_0 = 100$cm，平面反射镜两孔间距 $D=5$cm，反射次数为 500 次，则每个镜片上的光斑数 $K=250$，取镜片光斑圈数为 5，则入射口和出射口之间的光斑为 9。每圈的光斑数为 25，由式（5-30）得 $2\theta = 14.40°$，$R_1 = 63.66$ m。由式（5-32）～（5-36）可得旋转角 $\varphi_0 = 0.15°$。由式（5-37）得等效总光程 $L_{\text{eff}}=500$m。要确保激光束在装置中多次反射实现多光程，首先激光必须在光腔中传播，不能因为光线发散而溢出，即保证光学系统满足稳定性条件，根据式（5-28）可知，此光学系统是稳定的，从而保证了系统的聚焦性能，即出射光斑尺寸小于 5mm。每一次反射后光束强度不断减小，若选择高效率反射镜的反射率为 99%，忽略其他损耗，最终的出射光束光功率为 0.134mW，完全可以满足探测要求[11]。

5.2.3 螺旋式 Herroitt 多光程池

根据多光程吸收池的研究现状和发展趋势，结合 Herriott 型多光程池和圆环

形多光程池的结构特点，我们提出了一种新型的多光程吸收池[12]。

　　本次设计主要用到 Tracepro 光线追踪软件和三维机械制图 SolidWorks 软件。SolidWorks 是一个机械制图软件，可设计三维模型实体，并得出实体零件的工程制图。Tracepro 是一个模拟光线追踪的软件，普遍应用于光学分析和照明系统等领域。软件中有各种光学器件和几何器件，也可以导入 SolidWorks 设计的零件，对其进行光线追踪。

　　传统 Herriott 池是由两块等焦距凹面反射镜构成的。两凹面镜互相平行且光轴重合，光束若以特定的角度入射，可在池体中形成一个来回循环反射的光学共振腔，反射光斑形成一个紧密分布的圆形。如图 5.12（a）所示，将 Herriott 池的二维平凹四边形绕中心轴旋转一周，构成一个圆环形多光程池，并用 Tracepro[13] 光学软件在圆环型多光程池中进行光线模拟追踪，图 5.12（b）所示为光线追踪结果。

(a) 圆环形多光程池的结构　　　　(b) 利用Tracepro模拟光线在圆环形多光程池中的传播

图 5.12　圆环形多光程池的结构及光线传播

　　一般情况下，入射角越小，池中的反射次数则越多。入射角变小意味着池中相邻两反射光斑的间距减小；若两相邻光斑间距小于入射小孔半径与光斑半径之和时，入射光会从入射小孔中漏出，而不能在池中循环反射。因此这种多光程池的反射次数受限于入射角、入射小孔及反射光斑的大小。

　　根据 Herriott 型多光程池和圆环形多光程池的特点，构思出一种新型多光程池。此装置是由二维平凹四边形绕池体的中心轴螺旋而成，形状如弹簧的多光程池。池中的反射光线形成多圈循环，并随着螺旋圈数的增加，反射光逐渐偏离入射光，最终使出射光远远偏离入射小孔，从另一小孔出射，从而大大减弱了入射小孔对反射次数的限制，增加了光路的可调空间。因池体的凹面的路径是螺旋形，且其体积微小容易携带，故称为螺旋形便携式多光程吸收池，简称螺旋形多光程池[14]。图 5.13 所示为螺旋形多光程池的整体结构[15]。

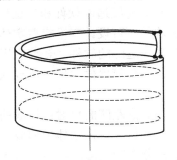

图 5.13　螺旋形多光程池的结构

与 Herriott 池不同，螺旋形多光程池是由凹面镜沿螺旋路径叠加围成的，分析时可近似看作由多个 Herriott 池倾斜叠加而成的。图 5.14 所示为螺旋形多光程池的近似等效光线传播。设入射光线与凹面镜的第一个交点位置是 p_0，p_0 点与水平轴 Z 的垂直距离是 y_0，光线入射方向与水平方向的夹角是 a_0。光线与平凹面镜 M_3 的交点是 p'，p' 点与水平轴线 Z 的垂直距离是 y'，且与水平方向上的夹角是 α'。

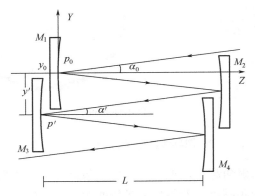

图 5.14　螺旋形多光程池的等效传播光路

利用 ABCD 变换矩阵，光线通过 3 个凹面镜后可表示为

$$\begin{bmatrix} y' \\ \alpha' \end{bmatrix} = T \begin{bmatrix} y_0 \\ \alpha_0 \end{bmatrix} \tag{5-38}$$

设池中凹面镜的曲率半径是 R，凹面镜间距是 L，由于倾斜角度较小，每条反射光线的长度可近似为 L。入射光在池中被平凹面镜 M_1 反射后，通过距离为 L 的均匀介质，射到平凹面镜 M_2，再次通过距离为 L 的均匀介质，最后反射到凹

面镜 M_3，完成一个光路循环。则由 ABCD 变换矩阵理论得

$$T = \begin{bmatrix} A & B \\ C & D \end{bmatrix} = \begin{bmatrix} 1 & 0 \\ \dfrac{2}{R} & 1 \end{bmatrix} \begin{bmatrix} 1 & L \\ 0 & 1 \end{bmatrix} \begin{bmatrix} 1 & 0 \\ -\dfrac{2}{R} & 1 \end{bmatrix} \begin{bmatrix} 1 & -L \\ 0 & 1 \end{bmatrix} = \begin{bmatrix} 1 - \dfrac{2L}{R} & \dfrac{2L^2}{R} \\ -\dfrac{4L}{R^2} & \dfrac{4L^2}{R^2} + \dfrac{2}{R}L + 1 \end{bmatrix}$$

$$（5\text{-}39）$$

由式（5-39）可得

$$A = 1 - \frac{2L}{R}, \quad B = \frac{2L^2}{R}, \quad C = -\frac{4L}{R^2}, \quad D = \frac{4L^2}{R^2} + \frac{2}{R}L + 1 \qquad （5\text{-}40）$$

若重新以 p' 为起点，再以路径"平凹面—均匀介质—平凹面—均匀介质"到达 p^2，则 $p^2 = Tp' = T^2 p_0$。若循环 n 次，则 $p^n = T^n p_0$。只有当 T^n 中的各个元素为有限值时，光学系统才为稳定光学腔。

要使光线在池中循环反射而不溢出。根据光学腔原理，两凹面镜的相隔距离 L 和池中凹面曲率半径 R 应满足激光腔的稳定条件：

$$0 \leqslant g_1 g_2 \leqslant 1 \qquad （5\text{-}41）$$

在螺旋形多光程池中，$g_1 = g_2 = 1 - L/R$。当 $0 \leqslant L \leqslant 2R$ 时，满足光学稳定腔条件，光线在池中形成多次循环反射；若不满足激光稳定腔的条件，因池中光线反射幅度太大，因而不能充分利用螺旋形多光程池的反射表面。

反射光束在池中的收敛性问题是设计螺旋形多光程池的重点和难点，池体的形状结构都是根据光斑的收敛性而设计的。把一个螺旋型多光程池放在水平面上，其池体可分为水平方向和垂直方向。光束的发散性，可从这两个方向研究。

图 5.12（a）所示为螺旋形多光程池的俯视图，为研究光束水平方向上的发散性，将一束近似平行的光直接入射到池中。

螺旋形多光程池的反射次数具有可调性，根据实际需要，通过改变螺旋圈数而调节有效光程。设螺旋形多光程池的高度是 h，螺旋圈数 n，每圈圆凹槽上的光斑数是 M，多光程池在 X-Y 平面上的截面圆半径是 R，则螺旋圈数 $n = h/d$。池中的每条光线长度近似圆筒的直径 $2R$，共有 $(nM+1)$ 条光线。图 5.15 所示为螺旋形多光程池的 3D 循迹图。

在圆凹槽宽度 d 大于光斑直径 D 的条件下，螺旋形多光程池内的总光程为

$$S = 2R(nM+1) \qquad （5\text{-}42）$$

将 $n = h/d$ 代入式（5-42）可得

$$S = 2R\left(\frac{hM}{d} + 1\right) \qquad （5\text{-}43）$$

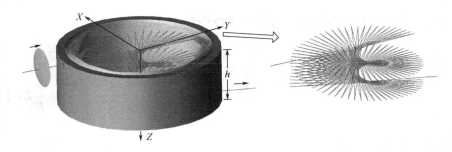

图 5.15　螺旋形多光程池的 3D 循迹图

5.3　基于 F-P 腔的腔锁定吸收光谱技术

腔增强吸收光谱技术（Cavity Enhanced Absorption Spectroscopy，CEAS）是一种能获得较高探测灵敏度的光谱测量方法。该技术是将被测样品放置到高 Q 值的谐振腔内，利用光子在腔内的较高寿命实现多光程效应，因而可以在有限的空间内获得很长的吸收路径，大大提高了光谱的测量灵敏度。O'Keefe、Meijer 和 Cheung 等人采用周期性扫描腔长，通过积分和平均的方法获取增强信号，而且 Cheung 等人获得了 $4.8\times10^{-9}\mathrm{cm}^{-1}$ 的灵敏度；赵卫雄等人采用离轴积分腔输出光谱技术，灵敏度达到 $4\times10^{-8}\mathrm{cm}^{-1}$；吴升海等人在 CEAS 基础上又结合了磁旋转光谱技术，在细度为 48 的谐振腔中也实现了 $4.5\times10^{-8}\mathrm{cm}^{-1}$ 的灵敏探测。由于腔的谐振频率和激光频率不能同步锁定，CEAS 技术通常获得谱线的基线不稳定，信噪比差，容易受到外界机械振动和温度漂移的影响，并且降低了腔的原有精细度[16, 17]。因此，在采用连续调谐的激光进行 CEAS 的实验过程中，希望激光扫描时，谐振腔始终与激光频率保持共振，以便输出最大的透射光强，从而获取吸收光谱。

有差锁腔技术的原理和实验过程都十分简单，采用这种技术可以使谐振腔长时间锁定在线宽为 500kHz 激光频率上，当激光扫描时，还可以使谐振腔的共振频率跟随激光频率保持同步共振，锁定后光强的输出功率起伏较小，非常适合大范围激光扫描的腔增强吸收光谱测量[18]。

5.3.1　实验装置

锁腔实验方案如图 5.16 所示。光源采用半导体抽运的全固化激光器（Coherent® Verdi™ 10）抽运连续可调谐钛宝石激光器（Coherent® 899-29，700～820nm），其波长可以大范围调谐，适合原子分子光谱测量。为防止腔镜反射使激光原路返回，造成激光工作的不稳定，在激光输出端放置法拉第旋光器（Faraday Cage）作光学隔离器。谐振腔由两个曲率半径 $R=50mm$，反射率为 99%（850nm）的凹面反射镜（M_1 和 M_2）构成 F-P 共焦谐振腔（腔长为 50mm）。M_2 腔镜固定在伸长系数为 3.4nm/V 的压电陶瓷管（PZT，$\phi 15mm \times 15mm$）上。信号发生器产生的调制信号（$f_M = 3\ kHz$，$V_{PP} = 3.5\ V$）加载到 PZT 上，产生对腔长的调制。通过 F–P 腔的透射光强由光电探测器探测后送入锁相放大器进行同频解调，获得具有一次微分线型的鉴频信号，鉴频信号再经过高压放大器放大后加载到 PZT 上，调节腔长，保持伺服回路的负反馈特性，从而使腔频锁定在激光频率上。光电探测器的放大倍数为 5 倍，锁相放大器的放大倍数约为 50 倍，高压放大器采用 PA241 集成模块，放大倍数为 50 倍，最高正向输出电压为+150 V，因而系统的增益大于 10^4。

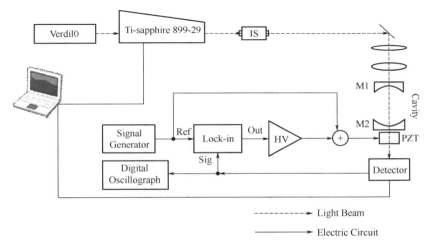

图 5.16　锁腔实验方案

（注：IS：光隔离器；HV：高压放大器；⊕：加法器；PZT：压电陶瓷调制器）

谐振腔的频率对环境的扰动非常敏感。当腔的长度变化 1nm 时，腔频大概要改变 4MHz，所以，在实验中保持腔的稳定是非常重要的。为了减小空气流动及外界振动对谐振腔的影响，腔镜紧固在精密三维光学调整架上，镜架固定在 4cm 厚的大理石板上，在大理石板下面安装防震垫，并将其放置在光学防震平台上，整套装置放置在有机玻璃罩中，这样不仅可以克服机械振动、声振动和气流对谐振腔的影响，而且由于大理石的热胀系数很小，还可以有效减小温度变化对腔长的影响。采取以上这些措施后使腔的稳定性大幅度提高，当扫描激光时可以从计算机屏上观测到稳定的腔膜信号，如图 5.17 所示。

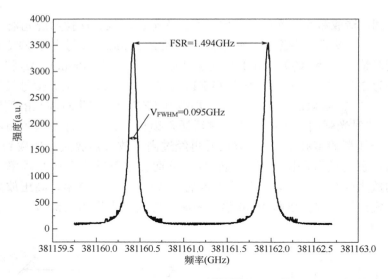

图 5.17 谐振腔的腔模

5.3.2 控制原理

由自动调节原理可知，锁腔伺服系统属于有差调节。有差调节系统是指伺服环路锁定后，仍存在一个剩余误差。锁定后的腔长位置并不在谐振腔完全共振时对应的腔长 L_0 处（$L_0 = q\dfrac{\lambda}{2}$，$\lambda$ 为激光波长，q 为正整数），而是在 L_C 处（见图 5.18），正是这个剩余误差提供了闭环后的自动伺服控制

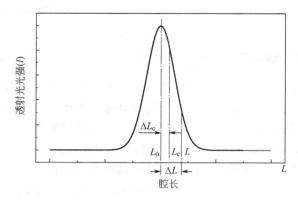

图 5.18 有差调节原理

（注：L 为腔长；$\Delta L = L - L_0$ 为开环腔长差；$\Delta L_C = L_C - L_0$ 为闭环腔长差）

信号。假设开环时的腔长为 L，锁定闭环后的腔长为 L_C，令 $\Delta L = L - L_0$ 及 $\Delta L_C = L_C - L_0$ 分别表示开环和闭环时腔长偏离谐振位置的距离。这样锁相放大器输出的误差信号经过高压放大后加载到 PZT 上，引起腔的长度变化为

$$L - L_C = AA_H K_{PZT} K_L \Delta L_C \qquad (5\text{-}44)$$

式中，A 为探测器和锁相放大器的有效放大倍数；A_H 为高压放大器的放大倍数；K_{PZT} 为 PZT 的伸长系数，单位为 nm/V；K_L 为鉴频信号的斜率，单位为 V/nm。令 $M = AA_H K_C K_{PZT}$，表示为伺服环路的增益系数，并将 $\Delta L = L - L_0$，$\Delta L_C = L_C - L_0$ 代入式（5-44）可得

$$\frac{\Delta L_C}{\Delta L} = \frac{1}{1+M} \qquad (5\text{-}45)$$

式（5-45）反映了闭环腔长差与开环腔长差的比值，实验中增益系数大于 10^4，因此，伺服环路方程可近似表示为

$$\frac{\Delta L_C}{\Delta L} \approx \frac{1}{M} \qquad (5\text{-}46)$$

以上说明环路增益系数越大，剩余误差越小，锁定后腔长位置越靠近共振峰中心值，但是如果增益系数过大，容易引起系统振荡。

5.3.3　实验结果与讨论

谐振腔调节的好坏将影响腔内激发的模式，当入射激光只激发谐振腔的基模时，激光透过谐振腔的功率最大。因此，在实验中要把腔模调到 TEM$_{00}$ 基模上，并抑制掉其他的高阶模式，这样可以使腔增强效率提高[16]。为使激光模式与谐振腔的模式尽量匹配，实验中用两块凸透镜，运用 ABCD 系数计算变换高斯光束，使激光与腔的横模匹配。

鉴频信号中心斜率大小和信噪比会直接影响腔的锁定精度，腔调制频率的大小和调制幅度的选取对鉴频信号斜率的影响很大。实验中选取的调制信号幅度为 3.5V，相当于对腔长调制 12nm，折合成腔的频率调制幅度为 47MHz，与透射峰半高全宽的一半相当，这样既不会使透射峰展宽，也可以得到中心斜率较大的鉴频信号。加载在 PZT 上的调制频率为 3kHz，这是因为由外界环境引起的腔的抖动频率较高、变化时间较快，因此，调制频率取高些有利于对腔的伺服控制，但调制频率不能超出 PZT 的频率响应范围。

图 5.19 所示是对 PZT 加载调制信号后，通过激光扫描得到的腔模及锁相解调信号。图中激光频率的扫描速度为 16.7MHz/s（由 CR899-29 钛宝石激光系统的

Auto-scan 控制）。因此，扫描一个自由光谱区（FSR≈1.5GHz）的时间为 90s。经过锁相放大器（100ms 积分时间，500mV 灵敏度）解调后，可以得到线型为一次微分线型的鉴频信号，信噪比为 171（1σ）。

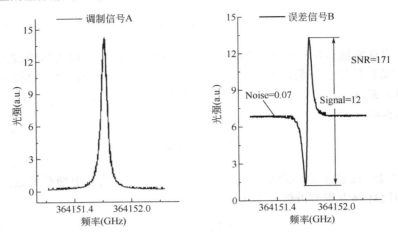

图 5.19　调制信号和误差信号

当激光工作于单一频率时，谐振腔长度可以数小时锁定在激光频率上，保持经过腔后的激光透射功率最大并十分稳定。图 5.20 所示为数字示波器记录的 10min 内的透射光信号功率起伏情况，功率起伏的相对稳定度为 2%（1σ）。激光自身的功率起伏相对稳定度经测量为 1%。因此，锁定后的透射光的功率起伏主要来源于激光器的功率起伏，其余来自探测器的电子噪声及外界环境的干扰。

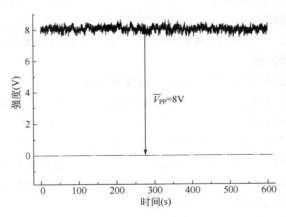

图 5.20　示波器记录的谐振腔的透射功率

当激光频率扫描时,扫描速度为 16.7MHz/s,伺服环路通过改变加载在 PZT 上的电压来改变腔长，保持谐振腔始终与激光的频率共振。图 5.21 所示为采样示波器记录的锁定后的透射光强信号，以及高压放大器加载到 PZT 上的电压信号与扫描时间的关系。当激光扫描时，加载在 PZT 上的电压线性增长，说明腔长连续改变，保持与激光共振和透射光强的稳定。由于加载在 PZT 上的电压不能无限增加，PZT 也不能无限制地伸长，因此，在激光频率扫描时谐振腔共振频率不能一直跟随激光频率锁定，锁定范围取决于放大器的电压输出范围。我们采用的高压放大器输出最大电压可达 150V 左右，相当于可以连续扫频 2GHz。

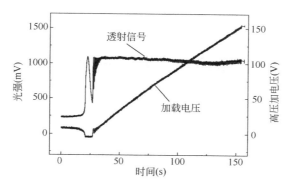

图 5.21　透射峰信号和高压放大器的输出信号

图 5.22 所示为 CR 899-29 激光器连续扫描时由激光器控制系统直接采集的通过腔的透射光强信号。从图中可以看出，谐振腔可以在 2GHz 扫描范围内与激光保持共振，锁定后透射光功率起伏相对稳定性为 1.3%（1σ）。若激光扫描频率超出 2GHz 的范围，则加在 PZT 上的电压已达到 150V 的最大输出电压，此时锁定系统将会脱锁。当激光继续扫描时，由于系统的自动伺服作用，谐振腔的谐振频

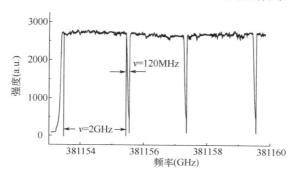

图 5.22　激光频率扫描时谐振腔透射信号的功率

率在短暂脱锁后会再次与激光频率重新锁上，中断的频率范围小于 120MHz。因此，随激光频率扫描，腔频可以一直跟随激光频率共振，每扫描 2GHz 左右的范围，脱锁 120MHz 又重新锁上，因而，这样的锁腔系统可用于腔增强激光光谱的实验测量。要进一步增长不间断扫描锁定范围，可以采用伸长系数更大的 PZT，或者进一步提高高压放大器的高压输出范围。

采用有差伺服调节技术将外置谐振腔和激光频率的同步锁定。腔的谐振频率可以自动跟随激光频率的扫描连续变化，保持输出光强最大并且稳定。这种技术可用于腔增强吸收光谱以提高增强因子和光谱测量灵敏度，以及用于其他光电检测系统。实验中如果采用更高反射率的腔镜，则可以提高系统的锁定精度和灵敏度，并且使系统的增强效果更加明显。

5.4 光外差-Herriott 型多光程吸收光谱技术

根据 Beer-Lambert 定律，吸收光谱的灵敏度与光程成正比。为了提高探测灵敏度发展了一系列增加光程的光谱技术，这些技术主要分为两类：一类是将光限制在两块或多块反射镜之间实现多次反射，如 White 和 Herriott 池[8, 19]；另一类是腔增强吸收光谱技术，如腔衰荡光谱和离轴腔增强光谱[20, 21]。频率调制光谱（Frequency Modulation Spectroscopy，FMS）最大的特点是零基线。一般频率较高，调制边带之间间隔较大，由于调制边带在吸收峰处的吸收不同产生拍频的外差信号（称为光外差光谱），光外差信号可以由快速光电探测器探测。Malar 等人还发展了双频 FM-离轴腔增强光谱技术[22]。光外差光谱具有很高的时间和频率分辨率的光谱技术，可用于研究光谱吸收和色散特性。

5.4.1 光外差光谱原理

在调制度 $M \ll 1$ 的限制条件下，只考虑一级调制边带。频率调制后的激光束包含激光的载波频率 ω 和两个强度较弱的边带 $\omega \pm \omega_m$。理论上，在两边带的振幅相等、相位相反，所以，光电探测器探测到的光电流 $I(\omega)$ 包含了一个射频调制下的拍频信号。其表达式如下[23]：

$$I(\omega) = \frac{cME_0^2}{8\pi}[(\delta_{+1} - \delta_{-1})\cos\theta + (\phi_{+1} - \phi_0 + \varphi_{-1})\sin\theta] \qquad (5\text{-}47)$$

式中，E_0 是原始载波激光束的电场幅度；δ_{+1} 和 δ_{-1} 分别代表了高频边带（$\omega + \omega_m$）和低频边带（$\omega - \omega_m$）的振幅衰减 ϕ_{-1}、ϕ_0、ϕ_{+1} 分别描述了两个边带和载波中心频率的

光的相位波动；θ 是在混频器中的参考调制频率 ω_m 和拍频信号之间的绝对相位角。

为表示方便，用 $A_{\mathrm{FM}}(\omega)$ 来表示在边带频率处由一次微分吸收谱线引起的吸收项，

$$A_{\mathrm{FM}}(\omega) = \delta(\omega + \omega_m) - \delta(\omega - \omega_m) \tag{5-48}$$

与吸收项 $A_{\mathrm{FM}}(\omega)$ 相对应的是色散项，它是由二次微分载波的光的相位波动和在边带频率的平均相位波动引起的。

$$D_{\mathrm{FM}}(\omega) = \phi(\omega - \omega_m) - 2\phi(\omega) + \phi(\omega + \omega_m) \tag{5-49}$$

在近红外区域低气压环境中分子吸收谱线测量中，谱线展宽主要是多普勒效应展宽。因此，可以用高斯函数来描述吸收谱线的光谱特性

$$\delta(\omega) = \delta_0 \exp\left\{-\left[\frac{\delta(\omega - \omega_0)}{\omega_0 \mu}\right]^2\right\} \tag{5-50}$$

式中，δ_0 是吸收谱线中心频率处的峰值振幅，ω_0 是谱线中心频率，c 是真空中的光速。

涉及色散函数的高斯光谱特性的表达式较为复杂，可根据 Kramers-Kronig 关系可以推导出来[24]

$$\phi(\omega) = \frac{2\delta_0}{\sqrt{\pi}} \exp\left\{-\left[\frac{\delta(\omega - \omega_0)}{\omega_0 \mu}\right]^2\right\} \int_0^{\frac{c(\omega - \omega_0)}{\omega_0 \mu}} \exp(\mu)^2 \,\mathrm{d}\mu \tag{5-51}$$

式中，μ 是气体分子热运动中的最概然速率。

5.4.2　光外差–Herriott 多光程吸收光谱装置

图 5.23 所示为光外差–Herriott 型吸收光谱装置原理。

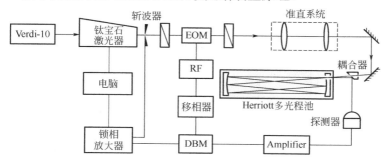

图 5.23　光外差–Herriott 型吸收光谱装置原理

（注：EOM：电光调制器；RF：射频；DBM：双平衡混频器）

该实验装置是由频率调制光谱技术和 Herriott 型多光程池构成的。采用连续美国相干公司的可调谐的钛宝石 899-29 激光器（Verdi-10 泵浦）作为光源。输出激光先经过斩波器被机械斩波，再进入电光调制器后被 500MHz 的射频信号进行射频相位调制，此时光束包含激光的载波频率和两个强度较弱的边带。最后光束被耦合到 Herriott 型吸收池中，光在吸收池中被反射 72 次，总的光程约为 85m。为了检验系统的探测灵敏度，在室温为 300K 的环境中将 200Pa 左右的水蒸气充入吸收池中。出射激光经过透镜聚焦后被 PIN 探测器（ET-2030，EOT）探测，探测器输出信号首先由双平衡混频器（Double-balanced mixer，DMB）解调实现光外差探测，然后由锁相放大器解调实现信号放大和低通滤波，最终信号由计算机采集。波长由分辨率为 0.001cm^{-1} 激光内置的波长计确定，同时用碘分子吸收谱线进行校正。

5.4.3　结果分析与讨论

图 5.24 所示为系统测量的 H_2O 分子 $12247.6872 \sim 12249.6954\text{cm}^{-1}$ 波段的吸收光谱。其中图 5.24（a）所示为 Herriott-多光程直接吸收光谱，图 5.24（b）所示为光外差-Herriott 多光程吸收光谱。在 12248.0225cm^{-1} 处的谱线在图 5.24（a）和图 5.24（b）中的信噪比分别为 22 和 177。光外差光谱技术使探测灵敏度提高了近一个量级，因而观察到了中心频率在 12247.0225cm^{-1} 和 12248.1203cm^{-1} 处的微弱跃迁。

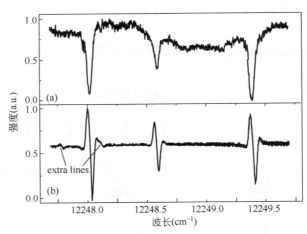

图 5.24　H_2O 分子 $12247.6872 \sim 12249.6954\text{cm}^{-1}$ 波段的吸收光谱

事实上，很难通过调节移相器的相位角来获得绝对吸收谱线，并且信号的强度对相位角很敏感。实验中选取的相位角时首先要确保光谱信号的强度，因而，谱线既包含频率调制的吸收部分，又有色散成分，谱线拟合中这两部分都要考虑。利用式（5.17）对 H_2O 分子（211）-（000）带的 6_{16}-5_{15} 跃迁进行非线性最小二乘拟合，如图 5.25 所示。图 5.25（b）所示为拟合偏差。此跃迁谱线的强度为 $1.02 \times 10^{-23} cm^{-1}/$（$molecule \times cm^2$），拟合偏差为 0.0294，因此，可以获得系统探测灵敏度为 $4.36 \times 10^{-8} cm^{-1}$（$3\sigma$）。为了得到"纯"多普勒吸收谱线 $\delta(\omega)$，将拟合获得 FM 吸收谱线进行转化，如图 5.25 所示。通过把拟合获得谱线和直接吸收谱线相对比，偏差小于 4%。

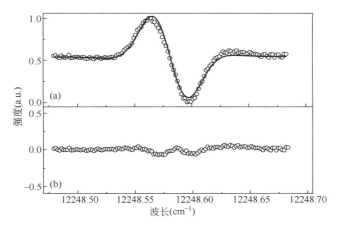

图 5.25　H_2O 分子（211）-（000）带的 6_{16}-5_{15} 跃迁谱线拟合及其残差

光外差-Herriott 型多光程吸收光谱技术是一种高灵敏吸收光谱技术，灵敏度可达 $4.36 \times 10^{-8} cm^{-1}$，可用于微弱吸收信号检测[25]。基于吸收和色散线型的考虑，采用非线性最小二乘拟合法对测量光谱进行拟合，并还原"纯"吸收光谱，还原后的信号与直接吸收信号的偏差小于 4%。

5.5　高灵敏度的 CO 和 CO_2 光谱研究

5.5.1　CO 和 CO_2 光谱研究的意义

随着连续波近红外可调谐激光技术的成熟，TDLAS 常用于痕量气体监测领域，如环境污染气体监测、工业安全生产、医疗诊断和燃烧诊断[1, 26]。高灵敏度检测通常可以通过选择更强的吸收线、使用超灵敏光谱技术和增加有效光路的多光程吸收池等技术实现。波长调制较其他光谱技术相对操作简单，并且成本较低。

超灵敏光谱技术有频率调制光谱（Frequency Modulation Spectroscopy）[27]、腔衰荡光谱（Catity Ring-Dowm Spectroscopy）[28]和离轴积分腔光（Off-Axis Integrated Cavity Output Spectroscopy）[21]。为了提高信噪比 SNR，通常采用二次谐波（WMS-2f）技术来测量气体浓度，因为 WMS 技术可以降低低频噪声和闪烁噪声[29, 30]，从而提高探测灵敏度和精确度[31]。

CO_2 与 CO 在燃烧诊断领域是很重要的测量气体，它们是碳氢化合物燃烧的主要产物，可以通过二者浓度演算得到燃烧效率。此外，它们也是大气环境污染物[32]。目前 CO_2 与 CO 吸收光谱的检测主要在近红外和中红外波段。由于二者在基频带和第一泛频带的吸收能力较强，再加上一些超灵敏光谱技术，最终的检测极限可以达到 sub-ppm 甚至 ppb 水平。尽管近红外相对中红外的吸收强度较弱，但是随着通信行业的快速发展，1.6μm 附近波段的激光器吸引越来越多的科研学者和工业客户，这是因为通信波段的激光器操作方便，以及在这个波段范围内具有丰富的光学器件、探测器和光学设备。

2012 年，R. Engelbrecht[33]使用 WMS 加上自平衡差分技术在 1.58nm 处 CO_2 与 CO 探测极限分别为 9.1ppm 和 5.1ppm。2012 年，Tingdong Cai[34]等使用二次谐波技术在 1000K 温度下 CO_2 为 280ppm，CO 检测极限为 250ppm。Cheskis 小组[35, 36]使用光纤激光腔内吸收光谱在室温下的 CO_2 检测极限浓度为 25ppm，CO 为 400ppm。

5.5.2 实验装置

CO 吸收的多光程吸收实验装置如图 5.26 所示。测量系统实物装置如图 5.27 所示，由于红外光无法直接用眼睛观察，为了便于调红外激光光路，用了 632.8nm 的 He-Ne 激光器发出的激光可以用眼睛直接观察，方便调试 Herriott 型多光程样品池的光路。首先对光路用可见光进行粗调，使可见光通过 Herriott 吸收池进行多次反射后光束能从进光口出来。两点确定一条直线，在粗调后使光路通过两个小孔光阑进行光路确定。关闭 He-Ne 激光器，打开半导体激光器，用感光卡观察近红外红光的方向，调整近红外光入射方向和位置，使得近红外光同时通过光路中的两个小孔光阑，观察示波器上显示通过斩波器产生的峰。通过显示在示波器上的透射峰强度来判断是否耦合成功。

ILX Lightwave 的 LDC-3724C 流控和温控一体化电源驱动设备器安装到 LDM-4980 激光夹持器 1578.69nm 中心波长的蝶形封装的 DFB 激光，Tektronix AFG3102C 信号发生器产生锯齿或三角波扫描信号。波长调制的驱动信号是由扫描信号和锁相放大器（Stanford Research Systems SR830）输出的正弦波叠加以后的信号。

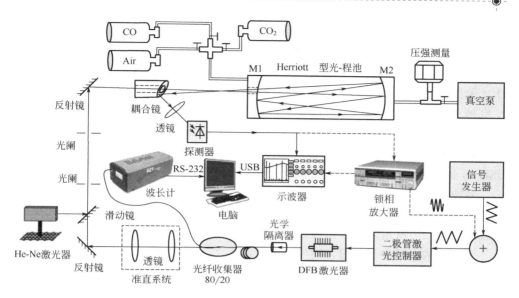

图 5.26　波长调制技术与 Herriott 长光程池相结合搭建测量实验装置

图 5.27　太原科技大学搭建的 TDLAS 测量系统实物

DFB 激光器产生的激光由隔离器（40dB）进行隔离，避免发射信号干扰和损坏激光器。经过光隔离器后的光经过 1×2 光纤耦合器进行光的分束，其中 20%功率的一束光耦合到 Bristol Instruments 波长计 621B 中，得到扫描波长，其中一束光不经过吸收池直接耦合到平衡差分探测器上。另一束经过准直后由两个反射镜把光耦合到一个腔长为 95cm 的 Herriott 型长光程吸收池。Herriott

吸收池由两个直径为 6cm 和曲率半径为 5m 的高反射平凹镜组合而成。光在吸收池内反射 58 次得到 55.1m 有效光程。最后透射光通过自制光耦合镜和透镜汇聚到 InGaAs 探测器（Elector-Optics Technology，ET-3010）。通过电容真空计（美国 Setra 公司，型号 760，满量程 100Torr）来检测吸收池内的气压。通过机械真空泵实现吸收池内压强改变。探测器将光信号转换为微弱的电压信号，信号经过锁相放大器解调后的数据输入到 MDO3104 示波器（Tektronix，5GS/s 采样率，1GHz 带宽），示波器采集高频直接吸收及解调后的信号，通过 USB 与 PC 相连，在 PC 上进行数据分析和处理。

另外，光纤接头按截面可分为 PC、UPC、APC。PC 和 UPC 的光纤微球型端面和陶瓷体的端面是平行的，工业标准的回波损耗分别为-35dB 和-50dB。而 APC 的截面为 8°倾斜角，回波损耗为-60dB，大大减小了反射。我们采用的是 APC 光纤接头，从而减小了反射光对光源的影响。

5.5.3 CO 的光谱测量与分析

本实验[31]采用 Boxcar averaging 技术与 Herriott 长光程池相结合测量 CO 气体(3,0)带 $P(4)$谱线的直接吸收和波长调制信号。图 5.28 所示为在总压强在 80Torr 不变情况下，不同 CO 浓度对应吸收信号。通过实验优化，得到波长调制一次谐波和二次谐波的最佳调制幅度分别为 0.0265cm^{-1} 和 0.0295cm^{-1}。图 5.28（a）和图 5.28（b）所示为直接吸收测量的信号，对应吸收峰的峰值和拟合曲线。图 5.28（c）和图 5.28（d）所示为波长调制一次谐波信号和对应不同浓度峰值的拟合曲线。图 5.28（e）和图 5.28（f）所示为波长调制二次谐波信号和对应不同浓度峰值的拟合曲线。

不同浓度对应的积分面积也是不一样的，去除基线之后通过用 Voigt 线型拟合不同 CO 气体浓度的吸收度数据，并可根据公式计算得到对应的浓度值。如图 5.28（a）所示，不同浓度与吸收度峰值线性相关度为 0.99904，可看出线性拟合非常好。图 5.28（c）和图 5.28（e）分别是气体浓度与一次谐波信号和气体浓度与二次谐波信号。如图 5.28（d）和图 5.28（f）所示，一次谐波与二次谐波信号对应的峰峰值都具有较强的线性关系，对应的线性相关度分别为 0.99942 和 0.99945。

其中，一次谐波信号的缺点是容易受到调制强度，以及光散射和光束控制的影响；二次谐波信号相对于一次谐波的线性拟合相关度更高，且二次谐波信号峰峰值比一次谐波要大。因此，用二次谐波信号测量气体浓度比一次谐波会更加的精确、可靠和灵敏。

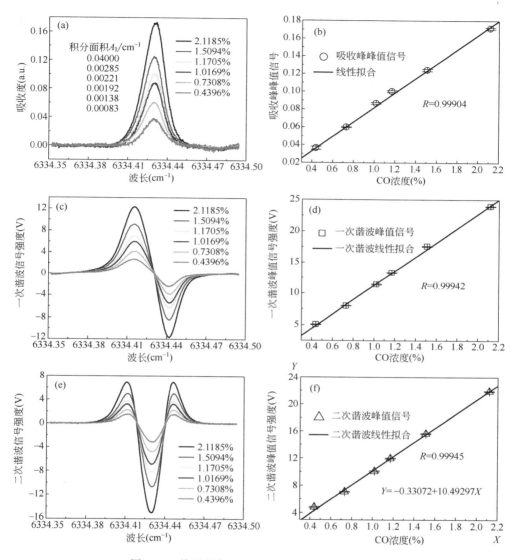

图 5.28 总压强在 80Torr 下不同 CO 浓度的信号

在实际情况下，由于谱线的分子之间的碰撞，曲线面积和光强及压强是相关的。实验过程，首先充入 1.5Torr 99.99% 纯 CO 到吸收池，然后往吸收池内充入空气，使得混合气体的总压强在 10Torr，为了保证 CO 和空气混合均匀和稳定，等待 0.5h 再测量。其他 5 组实验也是用相同步骤完成的，即继续往吸收池内充入空气，依次使得混合气体的总压强分别在 20Torr、30Torr、40Torr、60Torr 和 80Torr。

如图 5.29（a）和 5.29（b）所示，记录了 6 组不同浓度和不同压强下的直接吸收信号和波长调制二次谐波信号。1.5 Torr 99.99%纯 CO 气体的不变，随着外部空气混入吸收池，改变吸收池内的 CO 浓度和总压强，CO 气体浓度值被稀释从而浓度减小，所以，从图 5.29（a）和图 5.29（b）中可看出直接吸收信号和波长调制二次谐波信号分别与压强成反比。因此，在测量气体浓度时要考虑压强，即使在低压环境下也要考虑这些因素。

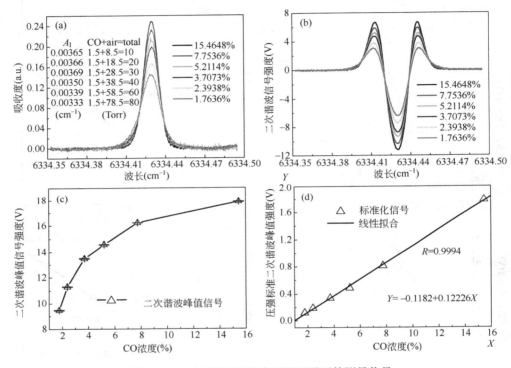

图 5.29　CO 气体不同浓度不同压强下的测量信号

如图 5.29（c）所示，在不同压强情况下，二次谐波信号与浓度呈非线性，如吸收系数 $\alpha(v)$ 理论描述的一致。一般情况下，二次谐波信号和浓度值是呈线性关系，如图 5.28（f）描述的，然而，图 5.29（c）中对于不同压强下并不是呈线性关系。根据式（5-23），可得二次谐波信号取决于压强和分子吸收摩尔分数。因此，去除式（5-23）中的压强，来消除压强因素的影响，得到归一化压强的二次谐波信号与浓度呈非常好的线性关系，相关度为 0.9994，如图 5.29（d）所示。造成偏差和非线性效应可能主要是由于在不同的压力谱线轮廓的变化。

为了衡量和评价测量系统的稳定性，使用 CO 测量系统记录 1250s 的 CO 的气体实验数据，如图 5.30（a）所示，测量浓度平均值为 4964.2ppm。通过对一系列连续时间数据进行 Allan 方差分析，如图 5.30（b）所示。从图 5.30（b）中可得到测量系统的 CO 最佳探测时间在 88.336s 探测极限浓度达到 0.286ppm。从图 5.30（b）中可得出噪声的成分和来源，可知 CO 在 88.336s 之前都与 $1/\tau$ 成线性相关，根据对应的光谱密度与采样时间关系可得到噪声类型主要是白噪声，之后是 $1/f$ 噪声。这些高灵敏度和高测量精度说明采用波长调制光谱与 Herriott 吸收池相结合 CO 是一款高性能传感器[37]。

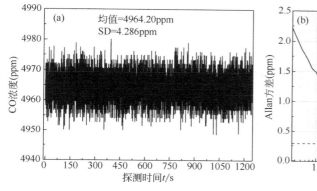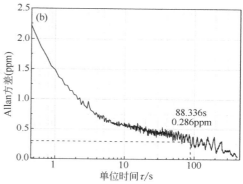

图 5.30　测量系统的 Allan 方差

通过 Hitran 数据库[38]，我们给出 1578.69nm 附近 CO 和 CO_2 谱线的线型强度，大于 $1×10^{-24}$cm^{-1}/moleculecm^{-2} 值的所有谱线，如图 5.31 所示，CO 有 6325.7989cm^{-1}、6330.1667cm^{-1}、6334.4303cm^{-1}、6338.5895cm^{-1}、6342.6441cm^{-1} 5 条吸收谱线，CO_2 有 6325.13741cm^{-1}、6327.06095cm^{-1}、6328.95563cm^{-1}、6330.82128cm^{-1}、6332.65773cm^{-1}、6334.46483cm^{-1}、6336.24242cm^{-1}、6337.9904cm^{-1}、6339.70864cm^{-1}、6341.39705cm^{-1} 10 条吸收谱线。我们使用的 DFB 半导体激光都能覆盖这些吸收谱线。为了能同时扫描测量 CO 和 CO_2，所以选择 CO 和 CO_2 吸收峰离得近的谱线，但又不能太近防止两种气体发生重叠而不好分辨谱线。这里选择 CO 的 6338.5895cm^{-1} 处和 CO_2 的 6337.9904cm^{-1} 处的两条吸收线，它们吸收峰位置既不会太近（大概在 0.5cm^{-1}），又可以通过注入电流单次实现同时扫描测量 CO 和 CO_2。表 5.1 是 CO 和 CO_2 的同时测量吸收谱线位置的光谱参数，从表中可得到它们的吸收强度。

表 5.1　光谱参数

气　体	吸收谱线(cm^{-1})	线型强度（cm^{-1}/moleculecm^{-2}）
CO	6338.5895	$1.074×10^{-23}$
CO_2	6337.9904	$1.512×10^{-23}$

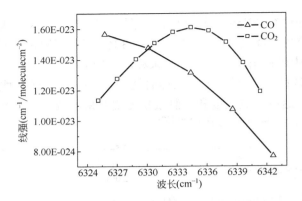

图 5.31　1578.69nm 附近的线型强度

5.5.4　基于双谱线的 CO 和 CO_2 浓度测量

DFB 半导体激光器的工作电流是 30mA，工作温度设置为 21.7℃。它们的稳定波长大概在两者吸收峰的中间，然后通过注入电流的方式扫描波长。注入电流的锯齿波用信号发生器发出重复频率为 0.2Hz，扫描电压值的范围为 0.2~3.55V，再加上调制幅值为 0.09V、频率为 3.0kHz 的调制信号。此时使用的 Tektronix MDO3104 示波器的采集频率为 1KS/s（KS/s 是 K sample/second 的简写）。

为了追求较高的检测灵敏度，实验利用多光程吸收池提高吸光度，利用 WMS 隔离低频噪声和 Boxcar averaging 技术降低了随机噪声，利用 Boxcar averaging 技术和波长调制技术同时测量 CO 和 CO_2 浓度。

图 5.32（a）所示为用直接吸收法同时测量 CO_2 的 $3\nu_1$ 带 $P(12e)$ 吸收谱线和 CO 的 3ν 带 $P(3)$ 吸收谱线。通过 Voigt 拟合公式得到非常好的拟合结果。使用残差的标准偏差（1σ）为 $1.45×10^{-3}$、有效光程为 55.1m，算出探测灵敏度（1σ）为 $2.63×10^{-7}cm^{-1}$。CO_2 和 CO 积分面积 A_I 分别为 $1.87×10^{-3}cm^{-1}$ 和 $8.4×10^{-4}cm^{-1}$，采用直接吸收公式可以算出 CO_2 和 CO 浓度分别为 1.1467% 和 0.7279%。如图 5.32（b）所示，通过计算 CO_2 和 CO 的峰峰值和无吸收处的均方根之比计算出 CO_2 与 CO 二次谐波的信噪比分别为 402 与 155。因此，CO_2 最小探测浓度值（1σ）为 29ppm，CO 为 47ppm。由于 CO_2 的谱线 $P(22f)$ 和 $P(21e)$ 线型强度要比 $P(12e)$ 线的线型强度小两倍，所以，用直接吸收光谱探测不到 $P(22f)$ 和 $P(21e)$ 的吸收，而当采用波长调制时，能探测到 $P(22f)$ 和 $P(21e)$ 的吸收。因此，可以得到二次谐波可以有效降低噪声和闪光噪声的结论，从而实现高灵敏度探测。

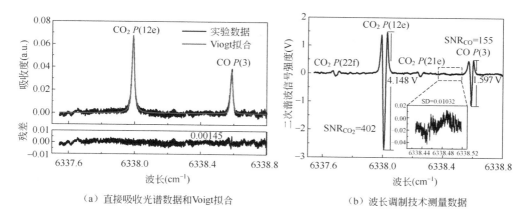

（a）直接吸收光谱数据和Voigt拟合　　　　　（b）波长调制技术测量数据

图 5.32　同时测量 CO_2 的 $3v_1$ 带 $P(12e)$ 吸收谱线和 CO 的 $3v$ 带 $P(3)$ 吸收谱线的
浓度测量实验

CO_2 的 $3v_1$ 带 $P(12e)$ 吸收谱线和 CO 的 $3v$ 带 $P(3)$ 吸收谱线的直接吸收随浓度变化的信号，如图 5.33 所示。CO_2 和 CO 纯度为 99.99% 气体分子在总压强 60Torr 不变情况下，测量了不同浓度吸收结果。图 5.33（a）所示为 CO_2 的 $3v_1$ 带 $P(12e)$ 吸收谱线和 CO 的 $3v$ 带 $P(3)$ 吸收谱线的直接吸收浓度，图 5.33（b）所示为直接吸收计算得到积分面积与浓度的线性关系，线性关系的相关性强。图 5.33（c）所示为 CO_2 和 CO 吸收谱线的二次谐波峰值信号值随波长的变化，图 5.33（d）所示为二次谐波峰值信号与不同浓度的线性关系。由图 5.33（d）可知线性关系拟合度高，线性相关度 CO_2 为 0.99458 和 CO 为 0.99365。

由图 5.33（b）和图 5.33（d）可知，虽然 CO_2 和 CO 的积分面积和二次谐波峰峰值都与浓度呈现很好线性关系，但是随着浓度的增加，CO_2 的积分面积和二次谐波峰峰值增加趋势比 CO 的快。此外，CO_2 的二次谐波峰峰值与 CO 的二次谐波峰峰值增加快（斜率大），CO_2 与 CO 的积分面积变化慢（斜率小）。可得到以下结论：二次谐波的峰峰值更适合对气体浓度进行测量，这是因为其变化率大。

图 5.33（b）和图 5.33（d）的残差是三次采集的平均值，其不确定度均非常小。在波长调制实验中，信号强度与浓度值呈正比。因此，可通过已知浓度与二次谐波测量的峰峰值进行标定，并利用校准的关系式计算待测气体的浓度值。

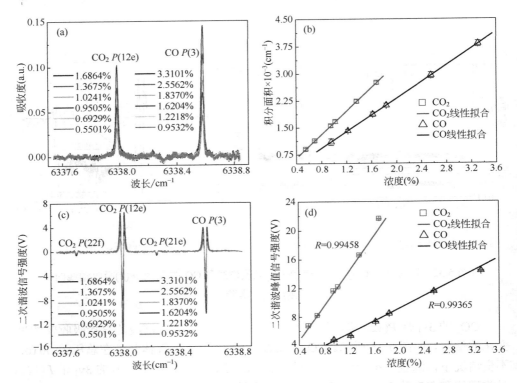

图 5.33　总压强为 60Torr 时 CO_2 和 CO 与空气混合不同浓度与信号曲线

为了测量不同压强对直接吸收的积分面积和二次谐波信号强度值的影响，测量了 6 种不同压强条件下 2.0%CO_2-N_2 和 2.0%CO-N_2，压强分别为 10Torr、20Torr、30Torr、40Torr、60Torr 和 80Torr。如图 5.34（a）所示，积分面积随压强的变化，CO_2 和 CO 的线性相关度分别为 0.99896 和 0.99995，可以看出具有非常好的线性关系。如图 5.34（b）所示，为了验证测量系统的可靠性，利用直接吸收法测量 6 种压强下的浓度值，实际测量结果与标准浓度值相对误差比较，CO_2 和 CO 的相对误差都小于 5%。图 5.34（c）是获得不同压强下二次谐波峰值信号强度。

激光透射 τ 可通过泰勒级数展开，泰勒级数展开项越多，得到的近似值就越精确。所以，激光透射 τ 可用 2 阶泰勒级数展开[6]：

$$\tau \approx 1 - P_{tot}xS^{*}L\varphi(v) = 1 - P_{tot}xS^{*}L\sum_{k=0}^{\infty}H_k\cos(k \times 2\pi ft) +$$

$$\frac{P_{tot}^2 x^2 S^{*2}L^2\left[\sum_{k=0}^{\infty}H_k\cos(k \times 2\pi ft)\right]^2}{2} \tag{5-52}$$

吸收峰位置的二次谐波信号为[6]

$$S_{2f} \approx \frac{G\overline{I_0}}{2}\left(-P_{tot}xS^*LH_2 + \frac{P_{tot}^2x^2S^{*2}L^2}{2}M\right) \tag{5-53}$$

$$M = \frac{1}{2}\sum_{i=0}^{2}H_iH_{2-i} + \sum_{i=0}^{\infty}H_iH_{i+2} \tag{5-54}$$

式中，G 是光电探测器的放大增益值。

图 5.36（d）所示为压强与二次谐波信号的关系，随着压强的增加，波长调制信号的强度与压强呈非线性关系，通过二次拟合项所得结果与实验数据非常吻合。结果用式（5-53）可以很好地解释，由式（5-53）得到二次谐波信号强度与压强的平方成比例关系，与实验测量数据拟合结果一致。

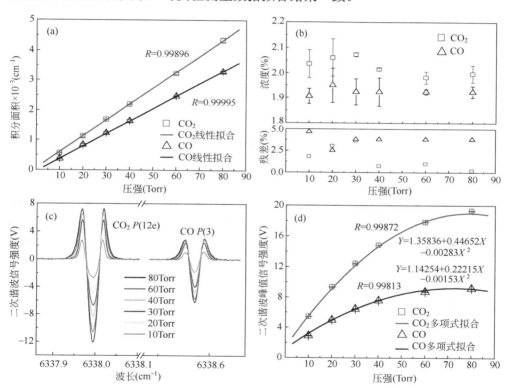

图 5.34　6 种不同压强的标准气体 2.0% CO_2-N_2 和 2.0% CO-N_2 测量数据

为了衡量测量系统的稳定性，记录了 500s 内不同浓度的 CO_2 和 CO 数据［见图 5.35（a）］，然后对这一系列连续数据进行 Allan 方差分析，得到 CO_2 测量系统最佳探测时间为 55s、探测极限浓度为 7.53ppm，CO 最佳探测时间为 60s、探测极限浓度为 13.98ppm。从图 5.35（b）中可以得到噪声的成分和来源，观察到

CO_2 在 55s 和 CO 在 60s 之前都与 $1/\tau$ 呈正比，结合噪声类型对应的光谱密度与采样时间关系确认为白噪声，之后是 $1/f$ 噪声。根据测量与分析得到这些高灵敏度和高测量精度值，说明了采用波长调制光谱与 Herriott 吸收池相结合检测 CO_2 和 CO 实验平台是一款高性能系统。

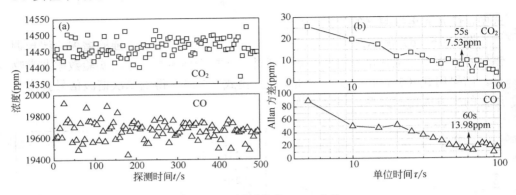

图 5.35　测量系统的 Allan 方差

　　我们实现了 CO_2 和 CO 多组分气体的同时测量。利用二次谐波技术和 Herriott 吸收池测量了 1.578μm 处 CO_2 和 CO 气体。实验结果表明：同时测量 CO_2 的 $3\nu_1$ 带 $P(12e)$ 吸收谱线和 CO 的 3ν 带 $P(3)$ 吸收谱线的直接吸收，由残差的标准偏差 $1.45×10^{-3}$ 和有效光程 55.1m 计算得到最小探测灵敏度（1σ）的值是 $2.63×10^{-7}cm^{-1}$。总压强为 60Torr、测量温度为 294K 时，利用二次谐波技术，CO_2 探测极限浓度值（1σ）为 29ppm 和 CO 探测极限浓度值（1σ）为 47ppm。在总压强值为 60Torr 不变的前提下，利用直接吸收和波长调制技术测量了 CO_2 和 CO 在不同混合浓度比下的吸收光谱。使用浓度为 2.0% 的 CO_2、N_2 的配成的标准气体与浓度为 2.0% 的 CO、N_2 配成的标准气体，在 6 组不同压强下测量得到光谱信号。另外，为了衡量测量系统的稳定性，又记录了 500s 内不同浓度 CO_2 和 CO 数据，然后对这一系列连续数据进行 Allan 方差分析，得到 CO_2 测量系统最佳探测时间为 55s、探测极限浓度为 7.53ppm，CO 最佳探测时间为 60s、探测极限浓度为 13.98ppm。

参考文献

［1］H. Schiff, G. Mackay, J. Bechara. The use of tunable diode laser absorption spectroscopy for atmospheric measurements ［J］. Research on chemical intermediates, 1994, 20: 525-556.

［2］R. Dicke. The effect of collisions upon the Doppler width of spectral lines ［J］. Physical Review, 1953, 89: 472.

［3］L. Galatry. Simultaneous effect of Doppler and foreign gas broadening on spectral lines ［J］. Physical Review, 1961, 122: 1218.

[4] S. G. Rautian，I. I. Sobel'man. The effect of collisions on the Doppler broadening of spectral lines [J]. Soviet Physics Uspekhi，1967，9：701.

[5] A. R. Awtry，B. T. Fisher，R. A. Moffatt，et al. Simultaneous diode laser based in situ quantification of oxygen，carbon monoxide，water vapor，and liquid water in a dense water mist environment [J]. Proceedings of the Combustion Institute，2007，31：799-806.

[6] P. Zhimin，D. Yanjun，C. Lu，et al. Calibration-free wavelength modulated TDLAS under high absorbance conditions [J]. Optics express，2011，19：23104-23110.

[7] D. Herriott，H. Kogelnik，R. Kompfner. Off-axis paths in spherical mirror interferometers [J]. Applied Optics,1964,3：523-526.

[8] D. R. Herriott，H. J. Schulte. Folded optical delay lines. Applied Optics，1965，4：883-889.

[9] 夏滑，董凤忠，涂郭结，等. 基于新型长光程多次反射池的 CO 高灵敏度检测 [J]. 光学学报，2010：2596-2601.

[10] 吕百达. 矩阵光学方法在谐振腔理论中的应用 [J]. 激光杂志，1989，10：241-245.

[11] 杨牧，李传亮，魏计林. 基于 Herriott 型长程池的光学设计的研究 [J]. 量子光学学报 ，2013，19：189-194.

[12] A. C. Borin，F. R. Ornellas. The lowest triplet and singlet electronic states of the molecule SO [J]. Chemical physics，1999，247：351-364.

[13] C. C. Zen，F. T. Tang，Y. P. Lee. Laser‐induced emission of SO in matrices：The $c'\Sigma \rightarrow a'\Delta$ and the $A^3\Delta \rightarrow X^3\Sigma$ transitions [J]. The Journal of Chemical Physics，1992，96：8054-8061.

[14] 吴飞龙，李传亮，史维新，等. 一种螺旋型的紧凑多光程池 [J]. 光谱学与光谱分析，2016，4：032.

[15] 李传亮，邱选兵，吴飞龙，等. 一种测量气体浓度的螺旋型多光程装置：中国，ZL 1 0651356.6 [P]. 2015.

[16] A. O'Keefe. Integrated cavity output analysis of ultra-weak absorption [J]. Chemical physics letters，1998，293：331-336.

[17] 裴世鑫，高晓明，崔芬萍，等. 基于扫描激光的腔增强吸收光谱研究 [J]. 光学与光电技术，2004，2：30-33.

[18] 李传亮，邓伦华，杨晓华，等. 激光锁定 F-P 腔频率的有差锁定研究 [J]. 光学学报，2009，29：2822-2825.

[19] J. U. White. Long optical paths of large aperture [J]. JOSA，1942，32：285-288.

[20] C.F. Cheng，Y. Sun，H. Pan，et al. Cavity ring-down spectroscopy of Doppler-broadened absorption line with sub-MHz absolute frequency accuracy [J]. Optics express，2012，20：9956-9961.

[21] W. Zhao，X. Gao，W. Chen，et al. Wavelength modulated off-axis integrated cavity output

spectroscopy in the near infrared [J]. Applied Physics B: Lasers and Optics, 2007, 86: 353-359.

[22] P. Malara, M. Witinski, G. Gagliardi, et al. Two-tone frequency-modulation spectroscopy in off-axis cavity [J]. Optics letters, 2013, 38: 4625-4628.

[23] G. C. Bjorklund, M. Levenson, W. Lenth, et al. Frequency modulation (FM) spectroscopy [J]. Applied Physics B: Lasers and Optics, 1983, 32: 145-152.

[24] R. L. Kronig. On the theory of dispersion of X-rays [J]. JOSA, 1926, 12: 547-557.

[25] C. Li, L. Liu, X. Qiu, et al. Optical heterodyne Herriott-type multipass laser absorption spectrometer [J]. Chinese Optics Letters, 2015, 13: 013001.

[26] K. Sun, X. Chao, R. Sur, et al. Analysis of calibration-free wavelength-scanned wavelength modulation spectroscopy for practical gas sensing using tunable diode lasers [J]. Measurement Science and Technology, 2013, 24: 125203.

[27] J. A. Silver. Frequency-modulation spectroscopy for trace species detection: theory and comparison among experimental methods [J]. Applied Optics, 1992, 31: 707-717.

[28] D. Romanini, A. Kachanov, N. Sadeghi, et al. CW cavity ring down spectroscopy [J]. Chemical physics letters, 1997, 264: 316-322.

[29] D. S. Baer, J. B. Paul, M. Gupta, et al. Sensitive absorption measurements in the near-infrared region using off-axis integrated-cavity-output spectroscopy [J]. Applied Physics B: Lasers and Optics, 2002, 75: 261-265.

[30] P. Kluczynski, J. Gustafsson, Å. M. Lindberg, et al. Wavelength modulation absorption spectrometry—an extensive scrutiny of the generation of signals [J]. Spectrochimica Acta Part B: Atomic Spectroscopy, 2001, 56: 1277-1354.

[31] C. Li, Y. Wu, X. Qiu, et al. Pressure-Dependent Detection of Carbon Monoxide Employing Wavelength Modulation Spectroscopy Using a Herriott-Type Cell [J]. Applied Spectroscopy, 2017, 71: 809-816.

[32] T. Töpfer, K. P. Petrov, Y. Mine, et al. Room-temperature mid-infrared laser sensor for trace gas detection [J]. Applied Optics, 1997, 36: 8042-8049.

[33] R. Engelbrecht. A compact NIR fiber-optic diode laser spectrometer for CO and CO_2: : analysis of observed 2f wavelength modulation spectroscopy line shapes [J]. Spectrochimica Acta Part A: Molecular and Biomolecular Spectroscopy, 2004, 60: 3291-3298.

[34] T. Cai, G. Wang, W. Zhang, et al. Simultaneous measurement of CO and CO_2 at elevated temperatures by diode laser wavelength modulated spectroscopy [J]. Measurement, 2012, 45: 2089-2095.

[35] B. Löhden, S. Kuznetsova, K. Sengstock, et al. Fiber laser intracavity absorption spectroscopy for in situ multicomponent gas analysis in the atmosphere and combustion

environments [J]. Applied Physics B: Lasers and Optics, 2011, 102: 331-344.

[36] A. Fomin, T. Zavlev, I. Rahinov, et al. A fiber laser intracavity absorption spectroscopy (FLICAS) sensor for simultaneous measurement of CO and CO_2 concentrations and temperature [J]. Sensors and Actuators B: Chemical, 2015, 210: 431-438.

[37] 李传亮, 蒋利军, 邵李刚, 等. 基于 TDLAS 平衡差分技术的 CO 气体检测 [J]. 光谱学与光谱分析, 2017, 37: 39.

[38] L. S. Rothman, I. E. Gordon, Y. Babikov, et al. The HITRAN2012 molecular spectroscopic database [J]. Journal of Quantitative Spectroscopy and Radiative Transfer, 2013, 130: 4-50.

第6章
发射光谱技术及其应用

6.1 超声分子束 SO 自由基放电光谱

SO$_2$ 是危害最大的气相污染物之一，是大气形成酸雨的主要成分。SO$_2$ 在等离子降解时会产生 SO 自由基，因此，可以通过对 SO 的测量来研究的 SO$_2$ 降解。此外，SO 在大气物理、天体物理、物理化学和冷分子碰撞物理等诸多领域中扮演着重要的角色[1]。

6.1.1 超声分子束光谱测量系统

脉冲直流放电超声分子束实验装置如图 6.1 所示。其主要有脉冲信号控制及检测系统、真空系统、真空测量系统、进样系统等组成。喷嘴直径为 0.5mm。放电电极为圆环形不锈钢，内外直径分别为 4mm 和 16mm，厚 3mm，两电极间距 1mm，嵌入用聚四氟乙烯制成的绝缘架中，固定在喷嘴下方 13mm 处。喷嘴与电极作为一个整体，可以实现上下整体移动，便于窗口观测及光路调节。我们采用的真空系统主泵为转速 450r/s 的分子泵以获得高背景真空度，极限真空可达 5×10^{-5}Pa。荧光采集为双透镜系统（两透镜焦距均为 50mm），以提高荧光收集效率，经单色仪分光后，由光电倍增管（PMT）探测，实验中设置 PMT 负高压为 1000V，探测信号经 Boxcar 检测后送入计算机处理。Boxcar 触发来自脉冲延时发生器，采样点为 10 个，门宽 10μs。图 6.2 所示为各路延时参数的设置。

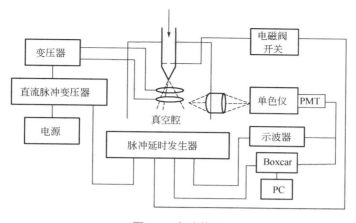

图 6.1　实验装置

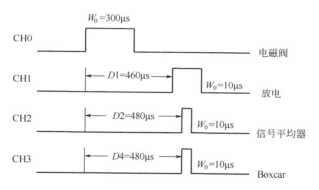

图 6.2　脉冲信号各路延时

由于谱线强度正比于自由基分子生成浓度，利用 Penning 效应，在实验中采用 SO_2 与大量惰性气体 He 混合，放电生成较高浓度的 SO 分子。实验研究 CH 分子束强度与混合气体配比关系时，保持 SO_2/He 混合气体（配比 1：99）总气压 3atm，放电电压-4kV 不变时，SO 的生成效率较高。

6.1.2　实验结果分析与讨论

SO 自由基形成的机理比较复杂，它可能由多个通道产生。主要是由通道 1 放电产生的自由电子与母体 SO_2 分子碰撞，使之解离产生 SO 自由基[2]

$$\bar{e} + SO_2 \rightarrow SO + O + e + \Delta E \qquad (6\text{-}1)$$

其次是电子与 He 原子碰撞，并使其激发到亚稳态 He*(2S)，亚稳态的能量较高（20 eV）、寿命较长，而且其与 SO_2 的碰撞截面大于电子与 SO_2 的碰撞截面，因此，SO 的产生主要来自此通道。

$$He^*(2S) + SO_2 \rightarrow SO_2^+ + O + He + \Delta E \tag{6-2}$$

必须指出得是，SO_2 电离能仅为 12.3 eV[3]，分子中电子能级的跃迁速度远大于分子内核间振动能级间的跃迁速度，也就是 SO_2 与 $He^*(2S)$ 碰撞后是先电离后解离，即

$$He^*(2S) + SO_2^+ \rightarrow SO + O^+ + He + \Delta E \tag{6-3}$$

图 6.3 所示为超声分子束放电中测量的 SO 自由基的光谱数据及标识。在忽略转动能级的情况下，分子的总能量表示为

$$T_{ev} = T_e + G(\upsilon) \tag{6-4}$$

式中，T_e 为电子的能量，$G(\upsilon)$ 为分子振动能量。因为分子的振动能量和能级之间满足下式：

$$G(\upsilon) = \omega_e\left(\upsilon + \frac{1}{2}\right) - \omega_e x_e\left(\upsilon + \frac{1}{2}\right)^2 \tag{6-5}$$

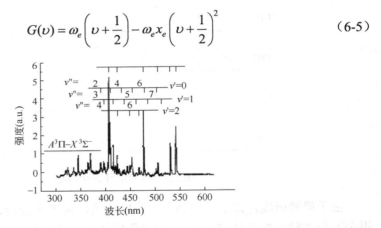

图 6.3　SO_2/He 放电生成 SO（$A'^3\Delta - X^3\Sigma^-$）发射谱

对于两个给定的电子态之间，较高电子态中 υ' 振动态到较低电子态 υ'' 振动态跃迁的频率为

$$\upsilon_{\upsilon'\upsilon''} = T'_{ev} - T''_{ev} = (T'_e - T''_e) + [G(\upsilon') - G(\upsilon'')] \tag{6-6}$$

由式（6-6）对所测量光谱拟合得到 $\omega'_e = (742 \pm 6)\text{cm}^{-1}$、$\omega'_e x'_e = (5.9 \pm 2.0)\text{cm}^{-1}$、$\omega''_e = (1165 \pm 5)\text{cm}^{-1}$、$\omega''_e x''_e = (6.4 \pm 0.5)\text{cm}^{-1}$，与 Borin 和 Zen 等人获得数据基本吻合[4,5]。

采用脉冲高压直流高压放电超声分子束装置产生 SO 自由基，解释了 SO 自由基产生的机理。通过对实验数据拟合，将 350～500nm 的发射谱归属为 $A^3\Delta$-$X^3\Sigma$ 的发射谱，并获得相应的振动常数[6]。

6.2 基于 LIBS 光谱技术的合金痕量掺杂检测

铁合金中掺杂物的种类及含量对材料的性能有很大影响，为了改善材料的性能，有目的地在这种材料中掺入少量或微量其他元素，通过改变金属的纯度使材料产生特定的电学、磁学和光学等性能，使其具有特定的用途。钛是铁合金中重要的微量元素，是铁合金中的强脱氧剂，它能使铁合金的内部组织致密，降低时效敏感性和冷脆性，改善焊接性能[7]。常用合金钢的钛含量一般小于 1%，如 0Cr18Ni12Mo2Ti（钛含量为 5×C%～0.7%）奥氏体不锈钢具有较好的耐晶间腐蚀性能，用于制造耐低温稀硫酸、磷酸、乙酸、醋酸等化工设备[8]，广泛应用于制造抗压耐磨的齿轮轴、齿圈、齿轮等重载或中载的机械零件的合金钢 20CrMnTi 的钛含量为 0.04%～0.10% [9]。目前检测铁合金中元素的主要方法有 X 射线荧光光谱分析技术、电感耦合等离子体-原子发射光谱分析技术、原子吸收光谱分析技术[10]，这 3 种方法分析时间都较长，都需要进行样品预处理，且对样品和检测环境要求严格，不适合铁合金样品成分的实时在线检测。激光诱导击穿光谱（Laser-Induced Breakdown Spectroscopy，LIBS）技术是对样品定性定量分析的一种实时在线检测光谱技术[11]。采用 LIBS 技术检测样品成分及含量具有样品制备简单、所需样品量少、探测准确度高等优势，并可同时检测样品中多种组成元素和含量。

近年来，LIBS 作为一种实时有效的在线测量方法得到广泛应用，尤其应用在元素的定量分析中。2008 年，谢承利等人[12]采用 LIBS 方法分析了铝合金中的主要合金元素成分，使用传统定标方法测量了 Cu 元素的含量，由元素特征谱线发射的自吸收及测量仪器参数的波动导致了实验结果相对误差偏高。2011 年，刘文清等人[13]采用 LIBS 测量分析了国家标准土壤样品中元素 Cr 的含量，使用内标法定量分析的结果与标准值的相对误差较小，说明内标法可以提高测量的精度。2014 年，郭连波等人[14]采用 LIBS 测量了钢铁中钒和钛的含量，对比了传统定标法和内标法，证明了内标法的优势。然而，激光烧蚀不稳定和样品不均匀等因素会影响内标法的测量精度。贾皓月等人[15]提出双谱线平均内标法测量铁合金中微量元素 Ti 的含量，并通过计算等离子体温度判断烧蚀样品处于局部热平衡态，进一步讨论了激光能量与等离子体温度的关系。

6.2.1 LIBS 实验测量系统

图 6.4 所示为铁合金中微量钛元素的激光诱导击穿光谱实验原理。

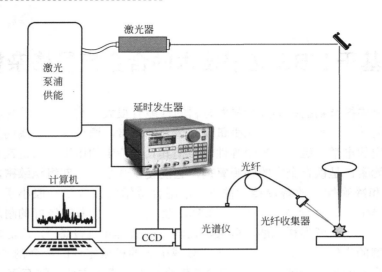

图 6.4　铁合金中微量钛元素的激光诱导击穿光谱实验原理

　　实验系统由 Nd:YAG 激光器（1064nm，脉宽 8ns）、自带 CCD 的 SR-500i 光栅光谱仪（Andor）、延时发生器（Quantum，9514）、反射镜、平凸透镜、光纤收集器、旋转平台、计算机等组成。实验中激光从激光器输出后，经过 45° 平面反射镜竖直反射后，经过 50mm 平凸透镜汇聚到样品 0.5mm 以下，以避免电离样品周围空气对谱线测量的干扰。为避免激光烧蚀同一位置，样品放在旋转台上匀速转动。激光重复频率为 2Hz、单脉冲能量为 50mJ，样品被烧蚀后形成包含分子、原子、离子、电子及自由基的高温等离子体。随后等离子体中原子、分子、离子等自由组合，再向低态跃迁，辐射出荧光。荧光由光纤收集器接收。光纤另一端对准光栅光谱仪（狭缝宽度 5μm，分辨率 0.02nm，光栅刻度 2399L/mm）狭缝，光谱仪将光纤传输的光信号进行分光。激光器发出的激光脉冲信号给延时发生器，延时后的脉冲信号（脉宽 500μs）触发 CCD 进行信号采集，采集到的信号传输计算机进行分析处理。

　　为了对铁合金进行 LIBS 测量及定量分析，用电子天平（METTLER TOLEDO，AB135-S，精度 10μg）称取样品，制备以 Fe 为基底（约 96％），混合含量 0.2%～1.9％不等的 Ti 及其他元素制成 6 份样品，再由真空电弧炉（北京物科光电技术有限公司）熔炼成合金。熔炼过程中为确保样品的纯度，电弧炉内抽两次真空，然后充氩气保护，最后利用电极电弧产生的高温熔炼出金属样品。制出的样品经机床加工进行形状的标准化处理，最后测试的 6 个样品直径均为 20mm，厚度均为 5mm。为了确保该实验的可靠性和普适性，我们采集标准样品合金钢 20CrMnTi 的光谱信号，其 Ti 的含量为 0.063%。为保证光信号的稳定，将备制好的样品放到旋转台上，进行 LIBS 测量。

在进行 LIBS 定量分析时，原子谱线的选取尤为重要，一般选取下能级非基态的原子线作为分析谱线，可以减少自吸收效应的影响，同时还应避免其他元素干扰[16]。实验记录了铁合金样品在 250～600nm 范围内的光谱谱线，选取 Ti I 334.19nm($3d^2(^1G)4s4p(^3P^0),x^3G_3 \rightarrow 3d^24s^2,a^3F_2$)谱线作为分析谱线。选取含量多且恒定的 Fe 元素作为内标元素，内标谱线选择时应尽量选择相近跃迁上能级值并且具有相同电离程度的谱线，考虑到 Fe I 438.35nm($3d^7(^4F)4p$, $z^5G_5 \rightarrow 3d^7(^4F)4s$, a^3F_4) 和 Fe I 427.12nm($3d^6(^5D)4s(^6D)5s$, $e^7D_4 \rightarrow 3d^6(^5D)4s4p(^3P)$, z^7D_3)处的强度较高，且没有其他元素谱线的干扰，所以，选择作为内标线。实验测量的谱线如图 6.5 所示。

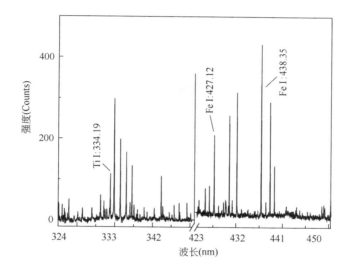

图 6.5 铁合金中微量 Ti 元素浓度测量所选取的谱线

当其他条件不变时，改变激光能量参数，即能量为 30mJ、35mJ、40mJ、45mJ、50mJ 时样品的光谱图如图 6.6 所示。可以看出，随着能量的增加，Ti 和 Cr 的谱线强度也随着增强，即谱线强度与激光能量成正比。激光能量的变化会引起聚焦到样品表面激光功率密度的变化，同时体现在光谱强度上[17]。等离子体辐射周期和辐射强度都与激光能量有关，能量越高越容易观察到所要的光谱。用能量计测量实验中激光器激光能量，最大达到 50mJ，所以，我们研究了激光能量在 30～50mJ 范围内的光谱。

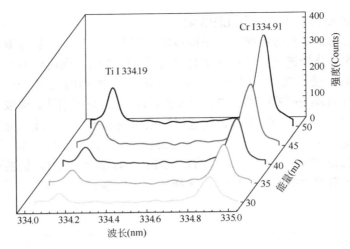

图 6.6　激光能量分别为 30mJ、35mJ、40mJ、45mJ、50mJ 时的光谱对比

　　高能激光聚焦到样品表面形成等离子体，在等离子体的发射谱线中伴随有大量的连续光谱与原子发射谱线。等离子体形成初期，大量连续光谱产生，连续光谱区很宽，但是时间持续很短。在等离子体冷却阶段，连续光谱快速衰减，谱线以原子光谱为主[18]。为了区分连续光谱与原子发射光谱，使用了延时测量技术。等离子体的寿命通常为微秒量级，所以，延时的设定也为微秒量级，不同延时采集到的等离子体信号强度不同。为了得到最优原子光谱图，分别测量了延时为 0.1μs、1μs、10μs、100μs 的光谱图，图 6.7 所示为样品在 4 个不同延时下的光谱图。在该实验系统下，延迟时间为 1μs 的等离子体信号最强，0.1μs、10μs、100μs 的等离子体光谱信号相对要弱。在接下来的实验中选择 1μs 作为延迟时间对样品进行检测。

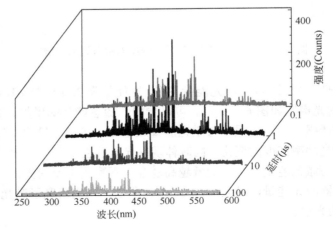

图 6.7　激光能量为 50mJ 时延时分别为 0.1μs、1μs、10μs、100μs 时的光谱对比

6.2.2　实验结果与讨论

1. 双谱线平均内标法与传统法和内标法对测量浓度的标定

在使用传统定量分析方法时，固定探测延时为 1μs，用 LIBS 对 6 个样品进行光谱采集，在相同条件下对每个样品重复测量 10 次取平均。图 6.8（a）以 Ti 元素浓度为横坐标，Ti 元素光谱强度为纵坐标，给出了用传统定量分析法得到的样品拟合曲线，相关系数 R 为 0.9563。对数据进行残差处理，如图 6.8（b）所示，残差偏离 x 轴两侧的范围为-0.1712 到 0.4493，离散程度比较大。

内标法是选用某一含量恒定的元素作为内标元素，根据是否具有相同电离程度及是否具有接近的跃迁上能级来选择内标线，分别测量分析谱线和内标线的光谱强度，将其作比作为纵坐标，以待测元素浓度为横坐标绘制成定标曲线。图 6.8（c）所示为以 Fe I 438.35nm 作为内标谱线的定标曲线，得到的拟合相关系数 R 为 0.9978，图 6.8（e）所示为以 Fe I 427.12nm 作为内标谱线的定标曲线，拟合相关系数 R 为 0.9939。由图 6.8（c）和 6.8（e）可知，与传统定量分析方法相比，使用内标法后线性拟合度大大提高，表明测量结果越准确，相对误差更小。但是对同一种元素使用不同内标线得到的定标曲线之间有微小的差别。图 6.8（d）与图 6.8（f）分别为两个内标谱线的残差图，残差数值都很小，说明定量分析结果的准确性得到了有效的提高。由图 6.8（d）可知，残差最低为-0.1726，最高为 0.0456，正值偏差多于负值偏差；由图 6.8（f）可知，残差最低为-0.1295，最高为 0.0951，偏差以正值居多。

我们把 Ti 的谱线分别与 Fe 的两条谱线内标，然后取和的平均值作为纵坐标，以 Ti 元素浓度为横坐标拟合曲线，如图 6.9（a）所示，相关系数 R 为 0.9984，相关度得到一定的提高。图 6.9（b）所示为双谱线平均内标法残差图，最低值为-0.0592，最高值为 0.0517，与普通内标法（残差偏离 x 轴范围比较大）相比残差均匀分布在 x 轴两侧，说明分析结果更可靠准确。通过计算可知传统定标法测量的相对误差为 23.7%，内标法后相对误差为 6.0%，采用平均内标法后误差降为 3.9%。使用 Ti 与两条铁的谱线作比值之和的平均值进行定标，可以在一定程度上减小单一谱线定标时受干扰谱线影响而引起的分析误差，并且有效克服了激光脉冲能量的不稳定性引起的误差。

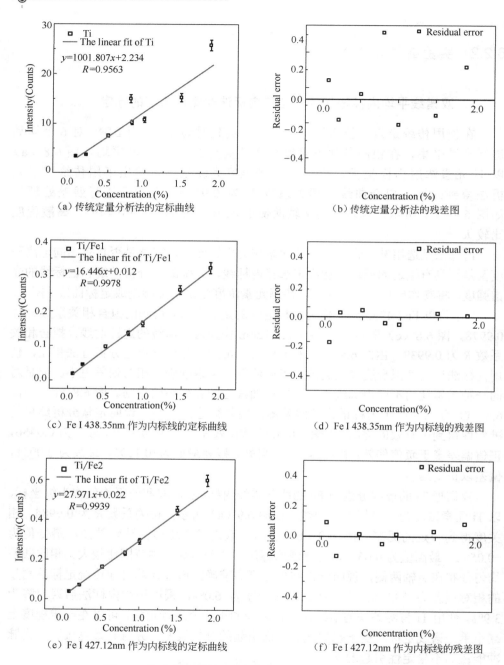

（a）传统定量分析法的定标曲线　　　　　（b）传统定量分析法的残差图

（c）Fe I 438.35nm 作为内标线的定标曲线　　（d）Fe I 438.35nm 作为内标线的残差图

（e）Fe I 427.12nm 作为内标线的定标曲线　　（f）Fe I 427.12nm 作为内标线的残差图

图 6.8　铁合金中微量元素钛的传统定标法与内标法对比

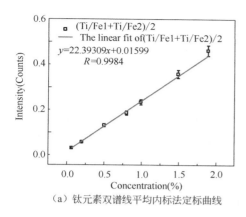

（a）钛元素双谱线平均内标法定标曲线

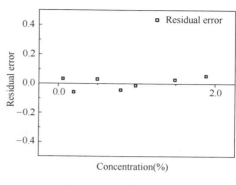

（b）钛元素双谱线平均内标法残差

图6.9　钛元素双谱线平均内标法定标曲线（a）及残差（b）

2. 等离子体的温度计算及局部热平衡态判定

LIBS 进行定量分析的前提条件有两个假设：①假设等离子体为光学薄等离子体且元素分析谱线没有自吸收效应；②假设等离子体区域满足局部热平衡（Local Thermal Equilibrium，LTE）态，其粒子分布满足玻耳兹曼分布。为了验证实验中所激发的铁合金样品等离子体是否处于局部热平衡态，对等离子体的温度进行计算，我们主要通过 McWhirter 准则来判定是否处于 LTE 态[19]。

在等离子体满足局部热平衡的条件下，等离子体各能态粒子布居数服从 Boltzmann 分布[20]：

$$N_i = \frac{N_0 g_i}{U(T)} \exp\left(-\frac{E_i}{kT}\right) \tag{6-7}$$

式中，N_0 和 N_i 分别为基态和激发态 i 上的原子数目，$U(T)$ 为配分函数，g_i 为能级 i 的权重统计，E_i 为能级 i 的激发电位，k 为玻耳兹曼常数。

$$U(T) = \sum_i g_i \exp\left(-\frac{E_i}{kT}\right) \tag{6-8}$$

如果不考虑谱线的自吸收效应，元素谱线强度可以表示如下：

$$I_i = G\frac{hc}{\lambda_i}N_i = G\frac{hc}{\lambda_i}N_0\frac{g_i}{\sum_i g_i} \tag{6-9}$$

式中，A_i 是激发态 i 到基态的跃迁概率，λ_i 为辐射谱线波长，G 为实验光路几何因子。

在局部热平衡状态下有

$$T_{\mathrm{exc}} = T_e = T_i \tag{6-10}$$

这里 T_{exc} 是激发态温度，T_e 和 T_i 分别是原子和离子的温度。

根据 McWhirter 准则判断[21]：

$$n_e \geqslant 1.6 \times 10^{12} T^{1/2} (\Delta E) \tag{6-11}$$

式中，n_e 是等离子体的电子密度（cm^{-3}），T 为等离子体温度（K），ΔE（eV）为所选相关元素相邻能级的最大能量间隔。式（6-11）给出了一个电子密度阈值，只有满足该阈值条件的光谱才为有效光谱。所以，用 LIBS 分析光谱时要对等离子的温度进行确定。

表 6.1 所示为用于温度计算的 Ti 元素光谱参数。

表 6.1　用于温度计算的 Ti 元素光谱参数

波长（nm）	A_{ki}（s^{-1}）	E_i（cm^{-1}）	E_k（cm^{-1}）	g_i	g_k
Ti I 334.19	6.5×10^7	0	29914.737	5	7
Ti I 387.32	5.05×10^7	16106.076	41917.192	9	9

为了获得等离子体温度，对公式（6-9）两边取对数：

$$\ln \frac{I_i \lambda_i}{g_i A_i} = -\frac{E_i}{kT} + \ln \frac{GhcN_0}{U(T)} \tag{6-12}$$

以 $\ln(I_i \lambda_i / g_i A_i)$ 为纵坐标、E_i 为横坐标作图，得到一条斜率为 $m = -1/kT$ 的直线，可知等离子体温度：

$$T = -\frac{1}{km} \tag{6-13}$$

根据表 6.1 中的数据，利用谱线的跃迁概率、上能级能量、统计权重等参数，可以求出在激光能量为 50mJ 时的局部等离子体温度为 6654.3K。

用 Saha-Boltzmann 公式对等离子体密度进行估算：

$$n_e = \frac{I_z^*}{I_{z+1}^*} 6.04 \times 10^{21} (T)^{3/2} \exp\left(\frac{-E_{k,z+1} + E_{k,z} - X_z}{kT} \right) \tag{6-14}$$

式中，$I_z^* = I_z \lambda_{ki,z} / g_{kz} A_{ki,z}$，$X_z$ 是电离能解离极限。根据式（6-14）得出 $n_e = 1.072 \times 10^{22}$cm^{-3}，Ti 离子 $\Delta E = 3.71$eV，将上述参数带入式（6-11）中，得到结果满足 LTE 态判断条件，所以，获得的光谱为有效光谱。

我们进一步讨论了不同激光能量下的等离子体温度，计算激光能量为 30mJ、35mJ、40mJ、45mJ、50mJ 时的等离子体温度，等离子体均满足 LTE 态。图 6.10 给出了等离子体温度随激光能量的变化关系，并标出了不同激光能量下得到的误差大小。激光脉冲能量从 30mJ 增加到 50mJ 时，等离子体温度从 4723.6K 上升到 6654.3K，呈上升趋势。由图 6.10 可以看出，30mJ 到 35mJ、45mJ 到 50mJ 变化斜率较大，35mJ 到 45mJ 变化斜率较小，与图 6.6 中光强随激光能量变化一致。一般而言，激光在靶面上聚焦的大小难以精确测定，而激光在靶面上的功率密度对等离子体光谱及其他参数又有重要影响，所以，光谱强度、等离子体温度随激光能量变化基本一致[22]。

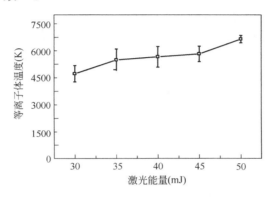

图 6.10 钛元素激光能量与等离子体温度关系

由实验结果可知，用激光诱导击穿光谱技术对铁合金中的微量元素进行定量分析是可行的。为了研究激光激发金属元素的等离子体与激光能量、延迟时间的关系，选择铁为样品基底，测量了 Ti 含量范围从 0.063% 到 1.9% 的不同样品，进行了 LIBS 实验并对其进行定标曲线分析。实验结果显示激光能量大小与谱线强度成正比，对于元素 Ti 的等离子体在延迟时间 1μs 时可以得到最优谱线。同时提出了双谱线平均内标法，得到的拟合相关系数（R）为 0.9984，相对误差为 3.9%。验证了 LIBS 可以很好地检测常用钢中的微量元素。此外，还计算了等离子体温度，根据 McWhirter 准则建立了等离子体 LTE 态的判断依据，判定了样品等离子体处于 LTE 态，并讨论了激光能量与等离子体温度的关系。

6.3 辐射光谱测温应用

铜（Cu）具很高的导电、导热性特性，被大量用于制造各种导线和导体，此外，Cu 还具有高强度、优良的耐蚀性能，易于钎焊和形变加工，因此，其也被广泛应用国防、制造和加工行业。Cu 作为一种结晶材料[23]，其电及力学性能与结晶度的大小有着密切的关系，相变曲线反映了 Cu 结晶度，结晶温度和熔点作为相变温度，是金属熔炼和铸造的一项重要指标。工业生产中对温度的精确快速测量是一个非常重要的环节[24]，在加热过程中，由固相逐渐变为液相，其相变过程释放潜热，然而，液-固相的结晶过程和熔点的测量是一个瞬态过程，因此，需要一种热响应时间快且测量精度高的测温方法对其测量。

目前工业金属冶炼过程中常用的温度测量方法有热电偶测温法、红外热像仪测温法、示差扫描量热法（Differential Scanning Calorimetry，DSC）等。热电偶测温法是一种比较常规的接触式测测温方法，该方法测量范围广，可以实现对温度的快速准确定标，但是该方法需要热电偶与金属直接接触，待达到热平衡后才能读出温度，导致其响应时间长、安全系数低。红外测温研究对象主要是热辐射、可见光、红外线等物理量，这些物理量与期望物理量之间存在着单值函数关系，通过计算或查表得到期望物理量的值就可得到非接触物体的温度。由于红外测量仅仅通过实验条件下的研究工作对实验结果直接进行修正，因而其测量精度低，且其易受外界因素影响，导致较大的测量误差[25]。采用 DSC 同步热分析仪对样品结晶度的测试，可以直接得出金属的相变曲线，进而得到相变温度[26, 27]。示差扫描量热法分辨率高，可用于高精度测量，但只能对少量样品进行测试，且测试周期较长，不能应用于广泛的工业生产领域。

可以利用普朗克黑体辐射理论，并通过光谱仪测量相变过程中 Cu 的辐射光谱，利用斜率和温度的转化关系，得到 Cu 相变过程中温度随时间变化的函数曲线，最终得出 Cu 的相变温度[28]。此外，通过与热电偶和示差扫描量热法进行对比，发现我们的测量方案为 Cu 相变温度测量提供了一种简单、有效的方法。

6.3.1 黑体辐射测温理论

黑体炉作为一种标准辐射源，能够产生一定温度下的标准辐射，是定标过程中关键的设备[27]。普朗克已经根据光的量子理论对黑体辐射源的描述，推导出描述黑体光谱辐射出射度与波长、绝对温度之间的公式：

$$M(\lambda,T) = \frac{C_1}{\lambda^5 (\mathrm{e}^{C_2/\lambda T} - 1)} \qquad (6\text{-}15)$$

式中，$C_1=C_2=2\pi hc^2=3.74\times10^{16}\mathrm{W \cdot m^2}$，$T$ 为绝对温度，光速 $c=2.998\times10^8\mathrm{m/s}$，普朗克常数 $h=6.626\times10^{-34}\mathrm{J \cdot s}$。如果 λ 单位为 m，得到的光谱辐射出度的量纲为 $\mathrm{W/m^3}$。式（6-15）是普朗克定律的一般表达式，它准确地描述出黑体的辐射能力与波长 λ 及温度 T 之间的关系[29]。

图 6.11（a）根据式（6-15）模拟了黑体在 725~1125℃下 $M(\lambda,T)$ 随波长 λ 的函数曲线，从图中可以看出，随着温度的升高黑体的辐射出射度（即曲线下的积分面积）变大，光谱辐射出射度的峰值波长逐渐减小。图 6.11（b）所示为 0.768~

0.802μm 光谱仪测量波长范围处的放大图，从图中可以看出，在此范围内其辐射出射度随着波长的变化基本为一条直线，并且随着温度的升高其斜率变大。因此，在以上条件下，测量光谱的斜率反映了辐射黑体的温度，从而说明可以在可见、近红外波段实现黑体温度的测量[30]。

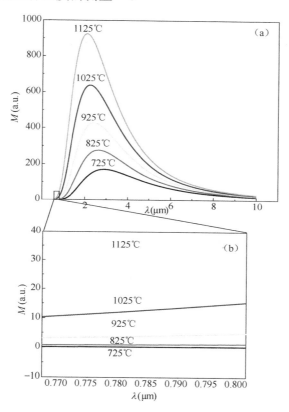

图 6.11 （a）模拟 725～1125℃下黑体 M（λ，T）随波长 λ 的函数曲线；
（b）0.768～0.802μm 范围内的辐射函数曲线

普朗克定律描述的是理想黑体辐射情况，然而自然界中的物体不能够吸收全部能量，因此不存在绝对的黑体。实验所测的物体也不是黑体，因而实际被测物体的辐射光谱在同等温度下小于对应波长下真正意义的黑体辐射光谱[31]，其两者的比值 $\varepsilon(\lambda,T)$ 称为单色发射率，由此得到被测物表面单色辐射出度表达式为

$$M(\lambda,T) = \varepsilon(\lambda,T)\frac{C_1}{\lambda^5(e^{C_2/\lambda T}-1)} \qquad (6\text{-}16)$$

通常情况下，$\varepsilon(\lambda,T)$ 是波长和温度的比值，由于热辐射主要在光谱响应区域内，物体的辐射性质随波长没有太大的变化，因此，$\varepsilon(\lambda,T)=\varepsilon(T)$，由此可得灰体的普朗

克公式：

$$M(\lambda,T) = \varepsilon(T)\frac{C_1}{\lambda^5(e^{C_2/\lambda T}-1)} \qquad (6\text{-}17)$$

由于灰体的单色发射率在每个波长下都相等，因此，实际物体表面辐射曲线与灰体表面辐射曲线基本相同，实际被测物体表面辐射特性可以近似灰体辐射。这种实际被测物体表面辐射特性假设为灰体的方法，简化了计算方法，缩小了与实际黑体之间的误差。实际过程中需要对被测温度进行标定后，再对被测对象进行测量，然后与其他测量方法进行比较，从而进一步说明该方法的可靠性[32,33]。

6.3.2　辐射测温实验系统

1．硬件装置部分

黑体辐射测温系统如图 6.12 所示，该系统主要由光谱仪、CCD 和光纤耦合器组成。实验中采用的光谱仪是 ANDOR 公司的 SR-500 光谱仪，CCD 是 ANDOR 公司的 iDus 401 采集系统。光纤耦合器用于收集液–固相变过程中 Cu 辐射出的光谱，然后经过光纤传输到光谱仪，光谱仪将传输回来的光进行分光后照射到二维 CCD 探测器上，CCD 每隔 0.025s 曝光一次，CCD 将光信号转换成电信号后，由计算机通过 USB 端口读取 CCD 每个像素点的强度信息和光谱仪的波长信息，最后，计算机对光谱数据进行处理和运算后获得最终温度。由于数据传输和运算过程需要 0.225s，因此系统每隔 0.25s 输出一次温度值。

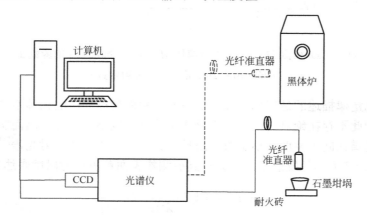

图 6.12　黑体辐射测温系统

　　黑体炉作为标准辐射源进行定标，实验测量之前先测量黑体炉在不同温度下（700～1100℃）的辐射出射光谱作为温度标准，然后将实际测物体辐射与其进行比对。将装有 Cu 样品的坩埚使用乙炔火焰进行加热，直至样品全部融化。为防止乙炔火焰对测量结果的影响，将加热后的坩埚从火焰上方移走，放到光学平台上的耐火砖上，如图 6.13 所示，加热后的坩埚颜色变成红色，坩埚正上方放置收集 Cu 液固相态的辐出光的光纤耦合器。

图 6.13　加热后的样品测试部分

2. 软件控制部分

　　图 6.14 所示为数据采集和处理的 LabVIEW 主程序框图，主程序读取 CCD 采集到的每帧（1024 像素×127 像素）的光信号强度和 1024 像素点对应的波长数据，然后对采集到信号数据进行均值滤波，再对每一组信号强度与其相应的波段进行最小二乘法拟合，得到每组数据的斜率。然后把得到测量数据的斜率与 B-样条插值后的标准黑体炉的斜率进行比较，从而得到所测温度值。

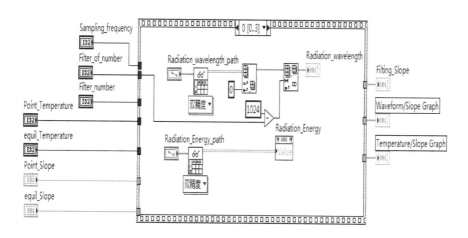

图 6.14　LabVIEW 主要程序

图 6.15 所示为 CCD 采集前面板，其中"采样次数"设置采集次数，"数据组数"用来查看实验采集的组数，Temperature 是设置 CCD 的温度，Exposure Time 设置曝光时间，status 显示的是 CCD 内部状态，用于检测 CCD 是否正常工作；单击"Start Acquisition"按钮开始采样，波形显示框中显示采集到的信号数据并以数组的形式保存到 txt 文件中。

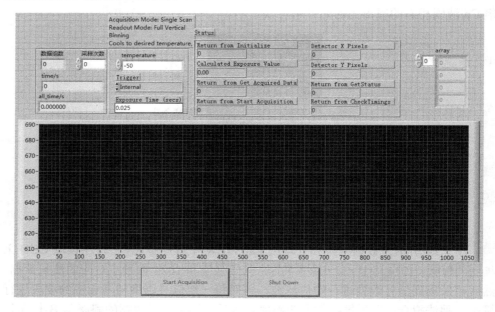

图 6.15　CCD 采集前面板

6.3.3　实验结果与讨论

图 6.16 所示为黑体炉在设定的标准温度下所对应于辐射光谱斜率与温度的对应函数曲线，从图中可以看出温度与斜率基本上呈对数增长的趋势。黑体炉温度调节范围为 500～1450℃，实验中从 780℃开始每间隔 20℃测量 10 次黑体炉 770～800nm 辐射光谱，然后对数据进行平均处理后给出其对应的斜率，直至测量到 1100℃。此数据用于对被测 Cu 液-固相变过程温度进行定标。在 780～840℃温度范围，其对应的斜率变化较小，可能会导致此温度范围内的分辨率降低，但是 Cu 液-固相变过程中关键温度为 900～1100℃，因此不会影响测量结果。

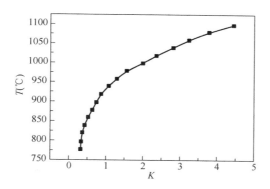

图 6.16　标准黑体炉的温度与斜率对应函数曲线

　　由于实验中的石墨坩埚体积较小，整个 Cu 液-固相变过程所需时间仅为 5s，其温度-时间函数曲线如图 6.17 所示，其中实测结晶温度为 1009℃，熔点为 1020℃，从结晶点到融化仅为 0.25s，因而，此过程温度的实时测量需要温度响应很快的测量系统。图 6.18 所示为用镍铬镍硅热电偶测出的 Cu 液-固相变温度时间曲线，从图中可以得到其熔点在 1085℃附近，虽然与 Cu 的标准熔点值 1084.62℃比较接近，但结晶温度却难以从图相变曲线得出，这是其热响应时间比较迟缓所致，因此，该方法在连续生产质量检验中存在一定的局限[34,35]。图 6.19 所示为瑞士梅特勒-托利多（Meller toledo）公司生产 TGA/DSC1 所测得的 Cu 样品相变曲线，从图中可以看出 Cu 样品的相变曲线中的结晶温度为 1069℃，熔点为 1083℃，与标准值吻合得很好，整个测量过程需要若干小时。

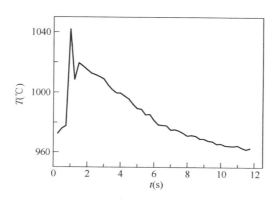

图 6.17　Cu 液-固相变的温度-时间曲线

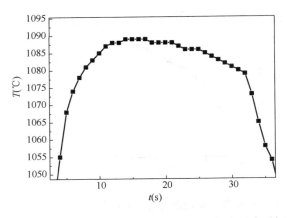

图 6.18　热电偶测量的 Cu 液-固相变温度时间曲线

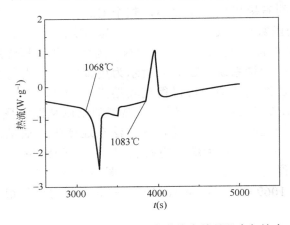

图 6.19　DSC 测量的 Cu 相变曲线中结晶温度与熔点

　　黑体辐射测温法测试出 Cu 的结晶温度与示差扫描量热法测出的结晶点相差 59℃，误差为 5.44%，熔点相差 63℃，误差为 5.92%。与热电偶测出的熔点比较，误差为 5.62%。在实测过程中 Cu 固-液-固相态中转变中存在氧化，从而影响了测量的准确性，另外，在乙炔火焰加热纯铜样品过程中，纯铜样品中会产生微量杂质，这些因素影响结晶温度及熔点，从而与 DSC 测同等样品下的相变曲线中的结晶温度与熔点和热电偶测出的熔点有一定的差别，与此同时，光学仪器及计算机端数据的传输对整个测量精度也有微弱的影响。我们发现对测量的温度曲线整体上移 60℃后，修正得到的结晶温度为 1069℃，熔点为 1080℃，与 DSC 测量值基本一致，这是由于被测 Cu 为有色金属，发射率总小于 1，周围环境的反射及大气对辐射谱吸收的干扰影响了测试的精度[27,35]。

　　基于黑体辐射原理测量了 Cu 液-固相冷却曲线，通过与热电偶、示差扫描量热法测出的相变温度进行对比，该测量方法的测量的误差低于 6%，然而，其响应时间为 0.25s。该方案在 Cu 的冶炼和铸造过程中提供了一种简单、有效的方法，可以解决目前测温法响应慢、操作比较复杂、仪器价格较为昂贵等问题，因而，此测量系统可以被工业生产广泛采用。此外，该方案中测量系统与样品不需要直接接触，从而保证了测量的安全性。本测量系统的提出对 Cu 及其他金属的相变温度测量和快速凝研究有着重要的意义。

基于黑体辐射原理利用光谱仪结合 CCD 对相变过程中的 Cu 辐射光谱进行快速测量，基于黑体辐射基本原理并把测量光谱与标准黑体炉光谱进行比对，实时快速获得了 Cu 液-固相变过程中的温度冷却曲线。通过将获得数据与热电偶、示差扫描量热法测出的相变温度结果进行对比，该测量方法的测量的误差精度低于优于 6%，且其响应时间为 0.25s，因此，利用黑体辐射测温法可实现对合金相变温度的测量。本测量方案具有快速、准确和可靠性的等方面的优势，为 Cu 相变温度的测量提供了一种简单、有效的方法测量。

参考文献

［1］杜伟迪，李传亮，陈扬骏，等. 直流脉冲放电产生 SO 分子束：$A'^3\Delta \rightarrow X^3\Sigma^-$ 跃迁 ［J］. 华东师范大学学报（自然科学版），2008（3）：115-119.

［2］王文春，吴彦，李学初. （$SO_2;N_2$）气体中脉冲放电 SO 发射光谱测量实验研究 ［J］. 分子科学学报，1999，15：1-5.

［3］孙琦，顾月姝，郭敬忠，等. 单次碰撞条件下 $Ar(^3P_{(0,2)})$ 与 $SO_2,SOCl_2$ 的传能反应 ［J］. 物理化学学报，1995，12：31-37.

［4］A. C. Borin，F. R. Ornellas. The lowest triplet and singlet electronic states of the molecule SO. Chemical physics，1999，247：351-364.

［5］L. Hu，A. Narayanaswamy，X Chen，et al. Near-field thermal radiation between two closely spaced glass plates exceeding Planck's blackbody radiation law ［J］. Applied Physics Letters，2008，92：209.

［6］杜伟迪，李传亮，陈扬骏，等. 直流脉冲放电产生 SO 分子束：$A'^3\Delta \rightarrow X^3\Sigma$ 跃迁 ［J］. 华东师范大学学报（自然科学版），2008：115-119.

［7］涂昀，曾波，张强，等. 电感耦合等离子体原子发射光谱法测定钛铁合金中铝硅磷锰铜 ［J］. 冶金分析 32：29-32.

［8］谢业东，农琪. 0Cr18Ni12Mo2Ti 不锈钢板对接接头焊接工艺的研究 ［J］. 热加工工艺，2011，40：202-203.

［9］单东栋，赵作福，李鑫，等. 20CrMnTi 钢渗碳工艺研究进展 ［J］. 辽宁工业大学学报（自然科学版），2017，37：111-115.

［10］王琦，陈兴龙，余嵘华，等. 基于激光诱导击穿光谱技术对钢中 Mn 和 Cr 元素的定量分

析 [J]. 光谱学与光谱分析，2001，31，2546-2551.

[11] 王华东，倪志波，付洪波，等. LIBS 用于气溶胶分析的研究与应用进展 [J]. 大气与环境光学学报，2016，11：347-360.

[12] 谢承利，陆继东，李勇，等. 用 LIBS 方法测量铝合金中的合金元素 [J]. 华中科技大学学报（自然科学版），2008，36：114-117.

[13] C. P. Lu. Quantitative analysis of chrome in soil samples using laser-induced breakdown spectroscopy [J]. Acta Physica Sinica，2011，60：045206-045149.

[14] 郭连波，张庸，郝中骐，等. 钢铁中钒、钛元素的激光诱导击穿光谱定量检测 [J]. 光谱学与光谱分析，2014，34：217-220.

[15] 贾皓月，李传亮，阴旭梅，等. 铁合金中微量钛元素的激光诱导击穿光谱研究 [J]. 光谱学与光谱分析（已录用，待出版）.

[16] Feng-Zhong, Dong, Xing-Long, et al. Recent progress on the application of LIBS for metallurgical online analysis in China [J]. 物理学前沿（英文版），2012，7：679-689.

[17] 辛勇，孙兰香，丛智博，等. 激光诱导击穿光谱实验数据波动性的影响因素研究 [J]. 冶金分析，2012，32：16-20.

[18] L. Jie, L. Jidong, L. Zhaoxiang, et al. Experimental Analysis of Spectra of Metallic Elements in Solid Samples by Laser-Induced Breakdown Spectroscopy[J]. Chinese Journal of Lasers，2009，36：2882-2887.

[19] 郭锐，张雷，樊娟娟，等. 基于激光诱导击穿光谱的化验室水泥质量检测设备研制 [J]. 光谱学与光谱分析，2016，36：2249-2254.

[20] C. R. Bhatt, B. Alfarraj, C. T. Ghany, et al. Comparative Study of Elemental Nutrients in Organic and Conventional Vegetables Using Laser-Induced Breakdown Spectroscopy [J]（LIBS）[J]. Applied Spectroscopy，2017，71（4）：686.

[21] G. Cristoforetti, A. D. Giacomo, M. Dell'Aglio, et al. Local Thermodynamic Equilibrium in Laser-Induced Breakdown Spectroscopy: Beyond the McWhirter criterion [J]. Spectrochimica Acta Part B Atomic Spectroscopy，2010，65：86-95.

[22] 李澜，陈冠英，张树东，等. 激光能量对激光诱导 Cu 等离子体特征辐射强度、电子温度的影响 [J]. 原子与分子物理学报，2003，20：343-346.

[23] J. Y. Zhang, Y. Liu, J. Chen, et al. Mechanical properties of crystalline Cu/Zr and crystal–amorphous Cu/Cu–Zr multilayers [J]. Materials Science & Engineering A，2012，552：392-398.

[24] 张明春，肖燕红. 热电偶测温原理及应用 [J]. 攀枝花科技与信息，2009，34：58-62.

[25] 陆子凤. 红外热像仪的辐射定标和测温误差分析 [D]. 长春：长春光学精密机械与物理研究所，2010.

[26] 徐涛，于杰，雷华，等. 聚丙烯材料聚集态结构的定量表征及其与力学性能的关系

[J]．高分子学报，2001：147-152.

[27] 张喜文，刘智，杨春雁，等. DSC 法测定石蜡熔点 [J]．石油化工，2003，32：521-524.

[28] 阴旭梅，周锐，李传亮，等. 基于虚拟仪器的 Cu 合金液固相变温度测量系统 [J]．金属热处理（已录用，待出版）.

[29] 陈俊人. 光测瞬时高温技术 [J]．光子学报，1982，11：130-151.

[30] S. Keyvan，R. Rossow，C. Romero. Blackbody-based calibration for temperature calculations in the visible and near-IR spectral ranges using a spectrometer [J]. Fuel，2006，85：796-802.

[31] 王承伟，赵全忠，钱静，等. 黑体辐射法测量电介质内部被超短激光脉冲加工后的温度 [J]．物理学报，2016，65：190-198.

[32] 刘玉莎. 基于黑体空腔的光纤高温测试系统的研究 [D]．秦皇岛：燕山大学，2009.

[33] 徐赛锋. 高温黑体辐射源研究与设计 [D]．南京：南京理工大学，2013.

[34] T. Inagaki，T. Ishii. Proposal of quantitative temperature measurement using two-color technique combined with several infrared radiometers having different detection wavelength bands [J]. Optical Engineering，2001，40：372-380.

[35] M. J. Martin，M. Zarco，D. D. Campo. Calibration of Thermocouples and Infrared Radiation Thermometers by Comparison to Radiation Thermometry [J]. International Journal of Thermophysics，2011，32：383-395.

第**7**章

基于 Mie 散射光谱的可吸入颗粒物检测仪

随着工业发展和城市化进程的不断加快，空气中可吸入颗粒物已严重威胁着人们的健康[1]。它在空气中持续的时间相当长，对大气能见度的影响也很大[2]。目前，可吸入颗粒物已被定为空气质量检测的重要指标[3]。可吸入颗粒物主要指大气中直径小于 $10\mu m$ 的粒子（PM10），它们能够通过呼吸过程直接进入人体呼吸道并积聚在肺部，尤其是小于 $2.5\mu m$ 的颗粒（PM2.5）长期吸入会引发各种呼吸道类疾病[4]。

颗粒物的检测方法主要有筛分法[5]、显微镜法[6]、沉降法[6]、电感应法[7]和光散射法等。筛选法在筛分过程中会使颗粒破损或者断裂。显微镜法测量速度慢、成本高。电感应方法容易带来二次污染。沉降法基本不用于气体颗粒的检测。光散射法测量范围广、精度高、所需知被测颗粒物物理参数少、非接触性不破坏被测颗粒结构和特性等优点，所以，有广泛的应用前景。

目前,国外光散射型激光粒度仪厂家主要有英国的 Malvern 公司、法国的 Cilas 公司、美国的库尔特公司等。国内也已经研制出气体光学颗粒计数仪，但由于其测量范围有限，仅适用于小范围检测，而且成本比较高，大范围、在线监测的激光粒度仪还不多。我们在 Mie 散射的基础上设计了具有多节点 3G 无线联网的可吸入颗粒物检测系统。该系统采用多波长方法计算颗粒系的 Sauter 平均粒径，解决了传统的多分散颗粒系等效直径难以确定的问题，利用对数正态分布的优化算法求解出颗粒系的平均消光系数，从而得出颗粒的浓度。此系统能够独立完成气体的采集，以及数据的计算、显示和存储，同时经 3G 无线网络传输到远端主控计算机的数据库中，降低维护和建设成本，且扩展更加灵活。

7.1　Mie 散射的基本理论

　　光是一种电磁波，麦克斯韦方程组描述了电磁波在介质中的传播规律。因此利用麦克斯韦方程组，结合介质的边界条件，可精确求解出光散射的规律。其中Mie 散射理论如下：在均匀介质中，单个球形颗粒物在单色光的照射下，光运动规律的精确求解[8]。

　　为了方便计算，在 Mie 散射理论中引入一个度量颗粒粒径的无因次参量 $\alpha = \pi D / \lambda$，其中 λ 为光的波长，D 是被测物粒径。

　　图 7.1 所示为一束线偏振光沿着 Z 轴入射，照射到球形颗粒物的散射示意图。其中球形颗粒物在三维直角坐标系的原点 O 处，观察点 k 和原点之间的距离是 r，θ 是光的散射角度，φ 是线偏振光的入射面和光散射面之间的夹角。颗粒物在线偏振光的照射下，散射光 I_{sca} 可分解为垂直线偏振光 I_c 和平行线偏振光 I_p，I_c 与 I_p 的振幅分别是 E_s 与 E_D。

$$I_c = \frac{\lambda^2}{4\pi^2 r^2} i_1(\theta) I_0 \sin^2 \varphi \tag{7-1}$$

$$I_p = \frac{\lambda^2}{4\pi^2 r^2} i_2(\theta) I_0 \cos^2 \varphi \tag{7-2}$$

$$I_{sca} = \frac{\lambda^2 I_0}{4\pi^2 r^2} \left[i_1(\theta) \sin^2 \varphi + i_2(\theta) \cos^2 \varphi \right] \tag{7-3}$$

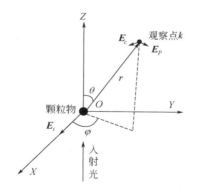

图 7.1　Mie 散射图

式中，$i_1(\theta)$ 与 $i_2(\theta)$ 分别是垂直偏振光与平行偏振光的强度函数，其振幅函数可用

$s_1(\theta)$ 与 $s_2(\theta)$ 表示：

$$i_1(\theta) = \left|s_1(\theta)\right|^2 \tag{7-4}$$

$$i_2(\theta) = \left|s_2(\theta)\right|^2 \tag{7-5}$$

振幅函数可用 Bessel 函数与 Legendre 函数表示：

$$s_1(\theta) = \sum_{n=1}^{\infty} \frac{2n+1}{n(n+1)}\left(a_n\pi_n + b_n\tau_n\right) \tag{7-6}$$

$$s_2(\theta) = \sum_{n=1}^{\infty} \frac{2n+1}{n(n+1)}\left(a_n\tau_n + b_n\pi_n\right) \tag{7-7}$$

式中，a_n 与 b_n 是 Mie 系数，π_n 和 τ_n 是与光散射角度相关的量，可表示成下式：

$$a_n = \frac{\psi_1(\alpha)\psi_n'(m\alpha) - m\psi_n'(\alpha)\psi_1(m\alpha)}{\xi_n(\alpha)\psi_n'(m\alpha) - m\xi_n'(\alpha)\psi_1(m\alpha)} \tag{7-8}$$

$$b_n = \frac{m\psi_1(\alpha)\psi_n'(m\alpha) - \psi_n'(\alpha)\psi_1(m\alpha)}{m\xi_n(\alpha)\psi_n'(m\alpha) - \xi_n'(\alpha)\psi_1(m\alpha)} \tag{7-9}$$

$$\pi_n = \frac{P_n^{(1)}(\cos\theta)}{\sin\theta} = \frac{\mathrm{d}P_n(\cos\theta)}{\mathrm{d}\cos\theta} \tag{7-10}$$

$$\tau_n = \frac{\mathrm{d}P_n^{(1)}(\cos\theta)}{\mathrm{d}\theta} \tag{7-11}$$

式中，ψ_n 和 ξ_n 分别是 n 阶的第一类和第二类 Bessel 相关函数，ψ_n' 和 ξ_n' 是它们相对应的微熵；m 是复折射率由实部 Re(m) 和虚部 Im(m) 组成，实部是颗粒物对光的散射，虚部是颗粒物对光的吸收；$P_n^{(1)}$ 是一阶缔合 Leglandre 函数。

若入射光是部分偏振光，则 I_c、I_p、散射光总强度 I_{sca} 及偏振度 P 可表示为

$$\begin{cases} I_c = \dfrac{\lambda^2}{8\pi^2 r^2} i_1(\theta) I_0 \\[2mm] I_p = \dfrac{\lambda^2}{8\pi^2 r^2} i_2(\theta) I_0 \end{cases} \tag{7-12}$$

$$I_{sca} = \frac{\lambda^2}{8\pi^2 r^2}[i_1(\theta) + i_2(\theta)]I_0 \tag{7-13}$$

$$P = \frac{i_1(\theta) - i_2(\theta)}{i_1(\theta) + i_2(\theta)} \tag{7-14}$$

无论入射光是线偏振还是部分偏振，其消光系数 K_{ext}、散射系数 K_{sca} 及吸收系数 K_{abs} 都满足以下公式：

$$K_{ext} = \frac{2}{\alpha^2} \sum_{n=1}^{\infty} (2n+1) \operatorname{Re}(a_n + b_n) \tag{7-15}$$

$$K_{sca} = \frac{C_{sca}}{\pi a^2} = \frac{2}{\alpha^2} \sum_{n=1}^{\infty} (2n+1)\left(|a_n|^2 + |b_n|^2\right) \tag{7-16}$$

$$K_{abs} = K_{ext} - K_{sca} \tag{7-17}$$

以上是 Mie 散射理论，从公式中可见，求解的关键是振幅 $s_1(\theta)$ 和 $s_2(\theta)$，它们是一个无限求和的公式，必须确定一个截止阶数。而求解 $s_1(\theta)$ 和 $s_2(\theta)$ 的关键是计算 Mie 系数 a_n 和 b_n。

图 7.2 所示为光全散射法测量示意图。一束单色光通过掺有颗粒物的介质时，由于光与颗粒物的相互作用，出射光强发生衰减，其表达式为

$$I = I_0 \exp(-\tau L) \tag{7-18}$$

式（7-18）即是 Beer-Lamber 定律，它揭示了光与颗粒物相互作用的规律。其中 I_0，是入射光强，I 是出射光强；τ 是光衰减的系数，称为浊度；L 是光通过介质的有效光程。

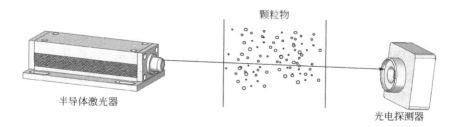

图 7.2　光全散射法测量示意图

假设颗粒物的形状是球体，颗粒之间满足光的不相关单散射，并且其分布是单分散系，则浊度 τ 可表示为

$$\tau = N\sigma K_{ext} = \frac{\pi}{4} N D^2 K_{ext} \tag{7-19}$$

式中，N 是迎光的颗粒数，σ 是颗粒迎光面积，D 是颗粒物的粒径。K_{ext} 是 Mie 散射中单个球体颗粒物的消光量，称为消光系数，它是光源波长 λ、复折射率 $m = \eta - i\eta$ 及颗粒物粒径 D 的函数，消光系数 K_{ext} 可写为 $K_{ext}(\lambda, m, D)$。

将式（7-19）代入式（7-18）可得

$$\ln(I/I_0) = -\frac{\pi}{4}ND^2K_{ext}L \tag{7-20}$$

若颗粒分布是多分散系，其浊度 τ 可表示为

$$\tau = \frac{\pi}{4}\int_a^b N(D)D^2K_{ext}\mathrm{d}D \tag{7-21}$$

代入式（7-18）可得

$$\ln(I/I_0) = -\frac{\pi}{4}L\int_a^b N(D)D^2K_{ext}\mathrm{d}D \tag{7-22}$$

由式（7-22）可看出，在已知入射光波长和介质折射率的情况下，待测值 I/I_0 携带了 3 个未知量，分别是颗粒粒径 D、颗粒数 N 和消光系数 K_{ext}，因此，难以直接求出颗粒物的浓度。实际处理时，可以先测量出平均粒径，再求出消光系数，最后由消光系数和平均粒径求出颗粒物浓度。

这种方法原本只适合应用于测量粒径单一的颗粒物，但在颗粒大小不一的颗粒系中，可求出其平均粒径 D_{32}，将各种尺寸的颗粒等效成一种尺寸的颗粒物，也就是 Sauter 的平均粒径，则式（7-20）可变为

$$\ln(I/I_0) = -\frac{\pi}{4}LND_{32}^2K_{ext}(\lambda, m, D_{32}) \tag{7-23}$$

从而把粒径大小不一的颗粒群的测量等效成单一粒径的颗粒群，其解法有以下几种。

（1）单波长法是利用单波长光源照射颗粒物，测出入射光与出射光的强度比，以求出颗粒物的粒径。由式（7-23）可知，除了消光系数 K_{ext}，还有两个未知数：颗粒物的浓度与粒径。在这种情况下，首先根据样品的质量求出其浓度，再由浓度求出颗粒物的粒径，这种方法在浓度未知的情况下，难以实现。

（2）双波长法是利用波长为 λ_1 与 λ_2 的光源分别透过同一样品，然后由入射光强与出射光强之比测出颗粒粒径，公式如下：

$$\ln(I/I_0)_{\lambda_1} = -\frac{\pi}{4}LND_{32}^2K_{ext}(\lambda_1, m, D) \tag{7-24}$$

$$\ln(I/I_0)_{\lambda_2} = -\frac{\pi}{4}LND_{32}^2K_{ext}(\lambda_2, m, D) \tag{7-25}$$

在同一样品中，由于颗粒数 N 和有效光程 L 固定，将式（7-24）与式（7-25）相除，可消去 N 和 L，表达式如下：

$$\frac{\ln(I/I_0)_{\lambda_1}}{\ln(I/I_0)_{\lambda_2}} = \frac{K_{ext}(\lambda_1, m, D)}{K_{ext}(\lambda_2, m, D)} \tag{7-26}$$

假设已知介质的复折射率 m ，则式（7-26）表示平均粒径与消光系数之比的函数关系式。实验中可测量出两个波长的光强衰减比值，然后由消光系数之比反推出平均粒径 D_{32} ，如图 7.3 所示，由于光强衰减比与平均粒径之间的函数关系呈曲线状，所以，由一个光强衰减比可推出多个平均粒径值。在这种情况下，通过缩小测量粒径的范围，测出颗粒物的平均粒径。比如对颗粒进行过滤，确定颗粒物的范围是 0～2μm，（见图 7.3），在 0～2μm 内只有一个粒径值对应消光系数，从而可求出其平均粒径。这种测量方法具有局限性。

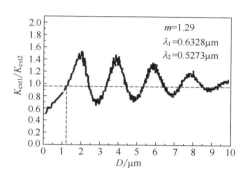

图 7.3 双波长法

（3）为解决双波长的多值性，可采用**多对波长法**[9]。这种方法能测量所有的可吸入颗粒物的尺寸大小，既扩大粒径的测量范围又提高了测量的可靠度。其测量方法与双波长测量方法一样，但采用的光源是由多个波长（超过两个波长）组成的，分别对同一样品进行测量。任意两个波长的消光系数之比如下：

$$\frac{\ln(I/I_0)_{\lambda_i}}{\ln(I/I_0)_{\lambda_j}} = \frac{K_{\text{ext}}(\lambda_i, D, m)}{K_{\text{ext}}(\lambda_j, D, m)} \quad i \neq j \quad i, j = 1, 2, 3\cdots \tag{7-27}$$

例如，当采用 3 个不同波长 $(\lambda_1, \lambda_2, \lambda_3)$ 时，分别将 λ_1 和 λ_2、λ_1 和 λ_3、λ_2 和 λ_3 代入式（7-27）可得 3 个不同的方程组，然后通过了 3 个不同的消光系数比，确定唯一的平均粒径 D_{32} 。如图 7.4 所示，入射波长分别用 $\lambda_1 = 0.532\mu m$、$\lambda_2 = 0.660\mu m$ 和 $\lambda_3 = 0.808\mu m$ 三个不同的单色波长激光光源，对便携式多光程池里的样品进行测量。测得三个消光系数之比：$K_1/K_2 = a = 1.440$，$K_1/K_3 = b = 1.162$，$K_2/K_3 = c = 0.8004$。在图中画出 a、b、c 三个不同函数值对应的横坐标，得到一个共同解：$D_{32} = 2.86\mu m$ 。从而求出池中可吸入颗粒物的平均粒径。

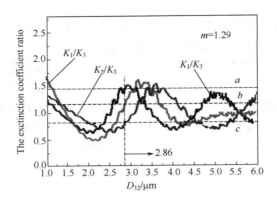

图 7.4　三波长法测量原理

7.2　消光法的数据处理方法

7.2.1　消光系数的计算过程

平均粒径 D_{32} 可直接求出消光系数 K_{ext}（由平均粒径 D_{32} 求出的平均消光系数 K_m 与 K_{ext} 在数值上相差很小[10]）。

由式（7-15）可知，计算 K_{ext} 的关键是求 Mie 系数 a_n 与 b_n。而式（7-8）和式（7-9）中的 $\psi_n(\alpha)=\alpha j_n(\alpha)$，$\xi_n(\alpha)=\alpha j_n(\alpha)+\mathrm{i}\alpha y_n(\alpha)$。无因次粒径参量 $\alpha=\pi D/\lambda$，j_n 和 y_n 分别是第一类和第二类 Bessel 函数。

由 Aden 公式可得

$$D_n(\rho)=\frac{\mathrm{d}}{\mathrm{d}\rho}\ln\psi(\rho)=\frac{\psi_n'(\rho)}{\psi_n(\rho)} \tag{7-28}$$

Bessel 函数递推关系式：

$$\begin{cases}\psi_n'(\alpha)=\psi_{n-1}(\alpha)-\dfrac{n\psi_n(\alpha)}{\alpha}\\[2mm]\xi_n'(\alpha)=\xi_{n-1}(\alpha)-\dfrac{n\xi_n(\alpha)}{\alpha}\end{cases} \tag{7-29}$$

把 $\psi_n(\alpha)=\alpha j_n(\alpha)$、$\xi_n(\alpha)=\alpha j_n(\alpha)+\mathrm{i}\alpha y_n(\alpha)$、式（7-28）及式（7-29）代入式（7-8）和式（7-9），则消光系数公式化为[11]

$$a_n = \frac{[D_n(m\alpha)/m + n/\alpha]\psi_n(\alpha) - \psi_{n-1}(\alpha)}{[D_n(m\alpha)/m + n/\alpha]\xi_n(\alpha) - \xi_{n-1}(\alpha)} \qquad (7\text{-}30)$$

$$b_n = \frac{[mD_n(m\alpha)/m + n/\alpha]\psi_n(\alpha) - \psi_{n-1}(\alpha)}{[mD_n(m\alpha)/m + n/\alpha]\xi_n(\alpha) - \xi_{n-1}(\alpha)} \qquad (7\text{-}31)$$

其中：

$$\psi_{n+1}(\alpha) = \frac{2n+1}{\alpha}\psi_n - \psi_{n-1} \qquad (7\text{-}32)$$

$$\psi_1 = \frac{\sin\alpha}{\alpha} - \cos\alpha \qquad (7\text{-}33)$$

$$\psi_0 = \sin\alpha \qquad (7\text{-}34)$$

$$\xi_{n+1}(\alpha) = \frac{2n+1}{\alpha}\xi_n - \xi_{n-1} \qquad (7\text{-}35)$$

$$\xi_1 = \frac{\sin\alpha}{\alpha} - \cos\alpha + i\left(\frac{\cos\alpha}{\alpha} + \sin\alpha\right) \qquad (7\text{-}36)$$

$$\xi_0 = \sin\alpha + i\cos\alpha \qquad (7\text{-}37)$$

式中，m 为复折射率。

由式（7-32）～式（7-37）可知，要计算 a_n 与 b_n，还剩下 $D_n(m\alpha)$ 未知。

若复折射率 m 的虚部和实部分别是 $\mathrm{Im}(m)$ 和 $\mathrm{Re}(m)$，满足以下条件[12]式（7-38）时：$D_n(m\alpha)$ 的计算方法采用向前递推法；否则，采用向后递推法。

$$\mathrm{Im}(m)\cdot\alpha \leqslant 13.78[\mathrm{Re}(m)]^2 - 10.8\,\mathrm{Re}(m) + 3.9 \qquad (7\text{-}38)$$

1. 向前递推法

向前递推采用的是 Lentz 连分式算法[13]，这种算法基本上避免了因不收敛而溢出的问题[14]：

$$D_{n-1}(m\alpha) = \frac{n}{m\alpha} - \frac{1}{D_n + \dfrac{n}{m\alpha}} \qquad (7\text{-}39)$$

$$D_n(m\alpha) = -\frac{n}{m\alpha} + \frac{J_{\frac{n-1}{2}}(m\alpha)}{J_{\frac{n+1}{2}}(m\alpha)} \qquad (7\text{-}40)$$

$$\frac{J_{\frac{n-1}{2}}(m\alpha)}{J_{\frac{n+1}{2}}(m\alpha)} \approx \frac{\prod A_i}{\prod B_i} \qquad i=1,2,3\cdots \tag{7-41}$$

理论上，当满足条件 $A_i - B_j = 0$ 时，计算才停止。但在实际计算中采用 $\left| A_i - B_j \right| \leq 10^{-9}$ 作为其停止计算的条件。表达式如下：

$$A_{i+1} = a_i + \frac{1}{A_i} \tag{7-42}$$

$$B_{i+1} = a_i + \frac{1}{B_i} \tag{7-43}$$

$$A_1 = a_1 \left(a_2 + \frac{1}{a_1} \right) \tag{7-44}$$

$$B_1 = a_2 \tag{7-45}$$

$$a_{i+1} = -a_i + (-1)^i \frac{2}{m\alpha} \tag{7-46}$$

$$a_i = (-1)^{i+1} \frac{2n+2i-1}{m\alpha} \tag{7-47}$$

2. 向后递推法

若不满足式（7-38），则采用向后递推法：

$$D_n(m\alpha) = \frac{1}{\dfrac{n}{m\alpha} - D_{n-1}(m\alpha)} - \frac{n}{m\alpha} \tag{7-48}$$

$$D_0(m\alpha) = \frac{\cos(m\alpha)}{\sin(m\alpha)} \tag{7-49}$$

3. 截止阶数

当 n 取到某一阶的时候，将会计算溢出。选取合适的截止阶数 n_{stop} 成为计算 Mie 系数的关键。n_{stop} 与无因次参量 α 有关。Wiscombe 根据 Dave 收敛性公式提出了一个经验公式[15]：

$$n_{\text{stop}} = \begin{cases} \alpha + 4\alpha^{\frac{1}{3}} + 1 & \alpha \leqslant 8 \\ \alpha + 4.05\alpha^{\frac{1}{3}} + 2 & 8 < \alpha < 4200 \\ \alpha + 4\alpha^{\frac{1}{3}} + 2 & 4200 \leqslant \alpha \end{cases} \qquad (7\text{-}50)$$

7.2.2 可吸入颗粒物浓度的计算

前文通过三波长法测量平均粒径 D_{32}，基于 Mie 散射理论计算消光系数 K_{ext}，最后通过公式 $\ln(I/I_0) = (-\pi/4)LND_{32}^2 K_{\text{ext}}(\lambda, m, D_{32})$ 可求出可吸入颗粒物的浓度：

$$N = \frac{4\ln(I_0/I)}{\pi D_{32}^2 L K_{\text{ext}}} \qquad (7\text{-}51)$$

其体积浓度的表达式为

$$C_V = \frac{2D_{32}\ln(I_0/I)}{3LK_{\text{ext}}} \qquad (7\text{-}52)$$

可吸入颗粒物的质量浓度为

$$C_m = \rho\frac{2D_{32}\ln(I_0/I)}{3LK_{\text{ext}}} \qquad (7\text{-}53)$$

式中，ρ 是所测颗粒物的密度。

7.3 便携式多光程池的可吸入颗粒物检测装置

7.3.1 多光程可吸入颗粒物测量装置

图 7.5 所示为实验系统结构。图中的三波长激光器由波长分别为 0.532μm、0.660μm 和 0.808μm 的单模光纤激光组成，输出端由三合一光纤耦合器连接而成。通过光纤后的输出功率约为 15 mW，功率稳定性为 0.382%。光纤准直器采用中心波长为 630nm，FC 型接口的单模光纤准直器。薄透镜是平凸型的，焦距较短。圆环型准直器是自行设计的，中间直通小孔，便于入射光通过，斜面贴上镀银反射膜。Herriott 型便携式多光程池的密封外盖通有小孔，以便于抽真空或充进颗粒物。气压计左右有两个通孔，一个连接多光程池以测量内部压强和

温度；另一个连接口可以进颗粒物，内置有过滤纸，可根据实际需要采样指定大小的颗粒物。小型真空泵采用旋片式真空泵，它的极限真空是 2Pa，电动机功率是 100W，抽气速率是 0.5L/s。凹面反射镜的焦距较短，光电探测器是电源式可见光探测器。

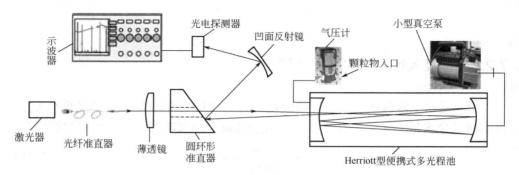

图 7.5　实验系统结构

1. 集成系统

如图 7.6 所示，在一个平面小钢板上集成了如下光学器件：三波长激光器、光纤准直器、平凸薄透镜、圆环形准直器、Herriott 型便携式多光程池、平凹反射镜、光电探测器和气压计，组成了一个可移动的颗粒物测量系统。

图 7.6　太原科技大学三波长-多过程颗粒检测系统

2. 光路

Mie 散射讨论的是单个颗粒被光照射的散射规律，设计光路时要避免光电探测器接收多次散射的杂光。如图 7.5 所示，激光光束通过光纤准直器后，发散的光束经过薄透镜整形出平行光，圆环形准直器的小孔和凹面镜上的小孔挡住平行光束中的杂散光。光束在池中来回多次循环反射，与颗粒物发生碰撞，有些光线被全散射而脱离主光束，有些光线的散射角度过小，随主光束一起从池中出射，但光线方向倾斜，因此，池中的出射光束带有一定的杂散光。为了去除杂散光，在光电探测器前放置一块凹面反射镜，使出射光中的平行光会聚的焦点正好落到光电探测器上的感应区，而杂散光由于光线倾斜不被光电探测器感应。

3．光源

在可见光区，不同的波长对应着不同的颜色，谱线宽越窄对应的光谱单色性越好。本实验以 Mie 散射为理论进行测量的，要求利用单色性较好的光源照射可吸入颗粒物。

激光作为测量颗粒物的光源，是一个理想的选择。首先激光具有很好的单色性，其次激光的发散角很小，利于光路调节，最后激光功率高，在很小的面积能够积聚很高的能量。

初始阶段，选取的是三波长分别是 405nm、660nm、808nm。经过实验证明，短波长 405nm 的激光在镀银反射镜的多光程池中来回反射几次后光强衰减非常明显。最终选择波长分别为 532nm、660nm、808nm 的光纤激光器作为测量颗粒物的光源。

4．光电探测器

探测微弱光信号的电子器件一般有光电倍增管、光电池、光敏电阻及光敏二极管等。光电倍增管虽然灵敏度高响应时间短，但工作时需要其他辅助条件，不是很方便。光电池因其大电容而频率性能较差。光敏电阻光转换为电信号的时间较长，具有延迟性。光敏二极管是一款理想的光电探测器，具有响应时间快、灵敏度高等优点。

本实验选择 Newport 高速光电二极管探测器，它的探测灵敏度很高而且响应波长范围广，还可用于探测飞秒等超快脉冲激光，也可以探测纳秒激光脉冲，以及微秒或毫秒级别的准连续激光。具体参数如表 7.1 所示。

表 7.1 Newport 高速光敏二极管探测器的性能

型 号	818-BB-21
波长响应范围	300～1100nm
探测器材料	硅
截止频率	>1.5GHz
上升沿	<200ps
下降沿	<350ps
供电电压	DC5～24V

5. 气路部分

本实验的气路部分如图 7.7 所示,小型真空泵把 Herriott 型便携式多光程池中的颗粒抽掉, 使池中的压强接近真空,然后测出真空中激光光强。拧开气压计右边的小盖,并打开密封阀门, 由于外面的压强远远大于池中压强,空气中的颗粒物在池内外压强差的驱使下, 向气压计的小孔中流去,打开小型真空抽气泵使外面的空气充分流进多光程池中。空气透过特定大小的过滤纸,PM10 颗粒物便从气压计直接通进多光程池中, 直到多光程池中的压强稳定后,关闭抽气泵、密封阀门与颗粒物入口[8]。

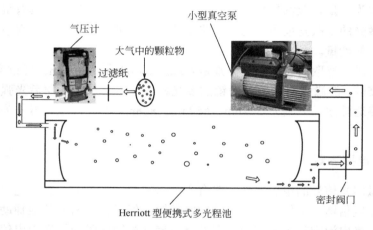

图 7.7　实验中的气路部分

6. 基本实验过程

打开气压计,测量便携式多光程池中的压强, 然后用小型真空泵对便携式多光程池进行真空抽取,直到气压计显示的数值达到最低, 拧紧密封气阀,关闭真空泵。打开三波长激光器, 发出某一单色波长的激光器,通过光电探测器测量并记录其波长的光强, 然后分别测量另外两个波长的激光光强。然后拧开气压计的颗粒物入口,把空气中的 PM10 颗粒物充进 Herriott 型便携式多光程池,待到池中的压强稳定后, 再用三个不同波长的激光器分别测出对应的光强。

7.3.2　实验结果与讨论

由 Beer-Lamber 定律可知, 一束单色光透过充满颗粒物的介质后,出射光强会发生一定程度的衰减，通过实验测量三组出射光强和入射光强之比，再由 Mie 散射理论，可计算出便携式多光程池中可吸入颗粒物的浓度。由前文可知，测量颗粒物浓度的关键是求出消光系数 K_{ext}，而 K_{ext} 是波长 λ、颗粒物粒径 D 及复折射率 m 的函数。只要知道颗粒粒径 D 与复折射率 m 即可求出消光系数 K_{ext}。

颗粒物的折射率可表示为

$$m = n - i\eta \tag{7-54}$$

式中，n 是实部表示对光的散射效应，η 是虚部表示对光的吸收效应。可以基于 Beer-Lamber 定律采用光的透射法测量颗粒物的折射率，并用 7.1 节中的多波长消光法确定最佳的平均折射率。

首先确定颗粒的平均粒径，可以采用过滤纸收集 $0 \sim 2\mu m$ 的颗粒物，然后假定颗粒物的平均粒径 $D_{32} = 1\mu m$，然后根据式（7-55）采用三波长法确定平均折射率[15,16]：

$$\frac{\ln(I/I_0)_{\lambda_1}}{\ln(I/I_0)_{\lambda_2}} = \frac{K_{ext}(\lambda_1, m, D_{32})}{K_{ext}(\lambda_2, m, D_{32})} \tag{7-55}$$

上一节平均粒径的计算，已经给出颗粒粒径的计算理论，用 Sauter 的平均粒径方法，把多散射系粒径等效成单分散系颗粒群。利用三波长（532nm、660nm、808nm）法求颗粒的平均粒径 D_{32}。实验中分别将波长 $\lambda_1 = 532nm$、$\lambda_2 = 660nm$ 和 $\lambda_3 = 808nm$ 的激光通过 Herriott 型便携式多光程池，用高速光敏二极管测量出真空时的光强与通有颗粒物时光强的比值：

$$\begin{cases} \dfrac{\ln(I/I_0)_{\lambda_1}}{\ln(I/I_0)_{\lambda_2}} = a \\[3mm] \dfrac{\ln(I/I_0)_{\lambda_1}}{\ln(I/I_0)_{\lambda_3}} = b \\[3mm] \dfrac{\ln(I/I_0)_{\lambda_2}}{\ln(I/I_0)_{\lambda_3}} = c \end{cases} \tag{7-56}$$

实验部分测量值见表 7.2。

表 7.2　光强的部分测量值

采样点序列号	808nm		660nm		532nm	
	I	I_0	I	I_0	I	I_0
1	35.2	44	48	51.2	41.6	37.2
40	35.2	44	48	51.2	41.6	37.2
80	39.6	43.2	48	51.2	41.6	37.6

采样点序列号	808nm		660nm		532nm	
	I	I_0	I	I_0	I	I_0
120	39.6	43.2	48	51.2	41.6	37.6
160	39.6	42.8	48	51.2	41.6	37.6
200	39.6	43.2	48	51.2	41.6	37.2
240	39.2	43.2	48	51.2	41.6	37.6
280	39.6	43.2	48	51.2	41.6	37.6
320	39.6	42.8	48.4	51.2	41.6	37.6
360	39.6	43.2	48	51.2	41.6	37.6
400	40	42.8	48	51.6	41.6	38
440	39.6	43.2	48	51.2	41.6	37.2
480	40	43.2	48	51.2	41.6	38
520	40	43.2	48.4	51.2	41.6	38
560	40	42.8	48.4	51.2	41.6	37.6
600	39.6	42.8	48.4	51.2	41.6	38.4
640	40	42.8	48	51.2	41.6	38
680	40	42.8	48	51.2	41.6	38
720	39.6	42.8	48.4	51.2	41.6	38
760	40	42.4	48	51.2	41.6	37.6
800	40	42.8	48	51.6	41.6	37.6
840	40	42.8	48.4	51.2	41.6	37.6
880	40	42.8	48	51.2	41.6	37.6
920	40	42.8	48	51.2	41.6	38
960	40	42.8	48.4	51.2	41.6	37.2
1000	40	42.4	48	51.2	41.6	37.2
1040	40	42.8	48.4	51.6	41.6	37.6
1080	40.4	42.8	48	51.2	41.6	37.2
1120	40	42.8	48	51.2	41.6	37.2
1160	40	42.8	48.4	51.2	41.6	37.2
1200	40	42.4	48	51.2	41.6	38
1240	40	42.4	48	51.2	41.6	38
1280	40	42.4	48.4	51.2	41.6	37.6
1320	40.4	42.4	48.4	50.8	41.6	37.6
1360	40	42.4	48	51.2	41.6	38
1400	40	42.8	48.4	51.2	41.2	37.6

续表

采样点序列号	808nm		660nm		532nm	
	I	I_0	I	I_0	I	I_0
1440	40	42.4	48.4	51.2	41.2	37.6
1480	40	43.2	48	51.2	41.2	38
1520	40	42.8	48	51.2	41.6	38
1560	40	42.8	48.4	51.2	41.6	37.6
1600	40	42.8	48	51.2	41.6	37.2
1640	40	42.8	48.4	51.6	41.6	37.2
1680	40	42.4	48	51.2	41.6	37.6
1720	40	42.8	48.4	51.2	41.6	37.6
1760	40	42.8	48	51.2	41.6	37.2
1800	40	42.8	48.4	51.2	41.6	36.8
1840	40	42.4	48	51.2	41.6	37.6
1880	40	42.4	48	51.2	41.6	37.2
1920	40.4	42.4	48	51.2	41.6	37.2
1960	40	42.4	48	51.6	41.6	37.6
2000	40	42.4	48	51.2	41.6	37.6

通过 Mathematica 计算式（7-56）可得：a=1.3756，b=0.872151，c=0.634012。如图 7.8 所示，通过最优化算法，三波长两两消光比值，可确定唯一的平均粒径 D_{32}=2.73μm。

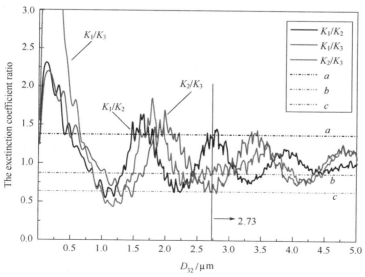

图 7.8　平均粒径的测量

由平均粒径 D_{32} 可求出平均消光系数 $\bar{K}$，研究表明，由平均粒径直接求出的消光系数 K_{ext} 与平均消光系数 $\bar{K}$ 相差很小。计算消光系数的详细过程见 7.2.1 节。由于计算过程比较复杂，一般编写成程序，可直接计算出消光系数 $K_{ext}=2.05457863$。

如 7.2.2 节所述，由式（7-53）即可计算出可吸入颗粒物的质量浓度。然而，已知平均粒径 D_{32} 与消光系数 K_{ext}，还缺乏颗粒物的密度 ρ。实验测量的是太原市空气中可吸入颗粒物的质量浓度[17]。山西省是著名的煤炭生产基地，煤炭资源十分丰富，煤主要由碳（C）、氢（H）、氧（O）、氮（N）、硫（S）和磷（P）等元素组成，在空气中燃烧主要生成二氧化碳（CO_2）、一氧化碳（CO）、二氧化硫（SO_2）、二氧化氮（NO_2）、一氧化氮（NO）及粉尘等。其中 CO_2、SO_2 与 NO_2 为主要成分，因此，空气中的密度以 CO_2、SO_2 与 NO_2 密度为基础，取密度 $\rho = 54.5/22.4 = 2.43304\ g/L$。

将平均粒径 $D_{32}=2.73\mu m$、消光系数 $K_{ext}=2.05457863$ 和颗粒物密度 $\rho=2.41071g/L$ 代入式（7-53）可得：可吸入颗粒物（即 PM10）的重量浓度为 $C_m=30.3507\ \mu g/m^3$。

图 7.9 所示为气象中心公布的太原市 2016 年 1 月空气质量部分数据，图中显示 2016 年 1 月 18 日太原市 PM10 的实时质量浓度为 $34\ \mu g/m^3$，与实验测量值较为吻合。其主要原因如下：激光在多光程池中多次循环反射，增大了光与颗粒物之间的作用距离，使出射光强的衰减较为明显，大大减少了噪声对测量的影响，从而降低了实验测量误差。虽然实验测量值与实际相差不大，但仍然存在相对误差 $Er=(34-30.3507)/34=10.7332\%$。造成误差的主要原因如下：①空气中颗粒物密度的选取与实际值有差异。由于空气中的颗粒物种类繁多而复杂的，主要成分虽然在一定程度上能反映出空气密度，但不是绝对精确的。②由于多光程池不是完全绝对真空密封，小型真空泵没有完全把池中的颗粒物抽空掉，会造成一定噪声的影响。③由于颗粒物的平均粒径的误差性，也会导致颗粒物折射率的计算出现偏差。

为了排除颗粒物密度这个不定因素，可根据式（7-52）计算出 PM10 的体积浓度。然后将测出的 PM10 体积浓度和当地气象台测得的 PM10 质量浓度数据进行归一化处理。并将本地气象台 PM10 测量值作为标准值，可得到如图 7.10 所示的 2016 年 4 月 6 日的某个时间段的 PM10 实验值与标准值对比。从图中可看出，实验与标准测量值总体上的变化趋势一致，但个别上存在差异。造成误差的主要原因如下：①由于空气中的颗粒物是复杂多变，且不停运动的，所以，采集的样品难免会有差异性。②由于多光程没有完全真空，残留在池中的颗粒物难免会对测量结果造成影响。但总的来说其测量误差不超过 7%，基本上符合测量的需求。

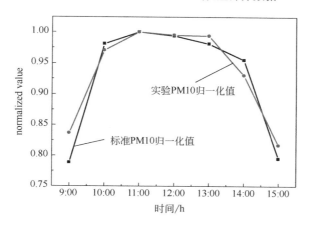

日期	AQI指数	质量等级	当天AQI排名	PM2.5	PM10
2016-01-01	207	重度污染	330	162	244
2016-01-02	235	重度污染	323	184	264
2016-01-03	182	中度污染	267	142	209
2016-01-04	96		172	71	119
2016-01-05	84		231	60	97
2016-01-06	40	优	49	17	39
2016-01-07	55		125	27	58
2016-01-08	69		153	44	81
2016-01-09	97		187	71	119
2016-01-10	118	轻度污染	237	87	143
2016-01-11	53		138	28	58
2016-01-12	54		140	30	58
2016-01-13	71		179	44	84
2016-01-14	59		94	33	68
2016-01-15	92		179	67	113
2016-01-16	106	轻度污染	207	78	135
2016-01-17	43	优	66	11	42
2016-01-18	35	优	16	9	34

太原01月份空气质量指数(AQI)数据：　数值单位：μg/m³(CO为mg/m³)

PM10=34μg/m³

图 7.9　太原市 2016 年 1 月空气质量部分数据

图 7.10　PM10 实验值与标准值对比

　　空气中的颗粒物粒径大小不一，一般双参数表示粒径分布函数，常用的是对数正态分布、R-R 分布和 τ 分布等。其中对数正态分布用得较多，其分布函数如下[18]：

$$f(D) = \frac{1}{\sqrt{2\pi}D\ln\sigma}\exp\left[-\frac{(\ln D - \ln\overline{D})^2}{2\ln^2\sigma}\right] \tag{7-57}$$

式中，D 是函数 $f(D)$ 的自变量，$\overline{D}$ 是平均粒径，σ 是离散标准差。上一节已测量出颗粒物平均粒径 $D_{32} = 2.73\mu m$，即参数 $\overline{D} = D_{32} = 2.73\mu m$。而离散标准差 σ 反映了粒径的分布情况。研究表明，当 $\sigma = 1$ 时，是理想的单分散系分布；当 $\sigma \geqslant 1.235915$ 时，可看作多分散系。平均粒径为 $\overline{D} = D_{32} = 2.73\mu m$ 时，在不同离散标准差下，空气中颗粒物的粒径分布情况如图 7.11 所示。从图 7.11（a）中可看出，当 $\sigma < 1.235915$ 时，函数 $f(D)$ 的值溢出，呈现单分散系的粒径分布情况。如图 7.11（b）所示，当 $\sigma \geqslant 1.235915$ 时，以粒径等于 2.73 为波峰，向四周递减，呈现出多分散系分布，并且 σ 值越大，向四周蔓延得越明显，波峰越低。图 7.11（b）反映出空气中可吸入颗粒物（PM10）粒径分布情况。

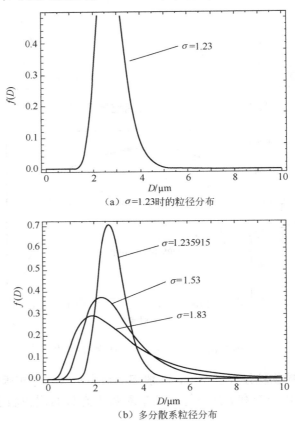

（a）$\sigma = 1.23$时的粒径分布

（b）多分散系粒径分布

图 7.11 粒径分布

参考文献

[1] M Kocifaj，H Horvath，O Jovanović，et al. Optical properties of urban aerosols in the region Bratislava–Vienna I. Methods and tests［J］. Atmospheric Environment，2006，40：1922-1934.

[2] 王秦，陈曦，何公理，等. 北京市城区冬季雾霾天气 PM2.5 中元素特征研究［J］. 光谱学与光谱分析，2013，33：1441-1445.

[3] F. Zhang，L. Xu，J. Chen，et al. Chemical compositions and extinction coefficients of $PM_{2.5}$ in peri-urban of Xiamen，China，during June 2009–May 2010［J］. Atmospheric Research，2012，106：150-158.

[4] 区藏器，何振江. 可吸入颗粒物自动监测仪器研究进展［J］. 广州环境科学，2010，25：18-20.

[5] 童嵩. 颗粒粒度与比表面测量原理［M］. 上海：上海科学技术文献出版社，1989.

[6] 王乃宁. 颗粒粒径的光学测量技术及应用［M］. 北京：原子能出版社，2000.

[7] 郑晓降，羊彦衡，石殿英. 电感应粒度分析法及其应用［J］. 成都科技大学学报，1986（1）：5-60.

[8] 张棚，刘路路，李传亮，等. 基于 Mie 散射的可吸入颗粒检测仪的设计［J］. 光谱学与光谱分析，2014，34：2298-2302.

[9] 张棚，刘路路，魏计林，等. 基于 C8051F340 的可吸入颗粒检测仪的设计［J］. 机械工程与自动化，2014，2：114-115.

[10] 郑刚，蔡小舒，王乃宁. 用光透消光法测定颗粒物质的折射率［J］. 仪器仪表学报，1996：118-121.

[11] 朱震，叶茂. 光散射粒度测量中 Mie 理论的高精度算法［J］. 光电子·激光，1999：135-138.

[12] W. J. Wiscombe. Improved Mie scattering algorithms［J］. Applied Optics，1980，19：1505-1509.

[13] W. J. Lentz. Generating Bessel functions in Mie scattering calculations using continued fractions［J］. Applied Optics，1976，15：668-671.

[14] 王少清，任中京，张希明，等. Mie 散射系数计算方法的研究［J］. 应用光学，1997，18：4-9.

[15] 李放，吕达仁. 利用消光谱反演气溶胶复折射率的一种新方法及其应用［J］. 遥感技术与应用，1995，10：1-8.

[16] 阎逢旗，胡欢陵，周军. 大气气溶胶粒子数密度谱和折射率虚部的测量［J］. 光学学报，2003，23：855-859.

[17] 王建荣，邱选兵，李传亮，等. 基于物联网的大气环境 PM2.5 实时监测系统［J］. 河南师范大学学报（自然科学版），2015：40-45.

[18] 魏计林，李传亮，邱选兵，等. 测量大气颗粒物的平均粒径和浓度的测量装置及测量方法：中国，103728229 A［P］. 2014.

反侵权盗版声明

电子工业出版社依法对本作品享有专有出版权。任何未经权利人书面许可，复制、销售或通过信息网络传播本作品的行为，歪曲、篡改、剽窃本作品的行为，均违反《中华人民共和国著作权法》，其行为人应承担相应的民事责任和行政责任，构成犯罪的，将被依法追究刑事责任。

为了维护市场秩序，保护权利人的合法权益，我社将依法查处和打击侵权盗版的单位和个人。欢迎社会各界人士积极举报侵权盗版行为，本社将奖励举报有功人员，并保证举报人的信息不被泄露。

举报电话：（010）88254396；（010）88258888

传　　真：（010）88254397

E-mail：　dbqq@phei.com.cn

通信地址：北京市万寿路 173 信箱
　　　　　电子工业出版社总编办公室

邮　　编：100036